21世纪高等学校计算机类
课程创新系列教材·微课版

Java程序设计教程

——微课·实训·课程设计 第2版

张延军 薛 刚 / 主 编

李 贞 杨召南 / 副主编

U0252691

清华大学出版社

北京

内 容 简 介

本书依据 Java 教学和实训的要求,以培养具有计算思维的 Java 软件工程师为教学目标,主要讲解 Java 语法、面向对象编程技术、JDK 常见类的使用、Java I/O 技术、Java GUI 技术、Java 多线程技术、Java 网络编程技术和 JDBC 编程技术等内容。

本书基于 JDK 16 和 Eclipse IDE,坚持够用、实用、简单、直接的理念,对教学内容进行重构。通过"活代码"和"做中学"来讲解 Java;以名家观点、思政话题、拓展知识和综合实例来融入课程思政;通过示例程序、编程实践、综合实例和课程设计项目来构建 Java 学习路线。

本书适合作为高等学校"Java 程序设计"等编程入门课程的教材。本书能够帮助教师轻松地组织线上线下混合式教学,并帮助读者少走弯路,快速掌握 Java 编程实践能力。

本书封面贴有清华大学出版社防伪标签,无标签者不得销售。

版权所有,侵权必究。举报: 010-62782989, beiqinquan@tup.tsinghua.edu.cn。

图书在版编目(CIP)数据

Java 程序设计教程:微课·实训·课程设计/张延军,薛刚主编.—2 版.—北京:清华大学出版社,2023.2(2024.1 重印)

21 世纪高等学校计算机类课程创新系列教材:微课版

ISBN 978-7-302-62743-2

Ⅰ.①J… Ⅱ.①张… ②薛… Ⅲ.①JAVA 语言-程序设计-高等学校-教材 Ⅳ.①TP312.8

中国国家版本馆 CIP 数据核字(2023)第 027208 号

责任编辑:付弘宇 李 燕
封面设计:刘 键
责任校对:焦丽丽
责任印制:宋 林

出版发行:清华大学出版社
　　　网　　　址:https://www.tup.com.cn,https://www.wqxuetang.com
　　　地　　　址:北京清华大学学研大厦 A 座　　　邮　　　编:100084
　　　社　总　机:010-83470000　　　邮　　　购:010-62786544
　　　投稿与读者服务:010-62776969,c-service@tup.tsinghua.edu.cn
　　　质量反馈:010-62772015,zhiliang@tup.tsinghua.edu.cn
　　　课件下载:https://www.tup.com.cn,010-83470236
印 装 者:三河市龙大印装有限公司
经　　　销:全国新华书店
开　　本:185mm×260mm　　印　张:19.75　　字　　数:481 千字
版　　次:2017 年 5 月第 1 版　2023 年 4 月第 2 版　　印　　次:2024 年 1 月第 2 次印刷
印　　数:1501～3000
定　　价:59.80 元

产品编号:095170-01

前　言

　　信息技术的发展日新月异,云计算、大数据、物联网、人工智能、互联网+等正在改变着人们的生活。信息技术和高等教育深度融合,推动着教学理念、教学模式、教学方法和教学手段的变革,知识传递方式发生了重大变化。

　　习近平总书记在中国共产党第二十次全国代表大会上的报告中指出,"教育是国之大计、党之大计。"近年来,慕课(Massive Open Online Courses,MOOC)在我国迅速发展,新冠疫情也助推着在线教学规模的扩大和水平的提升。截至2022年2月底,我国上线慕课数量超过5万门,在校生获得慕课学分的人次超过3亿,慕课数量和学习人数均居世界第一,并且仍保持快速增长的态势。翻转式学习、线上线下相结合的混合式教学等新型教学模式成为高校教学的主流和常态。

　　在这种趋势下,编者于2017年5月在清华大学出版社出版了创新型教材《Java程序设计教程——微课·实训·课程设计》,在传统教材的基础上配套了丰富的实操讲解视频,受到高校教师的普遍欢迎,被几十所院校选用。时间一转眼过去了5年,随着Java技术的发展,教材修订势在必行。

　　Java是一门面向对象的程序设计语言。Java采用类C语言语法,简单易学,功能强大,拥有完整丰富的生态体系。自1995年由Sun公司发布以来,Java语言一直位居计算机编程语言排行榜前列,是IT产业软件开发的主力军。

　　本书采用当前最新版JDK,IDE采用Eclipse,制定了兼顾一般学习者和Java软件工程师两个层次的教学目标,重新选取示例程序和编程作业,对教学内容进行重构,通过"活代码"和"做中学"的CDIO(构思、设计、实现、运作)理念来讲解Java。

　　(1) 对于零基础的学习者:建议每周3课时,用12周时间完成学习(大学一年级新生的课程,建议设置为3学分)。其中,10周时间学习Java语法、面向对象编程技术、JDK常见类的使用、Java I/O技术、Java GUI技术、Java多线程技术等内容;2周时间学以致用,完成一个难度适中、功能完整的课程设计项目——排队叫号系统。相应的慕课课程可以到中国大学MOOC平台进行学习。

　　(2) 对于有一定基础的学习者:建议每周4课时,用16周时间完成学习。其中,12周时间学习Java语法、面向对象编程技术、JDK常见类的使用、Java I/O技术、Java GUI技术、Java多线程技术、Java网络编程技术、JDBC编程技术等内容。每个学生用2周时间独立完成一个课程设计。相应的慕课课程可以到中国大学MOOC平台进行学习。

　　本书特色如下。

　　(1) 数字化教材建设:本书以纸质教材为体,以中国大学MOOC和超星泛雅教学平台为翼,建设了包括文本、图片、多媒体课件、微视频、动画、思维导图、课程设计、作业库、试题库、线上讨论、Online-Judge平台等数字化、立体化、智能化资源,形成覆盖线上线下、课前课中课后、学习实践全过程的教学系统。

（2）课程思政：本书通过名家观点、拓展知识、综合实例、编程要求等方式将课程思政与知识传授、能力培养、价值塑造有效融为一体，如盐在水。

（3）计算思维：学习 Java 编程是提高信息素养、锻炼计算思维、培养实践创新能力的最佳选择。

（4）借鉴 CDIO"做中学"和"学中做"的理念，建立了"厘清需求、知识准备、算法设计、编程实现、总结提高"五步编程法，便于翻转课堂和线上线下混合式教学的实施。

（5）相关荣誉：张延军老师主持的"Java 程序设计"课程被评为"河北省精品在线开放课程"，被列入河北省省级一流本科立项建设课程（线上线下混合式），建设期为 5 年。由张延军老师带领的"Java 课程群"教学团队被评为河北省省级优秀教学团队。

本书由张延军、薛刚主编，李贞、杨召南任副主编并参与了教材编写、资料整理、代码调试、文稿校对等工作。清华大学出版社的编辑为本书的顺利出版提供了宝贵的意见，付出了大量的劳动，在此一并表示感谢。

本书配套微课视频、教学大纲、PPT 课件、程序源码、习题答案等丰富的教学资源。读者用手机微信扫描本书封底的"文泉云盘防盗码"、获得授权后，即可扫描书中的二维码观看视频（二维码位置请参阅附录 B）。其他资源可以从清华大学出版社微信公众号"书圈"（见封底）获取。如果在本书及资源的使用中遇到问题，请发邮件至 404905510@qq.com 联系责任编辑。

由于编者水平有限，书中不足之处在所难免，欢迎广大同行和读者批评指正。

让我们一起跟随本书学习 Java 语言，用程序代码控制计算机去"触摸"世界，用计算思维引导创新实践。让我们在交流讨论中提高，在编程实践中进步。

欢迎走进精彩的 Java 编程世界！

编　者

2023 年 1 月

目 录

第 1 章

走进Java编程世界

名家观点

　　实践反复告诉我们，关键核心技术是要不来、买不来、讨不来的。只有把关键核心技术掌握在自己手中，才能从根本上保障国家经济安全、国防安全和其他安全。要增强"四个自信"，以关键共性技术、前沿引领技术、现代工程技术、颠覆性技术创新为突破口，敢于走前人没走过的路，努力实现关键核心技术自主可控，把创新主动权、发展主动权牢牢掌握在自己手中。

　　——习近平（2018 年 5 月 28 日，习近平总书记在两院院士大会上的讲话）

　　计算思维应该跟阅读、写作和算术一样，组成一个人的基本分析能力。像计算机科学家一样思考，不仅仅是指能够使用计算机编程，它需要多层次的抽象思维。

　　——周以真（Jeannette M. Wing，美国计算机科学家，卡内基-梅隆大学教授，"计算思维"提出者）

本章学习目标

- 了解 IT 行业背景、相关技术。
- 了解 Java 是什么、Java 的特点、为什么要学 Java、怎样学习 Java、学好 Java 的标准等，理解 Java 的基本概念。
- 构建 Java 开发环境：下载 JDK 并安装配置，下载 Eclipse 压缩版并简单配置。
- 了解 Eclipse 基本概念，掌握在 Eclipse 中编写、调试、运行 Java 应用程序等基本技巧。
- 掌握与 Java 相关的常见英文单词。

课程思政——计算思维训练

　　2006 年 3 月，卡内基-梅隆大学周以真教授给出计算思维的定义：计算思维是运用计算机科学的基础概念进行问题求解、系统设计，以及人类行为理解等涵盖计算机科学之广度的一系列思维活动。

　　计算思维是人类求解问题的一个途径。计算思维体现了一种抽象交互关系、形式化执行的思维模式，是区别于以数学为代表的逻辑思维和以物理为代表的实证思维的第三种思维模式。计算思维的方法可主要分为四个基本步骤:分解、模式识别、抽象及算法;三个延伸方面:建模、评估及泛化。通过学习计算思维,学生可以掌握分析新信息和处理新问题的方法。这种思维方式会带来解决问题能力的提升。

5C核心素养模型以计算思维为核心,在计算思维培养过程中,融入对批判性思维、创造力、沟通和协作能力的培养,帮助学生养成终身学习的能力,形成核心竞争力。

- 计算思维(Computational Thinking):做任何事情都有自己的逻辑体系。
- 批判性思维(Critical Thinking):面对问题时不随波逐流而有自己的见解。
- 创造力(Creativity):勇于尝试新事物的时候能够迸发出更多的火花。
- 沟通(Communication):人际交往中能更好地表达自我、与人交流。
- 协作(Collaboration):追求自我的道路上与身边的人友好共处。

学习Java,锻炼计算思维,增强核心竞争力,赢取未来,决胜未来。

1.1 IT产业

第一次工业革命发生在18、19世纪的欧洲大陆,以蒸汽机被广泛使用为标志,世界进入蒸汽机时代。第二次工业革命发生在19世纪中后期到20世纪初,以电力和内燃机的广泛应用为标志,世界进入电气化时代。第三次工业革命始发于1950年前后,以原子能、电子计算机、空间技术和生物工程的发明和应用为主要标志,世界进入信息化时代。第四次工业革命从21世纪开始,以云计算、大数据、物联网、机器人及人工智能为标志,人类进入智能化时代。科技革命作为产品革命先导的趋势越来越明显,世界科学中心每隔80~120年就会发生一次转移。谁成为新科技革命策源地,谁就是世界强国。

进入21世纪以来,仅用20多年时间,云计算、移动互联网、大数据、人工智能就主导了世界,科学和技术相互交叉渗透,IT产业发展日新月异。

1.1.1 信息技术

信息技术(Information Technology,IT)是管理和处理信息所采用的各种技术的总称。通信和算力是信息技术的左右手。人类的沟通需求产生了通信,算力的发展又促使人类产生了数量更多、分布更广的信息和数据。以芯片和软件平台为主的计算能力改变了人类的生产方式、生活模式和科研范式,算力越来越成为科技进步和经济社会发展的底座,代表着人类智慧的发展水平。

【拓展知识1-1】 2020年中国进口最多的三大类商品是:芯片(3800亿美元)、石油(1880亿美元)、铁矿石(1260亿美元)。

1.1.2 互联网和物联网

随着网络和通信技术的发展,以TCP/IP的启用为标志,互联网横空出世。随着智能手机的普及,互联网由PC互联网时代进入移动互联网时代。

物联网(Internet of Things,IoT)是指通过信息传感器、射频识别技术、全球定位系统、红外感应器、激光扫描器等各种装置与技术,实时采集任何需要监控、连接、互动的物体或过程,采集其声、光、热、电、力学、化学、生物、位置等各种需要的信息,通过各类可能的网络接入,实现物与物、物与人的泛在连接,实现对物品和过程的智能化感知、识别和管理。IPV6 和 5G 技术的发展为万物互联奠定了坚实的基础。

【拓展知识 1-2】　2021 年 7 月 13 日,中国互联网协会发布了《中国互联网发展报告(2021)》,其中提到物联网市场规模达 1.7 万亿元,人工智能市场规模达 3031 亿元。

1.1.3　云计算

云是网络、互联网的一种比喻说法。云计算(Cloud Computing)是继互联网、计算机后在信息时代的又一种革新。云计算以互联网为中心,在网络上提供快速且安全的云计算服务与数据存储服务,让每个使用互联网的人都可以使用网络上的庞大计算资源与数据中心。

全球云计算行业的三巨头是亚马逊公司的 AWS、微软公司的 Azure 和阿里巴巴公司的阿里云。2010 年,马云将云计算与大数据作为发展战略,此后坚持每年对云计算投入 10 亿人民币,连续投入了 10 年。阿里云的创始人王坚集合整个阿里巴巴集团的技术力量,研发了一套中国自主知识产权的云计算大规模操作系统——飞天(Apsara),其目标是将几千台乃至上万台普通服务器连接到一起,就像一台功能强大的超级计算机,来实现超强的计算性能。

【拓展知识 1-3】　全球最大的信用卡组织 Visa 的全球实时交易量是 6.5 万笔/秒,欧洲跨境支付系统最高的实时交易量是 500 笔/秒。2020 年 11 月 11 日,阿里云迎来了洪峰交易量,达到 58.3 万笔/秒。在云计算领域,我国已经达到了世界领先水平。

1.1.4　大数据

大数据(Big Data)就在你身边,每个人都是大数据的生产者。互联网时代的大数据高速积累,全球数据总量几何式增长。物联网、云计算、移动互联网、智能手机、平板电脑、个人计算机,以及遍布各个角落的各种各样的传感器,金融、电商、社交、媒体、导航、外卖、网约车等信息系统,无一不是大数据的来源或承载方。海量数据从原始数据到产生价值,需要经过存储、清洗、挖掘、分析等多个环节。

现在是一个大数据时代,数据引领经济社会发展的新引擎作用已经体现,并正在与现有产业进行深度融合。因此,数据会重塑传统产业的结构和形态,会影响到传统产业的方方面面,也会催生众多的新产业、新业态、新模式。

算力和大数据的发展为人工智能的发展提供了技术支撑和基础原料,是人工智能取得突破性进步的核心所在。人工智能的进步又反过来给算力和大数据提供变革的推动力。

未来 5～10 年是 AI 和 5G 的时代,海量的数据传输成为常态。

1.1.5　人工智能

人工智能(Artificial Intelligence,AI),通俗来讲,就是让机器能像人一样思考。人工智能是计算机学科的一个分支。1956 年,科学家首次提出人工智能这一术语。人工智能获得了迅速的发展,在很多学科领域都获得了广泛应用,并取得了丰硕的成果。人工智能发展有三要素：数据、算法和算力。人工智能逐渐从科幻作品渗透到了现实。

首先，人工智能挑战的是人类最复杂的智力游戏——国际象棋和围棋。请看以下几个人机对弈的标志性时间节点。

1997 年 5 月，IBM 公司的深蓝(DeepBlue)战胜世界国际象棋冠军卡斯帕罗夫。

2016 年 3 月，Google 旗下 DeepMind 公司开发的人工智能围棋软件 AlphaGo 以 4∶1 的总比分击败围棋世界冠军、韩国职业九段棋手李世石。

2017 年 5 月，在中国乌镇围棋峰会上，AlphaGo Master 以 3∶0 的总比分战胜世界排名第一的围棋冠军柯洁。

其次，人工智能在机器视觉，指纹、人脸、视网膜、虹膜、掌纹等识别，专家系统，自动规划，智能搜索，定理证明，博弈，自动程序设计，智能控制，机器人学等方面取得了较大的进展和应用。

目前，全球七大人工智能巨头分别是：谷歌（Google）、元宇宙（Meta）、亚马逊（Amazon）、微软（Microsoft）、百度（Baidu）、阿里巴巴（Alibaba）和腾讯（Tencent）。

1-1 走进
Java
编程
世界

1.2   Java 简介

在开始学习 Java 语言之前，要认真地思考以下几个问题。

- Java 是什么（What）：学习目标要明确。
- 为什么要学习 Java（Why）：理清学习者需求，端正学习态度。
- 如何学习 Java（How）：学习 Java 的方法要科学，学习 Java 的路径要清晰。
- Java 学得怎么样：确认 Java 学习的达成度。

1.2.1   Java 是什么

如 C 语言、Python 语言一样，Java 语言也是一种程序设计语言，并且是面向对象的程序设计语言。Java 是 Java 语言和 Java 平台的总称。Java 语言的发明公司是 Sun 公司。James Gosling 是 Java 语言的共同创始人之一，如图 1-1 所示，后来他被称为 Java 之父。

图 1-1   James Gosling

Sun 公司于 1995 年正式对外公布 Java 语言，发布了 JDK 1.0。Java 的 Logo 是一杯热气腾腾、香飘世界的咖啡。自 1995 年以来，Java 语言一直高居计算机编程语言排行榜前列，是 IT 产业软件开发的主力语言之一。图 1-2 依次是 Java 及其发明公司的 Logo。

2007 年 11 月，Google 公司宣布推出基于 Linux 的开源智能手机操作系统——Android，迅速占领市场。Android 使用 Java 语言来开发应用程序，这给了 Java 一个新的发展和推广机遇。

从 JDK 1.0 到现在的 JavaSE17，Java 一路走来，辉煌无限。JDK 各版本发布情况如图 1-3 所示。自从 2009 年 Oracle 公司收购 Sun 公司后，JDK 发布的速度正在加速。根据惯例，每三年会有一个长期演进版(Long Term Support，LTS)。但没有必要追求最新版本。

图 1-2　Java 及其发明公司的 Logo

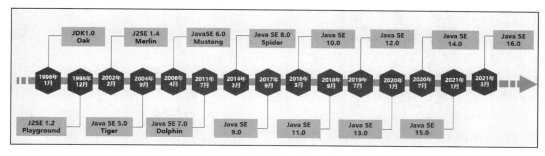

图 1-3　JDK 各版本发布情况

1.2.2　Java 语言的特点

1．简单高效

Java 采用类 C 语言语法,隐藏了 C/C++ 语言中指针、多重继承等难理解、难应用的技术,对数据类型进行精简和统一等。这一切有效降低了学习门槛。

2．完全面向对象

面向对象是一种模拟人类社会中人解决实际问题的思维方法的编程模型,关注应用中的数据和操纵数据的方法。面向对象更加符合人们的思维习惯,更容易扩充和维护。

3．自动内存管理

Java 采用自动垃圾回收机制(Auto Garbage Collection),实现了内存分配和回收的自动管理,效率和安全性大大提高。

4．平台无关性与可移植性

Java 采用解释与编译相结合的执行方式。Java 源程序(＊.java)被编译成字节码文件(＊.class),然后再由不同操作系统上的 Java 虚拟机(Java Virtual Machine,JVM)解释执行,实现了程序运行效率和不同操作系统之间可移植性的完美结合。

5．安全性

从底层设计上就强调网络环境下的安全性,Java 采用公钥加密算法为基础的字节码验证技术。

6．分布式和动态

Java 既是分布式语言,又是动态语言(动态编译、动态加载、动态执行)。因此,Java 语言是跨平台、高并发、高性能互联网架构的首选语言。

7．多线程

线程是一种轻量性进程。Java 在语言级别而非操作系统级别上支持多线程程序设计。

8．稳定性

完善的字节码安全机制和可靠的异常处理机制保证了 Java 应用的稳定性。

1.2.3　为什么要学 Java

1. 为了决胜于未来,应该学习 Java

并不是说要当一名程序员,才需要学习 Java 编程。学习和掌握一门主流编程语言,培养集成创新能力,锻炼计算思维,是一个现代人的必备技能和核心竞争力。在计算机类专业,"Java 程序设计"是一门重要的专业必修课程。

2. Java 影响巨大,值得去学习

经过 20 多年的发展,Java 语言已经发展成为人类计算机史上影响深远的编程语言。Java 语言所崇尚的开源、自由等精神,吸引了世界顶尖软件公司和无数优秀的程序员。Java 技术具有卓越的通用性、高效性、平台可移植性和安全性,广泛应用于个人计算机、数据中心、游戏控制台、超级计算机、移动电话和互联网。Java 已经超出了编程语言的范畴,发展为一个开发平台、一个产业、一种思想、一种文化。

【**拓展知识 1-4**】　TIOBE 世界编程语言排行榜。

TIOBE 每月更新一次,其结果被当作当前业内程序开发语言的流行使用程度的有效指标。TIOBE 编程社区索引如图 1-4 所示。TIOBE 自 2001 年 6 月开始发布以来,总计只有 13 种编程语言曾经进入前 10 名,而 Java 语言多年来位居前两名。

扫码看彩图

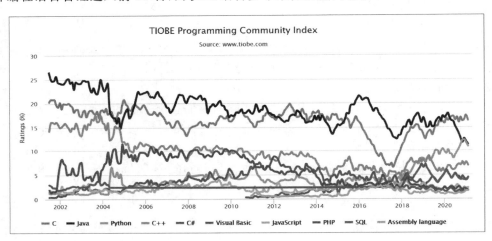

图 1-4　TIOBE 编程社区索引

3. 学习 Java,拥有完整开放的计算生态

Java 语言拥有一套历经十几年积累、由许多软件公司倾力打造、经无数软件工程项目测试的庞大且完善的类库,内置了其他语言需要操作系统才能支持的功能,拥有全球最大的开发者专业社群,构建了一个完整开放的计算生态。Java 编程类似于堆积木,开发者可以调用自己编写的方法、可以调用 JDK 类库中的方法,也可以调用第三方提供的方法。总之,开发者可以编写极少的代码就完成强大的功能。

4. 学习 Java,拥有精彩的人生

学习 Java 编程,可以体会计算机科学给人们带来的快乐、效率、体验和力量。学习 Java 编程,可以打开通往创新世界的一扇窗。学习 Java 编程,可以为学习者带来 IT 高薪行业的就业机会。即使不从事 Java 程序员等专业工作,学习者也可以在其他领域,携 Java 编程和计算思维的优势进行集成创新,拥有精彩的人生。

1.2.4 怎样学习 Java

"Java 程序设计"是一门实践性非常强的课程。只靠看微视频、阅读讲义、听课和做习题是不行的。陆游曾经说过,"纸上得来终觉浅,绝知此事要躬行"。要想学会 Java,唯有编程,编程,再编程。

编程,就是把需要做的事情用程序语言描述出来。学习编程,主要就是解决三个问题:做什么(弄清程序需要实现的功能)、怎么做(如何实现程序的功能,即逻辑或算法)和如何描述(如何用一种具体语言描述出来)。程序设计需要有一定的英语阅读能力、数学基础和逻辑思维能力。

1. 知识学习

根据翻转式学习的要求,要求读者首先认真阅读本书,然后再观看微视频,并在其指导下完成验证性操作和编程实训,最后完成单元测试和上机作业,并参与讨论。

2. 程序阅读能力训练

将书中每章提供的 Java 源程序复制到 Java Project 工程中运行,结合 JDK 文档,认真阅读每一行程序,直观地理解相关概念,掌握相关编程技巧。

3. 程序编写能力训练

理解需求,确定算法,查阅 JDK 文档,编写程序。本书各章都会布置 4～8 个 100 行左右的编程作业。

4. 程序调试能力训练

在 Java 编程过程中出现错误是经常发生的事情。错误主要包括语法错误、逻辑错误、设计错误。要根据 Eclipse 提供出错信息和修改建议,进入 Debug 调试模式,迅速定位错误。

5. 课程设计

本书用一个难度和工作量适中的课程设计贯穿整个学习过程,帮助读者做到对各章节知识的融会贯通。

在交流和讨论中提高,在编程和调试中升华。只要用心学习、用心思考、用心编程,就一定能顺利完成学习目标,掌握 Java 语言。

1.2.5 怎样才算学好了 Java

(1) 会构建 Java 开发环境,熟悉 Eclipse IDE 的使用。

(2) 掌握 Java 语言语法、编程基本知识、基本技巧和基本算法。

(3) 具备一定的程序阅读能力、程序编写能力、程序调试能力,能利用 Java 解决复杂的计算问题。

(4) 掌握 Java 常用英文专业词汇,有一定的英文阅读能力。

(5) 熟悉 JDK 类库和第三方类库中常见的类、接口、方法的使用。Java 拥有经过十几年积累的、在 JCP 引导下由世界顶级软件公司倾力打造的、经过无数项目验证通过的 JDK 类库。JDK 类库庞大、复杂而完备。Java 编程时要求开发者可以利用 JDK 文档,迅速查询到需要的常见包中的类、接口、异常、方法等相关的信息和细节。Java 知识、能力和情感结构模型如图 1-5 所示。

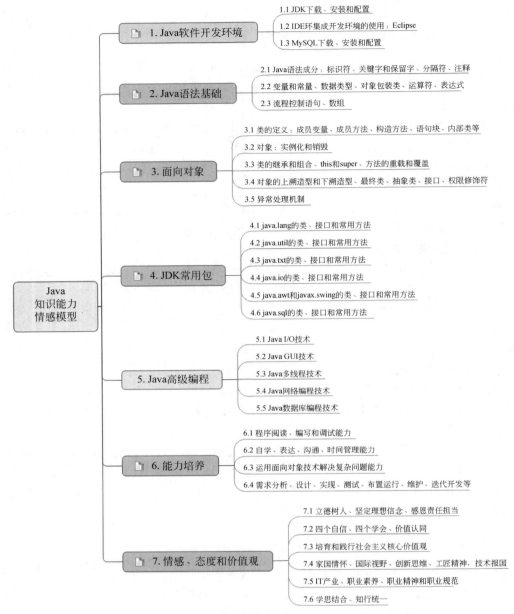

图 1-5 Java 知识、能力和情感结构模型

1-2 搭建 Java 开发环境

1.3 搭建 Java 开发环境

1.3.1 Java 平台的基本概念

在搭建 Java 开发环境之前,须先理解几个 Java 基本概念。

1. JVM

JVM(Java Virtual Machine,Java 虚拟机)指可以运行 Java 字节码(*.class)的虚拟计算机。JVM 是整个 Java 技术的基础和核心。Oracle 公司为 Solaris、Windows、Linux、macOS 等不同操作系统开发了不同的 JVM。这样,字节码文件(*.class)就可以在不同操作系统的 JVM 支持下运行。

2. JRE

JRE(Java Runtime Environment,Java 运行环境)面向 Java 程序的使用者,主要由 JVM、API 类库、发布技术三部分构成。如果只想运行已经开发好的 Java 程序,仅安装 JRE 即可。

3. JDK

JDK(Java Development Kit,Java 开发工具包)面向 Java 程序的开发者,提供 Java 的开发环境和运行环境,主要由 JRE 与用以编译、运行、调试 Java 应用程序的各种工具和资源包构成。要想开发 Java 程序,请安装相应版本的 JDK。

简单地说,JDK 包含 JRE,而 JRE 包含 JVM。为了更好地适应软件开发,Java 的设计者提供了以下三种 Java 平台。

(1) Java ME(Java Micro Edition):Java 微型版主要面向消费类电子产品的嵌入式开发,为机顶盒、移动电话、智能卡、PDA 等设备提供 Java 解决方案。目前,基本已经被 Android 等技术取代。

(2) Java SE(Java Standard Edition):Java 标准版是各个 Java 应用平台的基础,学习 Java 应该从学习 Java SE 开始。

(3) Java EE(Enterprise Edition):Java 企业版构建在 Java 标准版之上,主要用来构建大规模企业级 Web 应用和分布式网络应用程序。从应用上讲,Java EE 是目前企业级应用最出色的平台和最成功的解决方案。

Java SE 组成结构如图 1-6 所示,从图中可以清晰地看出 JVM、JRE、JDK、Java SE 之间的包含关系。

1.3.2　Java 程序的运行

Java 程序通常要经过编辑、编译、加载、验证和运行结构 5 个步骤完成。Java 程序的运行过程如图 1-7 所示。在文本编辑器编写 Java 程序(*.java),然后用编译器编译得到字节码文件(*.class),将字节码文件载入内存,经过安全性验证,最后就可以运行了。为进一步提高编程效率,将编辑、编译、调试、运行等功能集成到一个软件中进行,这就是集成开发环境(IDE)。

1.3.3　JDK 的下载、安装和配置

从 Oracle 官方网站可以下载 JDK、JDK 文档、MySQL 等资源。下面以 Windows 操作系统和 JDK16 为例,讲解 JDK 的下载、安装和配置。主要步骤和要点如下。

(1) 登录 Oracle 公司的官方网站(www.oracle.com),选择 Products → Java → Download Java 命令。单击 JDK Download 超链接可以下载 JDK,单击 Documentation 超链接可以查看 JDK 文档。

(2) JDK16 的下载地址为 https://www.oracle.com/java/technologies/ javase-jdk16-

Java Language							
Java	javac	javadoc	jar		javap	jdeps	Scripting
Security	Monitoring	JConsole	VisualVM		JMC	JFR	
JPDA	JVM TI	IDL	RMI		Java DB	Deployment	
Internationalization		Web Services			Troubleshooting		

Java Language

Tools & Tool APIs

Deployment

Java Web Start	Applet/Java Plug-in

JavaFX			
Swing	Java 2D	AWT	Accessibility
Drag and Drop	Input Methods	Image I/O	Print Service	Sound

User Interface Toolkits

IDL	JDBC	JNDI	RMI	RMI-IIOP	Scripting

Integration Libraries

Beans	Security	Serialization	Extension Mechanism
JMX	XML JAXP	Networking	Override Mechanism
JNI	Date and Time	Input/Output	Internationalization

Other Base Libraries

lang and util			
Math	Collections	Ref Objects	Regular Expressions
Logging	Management	Instrumentation	Concurrency Utilities
Reflection	Versioning	Preferences API	JAR	Zip

Lang and util Base Libraries

Compact Profiles

Java SE API

Java HotSpot Client and Server VM

Java Virtual Machine

JDK　JRE

图 1-6　Java SE 组成结构图

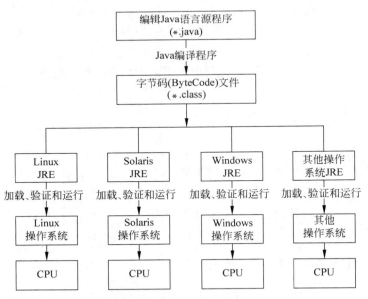

图 1-7　Java 程序的运行过程

downloads.html。

　　根据自己的操作系统选择要下载的 JDK 版本。以 Windows 操作系统为例,可以选择 jdk-16.0.2_windows-x64_bin.exe(安装版),也可以选择 jdk-16.0.2_windows-x64_bin.zip (解压缩版)。建议下载安装版,如图 1-8 所示。

Java SE Development Kit 16.0.2

This software is licensed under the Oracle Technology Network License Agreement for Oracle Java SE

Product / File Description	File Size	Download
Linux ARM 64 RPM Package	144.87 MB	jdk-16.0.2_linux-aarch64_bin.rpm
Linux ARM 64 Compressed Archive	160.73 MB	jdk-16.0.2_linux-aarch64_bin.tar.gz
Linux x64 Debian Package	146.17 MB	jdk-16.0.2_linux-x64_bin.deb
Linux x64 RPM Package	153.01 MB	jdk-16.0.2_linux-x64_bin.rpm
Linux x64 Compressed Archive	170.04 MB	jdk-16.0.2_linux-x64_bin.tar.gz
macOS Installer	166.6 MB	jdk-16.0.2_osx-x64_bin.dmg
macOS Compressed Archive	167.21 MB	jdk-16.0.2_osx-x64_bin.tar.gz
Windows x64 Installer	150.58 MB	jdk-16.0.2_windows-x64_bin.exe
Windows x64 Compressed Archive	168.8 MB	jdk-16.0.2_windows-x64_bin.zip

图 1-8　JDK 16 下载页面

（3）双击 jdk-16.0.2_windows-x64_bin.exe，按照安装向导的提示安装 JDK。

（4）配置 JDK 环境变量 java_home 和 path。在 Windows 操作系统中，在"此电脑"上右击，在弹出菜单中选择"属性"→"高级系统设置"→"环境变量"命令，设置环境变量即可。

- java_home：指向 JDK 的安装路径，本机为 C:\Program Files\Java\jdk-16.0.2。
- path：设置操作系统寻找可执行文件的路径。在 path 环境变量中增加"C:\Program Files\Java\jdk-16.0.2;"或"%java_home%\bin;"。

（5）查看 JDK 安装文件夹的结构，如图 1-9 所示。可以这样直观地理解：JVM 用到的文件集中存放在 bin 文件夹中；JRE 用到的文件集中存放在 bin 和 lib 文件夹中；JDK 用到的文件集中存储在 bin、include、lib 三个文件夹中。

图 1-9　JDK 16 安装文件夹结构

- bin 文件夹：用来存放 Java 开发中的常用工具。javac.exe：Java 编译器，负责将 java 源代码（.java）编译为字节码（.class）文件；java.exe：Java 解释器，负责解释执行 Java 字节码（.class）文件。
- lib\src.zip：JDK API 所有类、接口的源码压缩文件。

（6）测试 JDK 是否安装成功。测试 JDK 安装是否成功的界面如图 1-10 所示。右击"开始"，在弹出的快捷菜单中选择"运行"命令，在弹出的对话框中输入 cmd，进入 DOS 环境,在 DOS 提示符中输入 javac -version 后按 Enter 键,可以查看所安装的 Java 编译器版本。在 DOS 提示符中输入 java -version 后按 Enter 键,可以查看所安装的 Java 解释器版本。

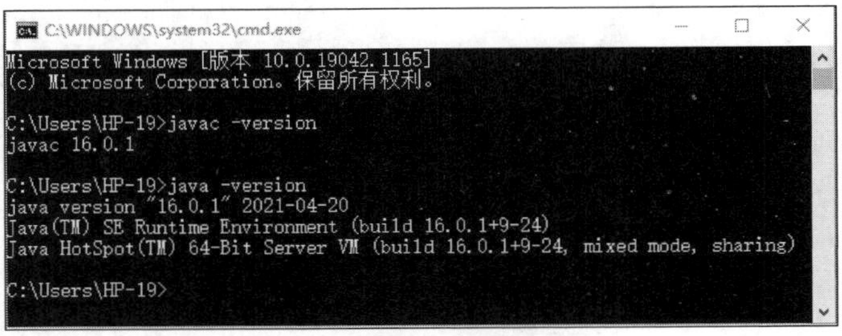

图 1-10　JDK 安装测试界面

1.3.4　Eclipse 的下载、安装和配置

安装、配置好 JDK 后,就可以安装 Java 集成开发环境了。集成开发环境集成了代码编写功能、分析功能、编译功能、调试功能等。

目前流行的 Java 集成开发环境有:Eclipse、IntelliJ、NetBeans、MyEclipse、JBuilder、JDeveloper 等。其中被应用最多的是 Eclipse(免费开源)和 IntelliJ IDEA(商业收费)等。本书采用开源免费的 Eclipse。

【拓展知识 1-5】　荀子劝学篇中提到:"假舆马者,非利足也,而致千里;假舟楫者,非能水也,而绝江河。"可见工具的重要性。编程的工具就是集成开发环境。

【拓展知识 1-6】　IntelliJ IDEA。一款备受业界欢迎的 Java 集成开发环境,由捷克软件开发公司 JetBrains 出品。

Eclipse 是一个开放源码、基于 Java、跨平台、跨语言、功能完整、技术成熟、可扩展的集成开发环境。目前,Eclipse 版本更新非常快,自 2020 年 6 月以来发布的版本如下:Eclipse 2020-06(4.16)、Eclipse 2021-09(4.17)、Eclipse 2020-12(4.18)、Eclipse 2021-03(4.19)、Eclipse 2021-06(4.20)。

1. 下载 Eclipse

Eclipse 下载地址为 https://www.eclipse.org/downloads/packages/。

Eclipse 下载界面如图 1-11 所示,根据面向的使用场景不同,Eclipse 在标准版的基础上,还有不同功能的插件集,这里选择 Eclipse IDE for Java Developers。

2. Eclipse 的安装与启动

Eclipse 解压缩版无须安装,只须将下载的文件 eclipse-java-2021-06-R-win32 -x86_64.zip 解压缩到指定文件夹,然后双击 eclipse.exe,即可启动 Eclipse。

Eclipse 每次启动时,需要选择一个工作空间或直接进入默认的工作空间,如图 1-12 所示。

Eclipse 主界面包括菜单栏、包浏览视图、Java 编辑窗、概要视图、控制台等部分,如图 1-13 所示。

图 1-11 Eclipse 下载界面

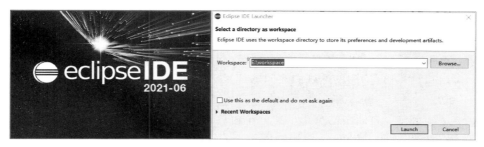

图 1-12 Eclipse 启动界面

图 1-13 Eclipse 主界面

1.4　在 Eclipse 中开发 Java 程序

1.4.1　Eclipse 的基本概念

1-3　在 Eclipse 中开发 Java 应用程序

在使用 Eclipse 之前,先了解几个 Eclipse 的基本概念:Workspace(工作空间)、Perspective(透视图)、View(视图)、Project(工程)、BuildPath(构建路径)等,现分别介绍如下。

1. Workspace

Workspace 负责管理项目(Project)。一个 Workspace 对应磁盘上的一个文件夹。一个 Workspace 可以存放多个 Project。一个 Workspace 文件夹中存放一套 Eclipse 环境参数(可以在 Window→Preferences 中配置)。Workspace 中的所有 Project 将继承这个配置,每个 Project 也可以在此基础上配置自己的参数。

2. Perspective

Perspective 是一个包含一系列视图和内容编辑器的可视容器。Eclipse 常见透视图包括:Java(default)、Debug 等,以方便软件开发人员的工作。开发者可以在 Window→Open Perspective 窗口中进行不同的透视图之间的切换。

3. View

View 是显示在主界面中的一个单独的小窗口,可以被移动、最大化、最小化、还原、调整大小和位置、显示/关闭。Eclipse 常用视图包括 Console、Outline、Package Explorer 等。如果不小心关闭了某个视图,可以通过 Window→Show View 重新打开,如图 1-14 所示。

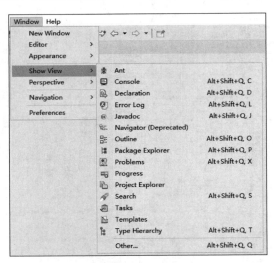

图 1-14　Show View 窗口

4. Project

项目或工程是现代软件开发的基本形式。以 Project 为中心的代码管理和开发形式是现代软件工程的通用做法。在 Eclipse 集成开发环境中,有适合各种应用场合的项目模板。

在 Java 学习中,Java Project 是最基本、最主要的形式。了解 Java Project 的结构是对 Java 初学者的基本要求。

Eclipse 以 Project 形式来管理软件项目文件,主要包括配置文件(＊.ini 等)、源文件(＊.java,集中存放在 src 文件夹中)、包、资源文件(图片、声音等)、属性文件(＊.properties)、编译生成的目标文件(＊.class,集中存放在 bin 文件夹中)、系统运行库(＊.jar,集中存放在 JRE System Library 文件夹中)、第三方扩展库(＊.jar,集中存放在 Referenced Libraries 文件夹)等。

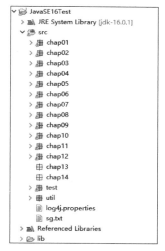

图 1-15 Java Project 结构

本课程需要建立一个 Java Project,文件结构如图 1-15 所示。

5. BuildPath

JVM/JDK 的 环 境 变 量 classpath 和 Eclipse 工 程 的 BuildPath 基本上是同一概念。它们都是要解决 JVM 类加载器去哪里加载类文件的问题。JVM 可以从系统运行库 (JRE)、第三方的功能扩展库、工作空间中的其他工程,甚至外部的类文件去加载类文件。一般可以将第三方 JAR 包复制到工程文件夹中,然后右击,执行 Build Path→add to Build Path 命令把指定 JAR 包加入 BuildPath 中,或用 remove from BuildPath 命令将指定的 JAR 包从 BuildPath 中删除。

6. Editor

编辑窗口一般会出现在工作台(WorkBench)的中央。当打开 Java 源程序、HTML、XML、JavaScript、Properties 属性文件等资源时,Eclipse 会选择最适当的编辑器在编辑窗口打开文件。

1.4.2 对 Eclipse 进行简单设置

Eclipse 默认设置不足以满足开发者的要求,开发 Java 应用之前需要对 Eclipse 进行简单的设置。

1. 设置字符集编码

Eclipse 的字符集编码默认读取操作系统的设置,中文 Windows 操作系统一般默认为 GBK。请在菜单中依次选择 Window→Preferences→General→workspace 界面,将工作空间的字符编码设置为 UTF-8。工作空间中的工程默认继承所在工作空间设置的字符集编码。

2. 查看 JDK 编译器设置

依次在菜单栏选择 Window→Preferences→Java→Compiler→16 命令。可以查看 Eclipse 当前使用的编译器和解释器版本。根据向下兼容原则,确保解释器版本高于或等于编译器版本。

查看 Java 运行环境设置:请在菜单栏依次选择 Window→Preferences→Java→Install JREs→jdk-16.0.1 命令。

3．设置内容助手（Content Assist）

Eclipse 提供了内容助手来加快程序员输入 Java 代码的速度，从而提高编程效率。依次选择 Window→Preferences→Java→Editor→Content Assist 命令，可以设置代码自动提示功能。

触发代码提示的时间设置：在 Auto Activation delay 框中输入 200ms->100ms。

触发代码提示的字符：在 Auto Activation triggers for java 框中，在"."后面输入"abcdefghijklmnopqrstuvwxyz(,."。

设置后，输入以上字母会自动提示类、方法、参数等；输入 syso 后按 Enter 键，会自动替换为 System. out. println( )；输入 main 后按 Enter 键，会自动替换为 public static void main(String[] args) {}等。

4．设置编辑窗口中字体和大小

依次选择 General→Appearance→Colors and Fonts→Java→Java Editor Text Font 命令可以设置编辑器中字体的大小和颜色。

1.4.3　Eclipse 基本操作

Eclipse 环境下基本操作列举如下。

（1）新建一个工程：选择 File→new project→Java Project 命令，输入工程名称。

（2）在 src 中建立一个包：选择 File→new Package 命令，输入包名，要求全部字母小写。

（3）在当前包中新建一个类：选择 File→new Class 命令，输入类名，首字母大写。

（4）在类中新建方法、输入代码。

（5）运行 Java 应用程序：选中一个类，然后选择 Run→Run as→Java Application 命令或直接单击工具栏中的"运行"按钮。

一个 Java 应用程序（Java Application）必须有一个 public 类包含 public static void main(String [args])方法，这个类被称为该 Java Application 的主类。Java Application 的运行总是从主类的 main()方法开始执行。

1.4.4　第一个 Java 程序

HelloWorld 通常是学习一门新的编程语言时编写的第一个程序。在 Eclipse 集成开发环境中编写 HelloWorld. java 的详细步骤如下。

（1）在 Eclipse 中新建一个包（Java Project）：JavaSE16Test。

（2）在 src 中新建一个包（package）：chap01。

（3）在 chap01 包中新建一个 HelloWorld 类。

（4）在 HelloWorld 类体中输入 main()方法：

```
public static void main(String[] args){}
```

（5）在 main()方法体中输入语句

```
System.out.println("Hello World!");
```

（6）按 Ctrl＋S 组合键保存，Eclipse 会自动编译 HelloWorld. java、生成 HelloWorld. class。单击"运行"按钮，在 Console 控制台中查看程序运行结果。

（7）为方便阅读，请注意逐级缩进。

（8）输入 Java 程序建议采用 Kernighan 风格，即左大括号在上一行的行尾，右大括号独占一行。

（9）请提前预习 2.4.1 节和 2.4.2 节，了解如何用 print()、println()、printf()方法在控制台中输出数据。

【拓展知识 1-7】　在 The Hello World Collection 网站（http://helloworldcollection. de/）收集了 603 个计算机编程语言和 78 个人类语言实现的 HelloWorld 程序。C 语言版的 HelloWorld 程序如下，请对比区分。

```
01   ♯ include < stdio. h>
02   main(){
03      printf("Hello World!\n");
04   }
```

【示例程序 1-1】　第一个 Java 程序（HelloWorld. java）

功能描述：将字符串"Hello World!"输出到控制台上。

```
01   //本文件中定义的 class、interface 均放在 chap01 包下
02   package chap01;
03   //定义主类 HelloWorld
04   public class HelloWorld {
05      //定义主方法 main,格式固定
06      public static void main(String[ ] args){
07         System.out.println("Hello World!");
08         System.out.printf("% s\n","Hello World");
09      }
10   }
```

请注意控制台输出的编译信息，不用全部阅读，要抓住关键字句，迅速定位错误。

（1）编译错误（Error）：多为语法错误，不能通过编译。

（2）运行时错误（Runtime）：程序在运行过程中出现错误，程序中止运行。

（3）警告（Warning）：带有警告信息的程序，不影响编译和运行。

初学者需要注意以下问题。

（1）Java 程序严格区分大小写。

（2）一个 Java 源文件中允许定义多个类或接口，但公共类（Public Class）或公共接口（public interface）只能定义一个，且公共类或公共接口的名字必须和所在 Java 源文件名相同。Java 源文件编译后定义的每一个类或接口都将生成一个独立的 . class 文件。

（3）分隔符（Java 程序的小数点、分号、{ }、[ ]、( )、双引号、单引号、运算符等）必须采用英文半角，否则会出现"非法字符"字样的错误提示。

（4）main（）方法是 Java Application 的入口，必须严格按照 public static void main（String[] args）语法格式书写，否则可能由于方法的重载，在运行时出现找不到 main（）方法

的错误提示信息。

1.4.5　Java 开发过程的英文能力要求

在 Java 的学习过程中,英文阅读和输入是一个不容回避的要求。JDK 文档阅读、Eclipse 开发环境的使用、出错信息阅读、标识符的命名等场景均要求使用者具备一定的科技英文应用能力。科技英文的语法相对简单,只要解决基本词汇即可。

请在手机上安装网易有道词典或其他电子词典,登录后导入本章的单词本,单词本可从中国大学 MOOC 官网或超星泛雅平台下载。要求会读并领会其中文含义。

1.5　综合实例:构建 Java 开发环境,"扣"好编程的"第一粒扣子"

1.5.1　案例背景

IT 大国这一提法只是就其产业规模,而且主要是下游产业的规模而言。而要达到 IT 强国则要求:IT 产业规模上要达到世界前列;必须拥有 IT 主要的核心技术,出现一大批世界级企业,积累足够数量的知识产权,在较多标准制定中起主导作用。从 IT 大国到 IT 强国,中国还有一段距离。

基础软件是 IT 的核心技术之一。所谓基础软件,主要是指以操作系统为中心的,包括操作系统、数据库、中间件、编程语言等一系列软件共同构成的一整套软件产品和生态。

智能手机操作系统市场基本被 Apple 公司的 iOS、Google 公司的 Android 这两个产品垄断。2020 年 9 月,华为公司发布鸿蒙(Harmony OS)2.0 操作系统,这是一个面向全场景的、开源的分布式操作系统,代码量超过 1000 万行,被称为中国软件领域的"红旗渠工程"。2022 年 7 月,Harmony OS 3.0 正式发布。截至当月,搭载 Harmony OS 的华为设备数量已经超过 3 亿,物联网设备数量超过 1.7 亿。鸿蒙操作系统突飞猛进,未来可期。

中国华为公司先后推出作为数字基础设施的两大开源操作系统——鸿蒙和欧拉。鸿蒙操作系统的应用场景是智能终端、物联网终端和工业终端;欧拉(openEuler)操作系统则面向服务器、边缘计算、云计算、嵌入式设备。欧拉与鸿蒙能力共享,生态互通,可实现更深层次、更智能的交互。

世界上第一个得到广泛应用的编程语言是诞生于 1972 年的 C 语言。此后 40 多年来,先后诞生了 600 多种编程语言,但是大多数编程语言由于应用领域狭窄退出了历史舞台。目前,世界上最热门的编程语言是 C、C++、Java 和 Python。其中 C、C++是学习门槛较高、运行效率最高的编程语言。Java 是学习门槛适中、软件开发中最常用、运行效率中等、面向未来的语言,是 Android 系统官方支持的开发语言。Python 是学习门槛低、上手快但运行效率较低的语言。华为公司计划推出自研的编程语言——仓颉,用以将鸿蒙和欧拉在应用开发生态上打通。

1.5.2　编程实践

服务器上最常用的操作系统是 Linux 操作系统。许多 Java 项目需要发布在 Linux 操作系统上运行。但 PC 和笔记本电脑上最常用的操作系统是微软公司的 Windows 10,因此,初学者首先要学会在 Windows 10 操作系统构建 Java 开发环境。以 Java 为就业方向的学习者就要进一步学习在 Linux 操作系统中构建 Java 开发环境。开发者可以在 Windows 操作系统的计算机上构建基于 Linux 的 Java 软件开发环境,步骤如下。

（1）在 Windows 10 环境下安装虚拟机软件:推荐使用 Oracle 公司的 VirtualBox。

（2）在虚拟机上安装 Linux 操作系统:推荐 CentOS 或 Ubuntu 版本。

（3）在 Linux 操作系统下安装 JDK 和 Eclipse 并配置环境变量。

（4）在 Linux 操作系统下安装 MySQL 数据库和 MySQL 图形客户端并导入测试数据库 sc.sql 和 hr.sql。

1.6　本章小结

本章主要介绍了 IT 产业及其相关技术,Java 的基本概念,Java 开发环境的构建,在 Eclipse 环境下中编写、调试和运行 Java 程序等内容。

通过本章的学习,读者应该了解相关知识和概念。在计算机上完成 Java 开发环境的构建,在 Eclipse 环境下编写、调试和运行 Java 程序。

1.7　自测题

一、填空题

1. Java 平台分为 3 个版本:_____、_____、_____。学习 Java 应该从 _____版本开始。

2. JVM 是英文_____的缩写,JRE 是英文_____的缩写,JDK 是英文_____的缩写。

3. JDK 安装后一般设置 3 个环境变量:_____、_____、_____。

4. Java 源程序应该写在扩展名为._____的文本文件中。

5. 写出 main()方法的首部:_____。

6. _____.exe:java 编译器,负责将 java 源代码(.java)编译为字节码(.class)文件;_____.exe:java 解释器,负责解释执行 java 字节码(.class)文件。

7. Java 程序运行的 5 个步骤:_____、_____、_____、_____、_____。

8. Eclipse 工作空间的字符集编码默认读取操作系统中的设置,为方便国际化,我们一般将设置为_____而不是默认的为 GBK。

二、改错题

指出下列程序中的错误并改正。

```
01   package chap01
02   Public class Test{
03     public static mian(string args) {
04       system.out.println("Hello World!");
05     }
06
```

三、编程实践

1. 在 Eclipse IDE 中，编写一个程序，在控制台上输出以下信息：走进 Java 编程世界，体验 Java 编程乐趣。

编程提示：

(1) 在 Eclipse 中新建一个 JavaProject，建议工程名称为 JavaSE16Test。

(2) 在 src 中建立包，名字分别为 chap01、chap02、…、chap12，每章编写的程序都放在对应的包中。

(3) 在 chap01 包中建立一个 class，类名为 HelloWorld。

(4) 在类中建立 main()方法：public static void main(String[] args){}；。

(5) 在 main()方法中输入 Java 语句：用 System.out.println()方法或 System.out.printf()方法(注意回车)均可实现。

2. 运行别人写好的 Java 程序——俄罗斯方块。

请将 Tetris.java 复制到 JavaSE16Test\src\chap01 包，跟随教学视频阅读程序、调试程序、运行程序，了解每一行代码的作用，再尝试修改或编程，将事半而功倍。

3. 运行别人写好的 Java 项目——排队叫号系统。

排队叫号系统是本书的 Java 课程设计。请下载 Java Project：QueuingSystem2.zip 并解压缩。在 Eclipse 中导入 Java Project，确保没有错误后运行。

操作步骤：请在菜单中依次选择 File→Import→Existing Projects into Workspace 命令。

四、连线题

将图 1-16 中左侧的文件夹和右侧对应的说明用线连起来。

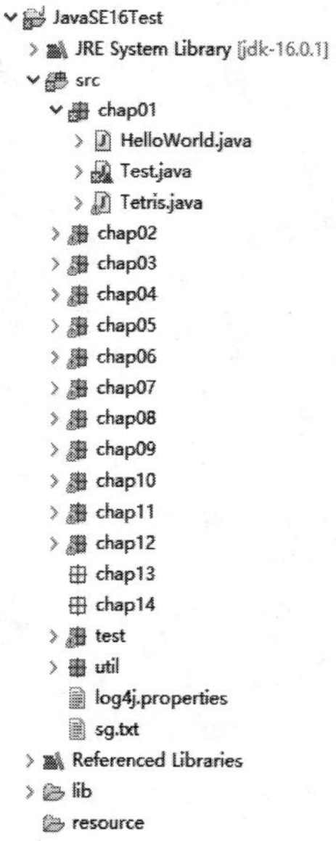

源文件夹

JRE系统库

chap01包

用来存放资源（图片、声音等）的文件夹

用来存放实用工具类的包

用来存放已加入BuildPath的JAR的文件夹

用来存放JAR文件的文件夹

Java Project

HelloWorld类

图 1-16　项目文件夹结构

第2章

Java语言基础（上）

名家观点

学习一种新编程语言的唯一方法就是用它来写程序。

——丹尼斯·里奇(Dennis Ritchie，C语言和UNIX之父，1983年图灵奖得主)

书上得来终觉浅，绝知此事要躬行。

——陆游(南宋文学家、史学家，爱国诗人)

本章学习目标

- 了解标识符、关键字和保留字、分隔符、注释、编码规范等语法成分。
- 在编程中掌握数据类型、赋值语句、Java基本数据类型的转换、变量和常量的定义和使用。
- 在编程中掌握理解对象包装类及其常用方法。
- 在编程中掌握String类变量的定义、常用方法调用、和其他数据类型之间转换等编程技巧。
- 在编程中掌握并熟练应用在Java程序中数据的输入和输出等编程技巧。
- 掌握常见英文单词。

课程思政——榜样的力量

在IT产业飞速发展的背后，是科学家们夜以继日地研究攻关，是企业家们不断地融资创业，是科技人员长期的创新实践，是一个个软硬件产品源源不断地推向市场……

在日益完善的硬件和基础设施的背后，是功能强大、无所不在的软件。而在软件的背后，是一批批科学家和程序员群体，他们秉承"自由、开源、分享、奉献"的理念，用他们的聪明才智，小步快跑，改变了过去，书写着现在，创造着未来。

国外的IT科学家代表有："计算机科学之父""人工智能之父"阿兰·图灵(Alan Turing)，提出了图灵机、图灵测试等重要概念；"计算机之父"冯·诺依曼(John von Neumann)，提出了存储程序和程序控制；"互联网之父"文顿·瑟夫(Vinton Cerf)和罗伯特·卡恩(Robert Elliot Kahn)，共同发明了TCP/IP(TCP/IP是全球互联网诞生的标志)；"数据库之父"查尔斯·巴赫曼(Charles Bachman)；"关系数据库之父"埃德加·弗兰克·科德(E. F. Codd);"C语言和UNIX之父"丹尼斯·里奇;"Linux和Git之父"林纳·斯托瓦兹;"大数据之父"维克托·舍恩伯格;"Java之父"詹姆斯·高斯林……

中国IT领域的科学家、企业家和程序员的代表有:"激光照排之父"王选,图灵奖唯一的华人获得者、中国科学院院士姚期智,"WPS之父""中国第一程序员"求伯君,华为技术有限公司创始人兼总裁任正非,小米公司创始人、董事长雷军,"QQ之父"马化腾,百度公司创始人李彦宏,"微信之父"张小龙,阿里巴巴集团技术委员会主席、中国工程院院士王坚,"鸿蒙之父"陈海波和王成录,"抖音之父"、字节跳动公司创始人张一鸣,大疆公司创始人汪滔……正是这样一个群体,用技术和实业报效国家,为中国筑起了一道道科技万里长城,使得中国IT产业不断发展,逐渐由跟跑到并跑,再到领跑。

与所有的程序设计语言一样,Java语言也是由语言规范(Java Specification)和应用程序编程接口(Application Programming Interface,API)组成的。学习Java语言也必须从这两个方面入手。开发者可以从网上下载JDK语言规范和JDK帮助文档,以备随时查阅。

2-1　Java语法成分

2.1　Java语言的语法成分

Java语言主要由以下元素组成:标识符、关键字、保留字、分隔符、注释、变量、常量、运算符、表达式、语句、方法、类、接口、包等。

2.1.1　标识符

标识符是用户用来标识包(package)、类(class)、接口(interface)、对象(object)、成员变量(field)、方法(method)、局部变量(local variable)、常量(constant)等成分的有效字符序列。

【拓展知识2-1】　中文标识符。随着中国国际地位的稳步提高以及中国软件市场的迅猛发展,JDK 1.7开始增加了对中文标识符的支持。

建议在对Java标识符命名时,尽量采用英文单词或缩写,体现其描述的事物的属性、功能等。

Java标识符的命名规则如下:

(1) 标识符可以是字母、下画线、$、数字组成的字符混合序列,不能以数字开头。

(2) 不能用Java的关键字或保留字作标识符。

(3) Java标识符区分大小写。

(4) 出于兼容性考虑,标识符中尽量不要使用汉字。

举例如下:

```
01  package cn.edu.hdc;                                              //包名,全部小写
02  import java.util.StringTokenizer;                                //类名,各单词首字母大写
03  private static final double PI = 3.14159;                        //常量名,全部大写
04  public class PrintStream extends FilterOutputStream implements Appendable, Closeable
05                                                                   //类名、接口名
06  public boolean equalsIgnoreCase(String anotherString)            //方法名
```

2.1.2　关键字和保留字

关键字是 Java 语言本身使用的系统标识符，全部采用小写字母，有特定的语法含义，不能用作标识符。Java 语言共有 50 个关键字，如表 2-1 所示，其中 const 和 goto 是作为保留字的。

表 2-1　Java 关键字

abstract	assert	boolean	break	byte	case
catch	char	class	const	continue	default
do	double	else	enum	extends	final
finally	float	for	goto	if	implements
import	instanceof	int	interface	long	native
new	package	private	protected	public	return
strictfp	short	static	super	switch	synchronized
this	throw	throws	transient	try	void
volatile	while				

关键字是学习 Java 语言的主线，几乎涉及 Java 语言的方方面面，要求读者学习后会发音会拼写。下面分类进行介绍。

（1）访问权限修饰符：public（公共）、protected（受保护的）、private（私有）。

（2）类、方法、变量修饰符：abstract（抽象）、final（最终的）、class（类）、enum（枚举）、interface（接口）、extends（扩展）、implements（实现）、new（新建）、static（静态）、strictfp（严格浮点）、synchronized（同步）、transient（短暂的）、volatile（不稳定的）、native（本地的）。

（3）流程控制语句：if…else…（选择语句）、switch…case…default…finally（多重选择语句）、for（循环语句）、while（当型循环语句）、do…while（直到型循环语句）、break（跳出本次循环）、continue（继续下次循环）、return（返回语句）。

（4）异常处理语句：try…catch…finally（异常处理语句）、throw（抛出异常语句）、throws（声明可能抛出的异常）。

（5）包定义和导入语句：package、import。

（6）基本数据类型：byte（字节整型）、short（短整型）、int（整型）、long（长整型）、float（单精度浮点数）、double（双精度浮点数）、char（字符型）、boolean（布尔型）、void（无返回值）。

（7）引用类型变量：super（当前类的直接父类）、this（当前类的对象）、instanceof（是否是指定类或接口的对象）。

2.1.3　分隔符

Java 分隔符要求用英文半角字符。

（1）空格（Space）：主要用于分隔各种语法成分。

（2）跳格（Tab）：常用于代码缩进，一般设置为 4 个空格。

（3）小数点（.）：主要用在包和包、包和类、类和方法、对象和方法、类和属性、对象和属性等成分之间。

（4）分号（;）：每条 Java 语句以分号结束。Java 允许将一个长语句写到多行中去，但是换行时不能断开关键字和 String 常量。

(5) 大括号({ })：用于定义类体、方法体、语句块、数组静态初始化等。

(6) 中括号([ ])：用于数组的定义和使用。

(7) 小括号(( ))：用于方法的定义或调用,( )前必为方法名,( )中为形式参数或实参数。

(8) 双引号(" ")：字符串型(String)常量。

(9) 单引号('')：字符型常量。

2.1.4　注释

注释(Comment)是程序中的说明性文字(程序的功能、结构、版权等信息),可以增强程序的可读性和易维护性,有以下 3 种形式。

(1) //……：单行注释,可以嵌套。

(2) / * …… * /：多行注释,注释内容可以换行,不能嵌套。

(3) /** …… * /：文档注释,可被文档工具 Javadoc.exe 读取,以生成标准的 HTML 帮助文档。

【拓展知识 2-2】　代码和注释同样重要。一个人写的代码,需要被整个团队的人理解。编写程序代码的同时要撰写文档注释,以增加可读性。

2.1.5　编码规范

孟子曰："不以规矩,不能成方圆。"一个人编写程序时要有良好的编码习惯。Sun 公司在 *Java Code Convention* 中从文件名、文件组织、缩进排版、注释、声明、语句、空白、命名规范、编程惯例、代码范例等方面进行了详细的规定。编码规范对于程序员而言尤为重要,为什么要有编码规范? 原因如下。

(1) 一个软件的生命周期中,80%的花费在于代码的维护。

(2) 几乎没有任何一个软件,在其整个生命周期中均由最初的开发人员来维护。

(3) 编码规范可以改善软件的可读性,可以让程序员尽快且彻底地理解陌生的代码。

(4) 如果将源码作为产品发布,就需要确认它已被很好地打包并且清晰无误,一如已构建的其他任何产品。

(5) 每个软件开发人员必须一致遵守编码规范。

现将在 Eclipse 下进行 Java 编程的注意事项强调如下。

(1) 字符编码。IDE 字符编码强烈建议使用 UTF-8。

(2) 每个 Java 源文件都包含一个单一的公共类或接口。

(3) 类和接口中常见成员排列次序：类成员变量、对象成员变量、构造方法、一般方法(重要方法在前,Getters/Setters 次要方法在后)。

(4) 命名规范。

- 包名应为名词或名词性短语,全部小写。
- 类名、接口名应为名词或名词性短语,各单词首字母大写。
- 方法名应为动词或动宾短语,单词全部小写,其余各单词首字母大写。
- 变量名应为名词或名词性短语,单词全部小写,其余各单词首字母大写。

- 常量名应全部大写。

（5）代码缩进。逐层缩进一般使用 Tab 制表符（4 个空格）来实现。

（6）其他编程惯例。

【拓展知识 2-3】 Python 之禅。优美胜于丑陋，明了胜于晦涩，简洁胜于复杂，复杂胜于凌乱，扁平胜于嵌套，间隔胜于紧凑，可读性很重要，即便假借特例的实用性之名，也不可违背这些规则；不要包容所有错误，除非你确定需要这样做，当存在多种可能，不要尝试去猜测，而是尽量找一种，最好是唯一一种明显的解决方案；虽然这并不容易，因为你不是 Python 之父；做也许好过不做，但不假思索就动手还不如不做；如果你无法向人描述你的方案，那肯定不是一个好方案；反之亦然。命名空间是一种绝妙的理念，我们应当多加利用。

【示例程序 2-1】 输出 100～999 所有的水仙花数（Flower.java）。

功能描述：水仙花数指一个 n 位数（n≥3），其每位上的数字的 3 次幂之和等于它本身。例如 $153 = 1^3 + 5^3 + 3^3$，153 是水仙花数。

```
01   package chap02;                              //定义 chap02 包
02   public class Flower{                         //定义公共类 Flower
03       public static void main(String[] args){  //Java 应用程序执行入口
04           for(int i = 100;i <= 999;i++){        //for 语句
05               int n1 = i % 10;                   //赋值语句
06               int n2 = (i/10) % 10;              //算术运算符: % 取余,/整除
07               int n3 = i/100;                    //变量 n1、n2、n3 分别存放个、十、百位的数字
08               //public static double pow(double a,double b): a^b
09               //Math 类中类方法的调用: 类名.方法名(实参数);
10               if(i == Math.pow(n1,3) + n2 * n2 * n2 + n3 * n3 * n3){
11                   System.out.println(i + "\t");
12               }
13           }
14       }
15   }
```

认真阅读示例程序 2-1，找出其中的各语法成分并熟悉其用法，相关内容在后面会详细讲解。

（1）关键字：Eclipse 中提供了语法着色功能（关键字用紫红色加粗字体）。

（2）标识符：用于标识包、类、方法、变量等的符号，如 main、println、pow、args、i、n1、n2、n3 等。

（3）分隔符：在程序以英文半角字符出现的符号，如；、{}、()、[]、.、""。

（4）运算符：算术运算符，如 %、/、*、+。关系运算符，如 <=、==。

（5）类定义的语法格式：类修饰符、类名和类体。类中可以包含方法。

（6）方法定义的语法格式：方法修饰符 返回类型 方法名（形式参数） 方法体。

（7）静态方法的调用方法：类名.方法名（实参数）。

（8）局部变量的定义和使用。

（9）for 语句、赋值语句、if 语句。

应厘清以下关系：Java Project 中的 src 文件夹用来存放 Java 源程序。src 文件夹中可以建立包,包中可以新建类或接口,在类中可以定义方法(函数),在方法中可以输入 Java 语句。

2.2 数据类型和赋值语句

2-2 Java 数据类型

2.2.1 数据类型

数据类型决定了数据的表示方式、定义了数据的集合以及在这个集合上可以进行的运算。Java 数据类型如图 2-1 所示。

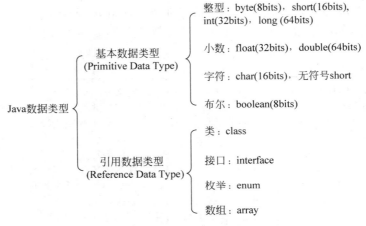

图 2-1　Java 数据类型

Java 各种数据类型占用内存、范围、对象初始化时的默认值具体如表 2-2 所示。

表 2-2　数据类型的长度、范围和默认值

序号	数据类型	占用内存大小	范围	默认值
1	byte	1byte(8bits)	$-2^7 \sim 2^7-1$	0
2	short	2bytes(16bits)	$-2^{15} \sim 2^{15}-1$	0
3	int	4bytes(32bits)	$-2^{31} \sim 2^{31}-1$	0
4	long	8bytes(64bits)	$-2^{63} \sim 2^{63}-1$	0
5	float	4bytes(32bits)	$-3.4 \times 10^{38} \sim 3.4 \times 10^{38}$	0.0
6	double	8bytes(64bits)	$-1.7 \times 10^{308} \sim 1.7 \times 10^{308}$	0.0
7	char	2bytes(16bits)	$0 \sim 65\,535(2^{16}-1)$	'\u0000'
8	boolean	1byte(8bits)	true/false	false
9	引用类型 (对象)	在栈空间(Stack)用 4bytes (32bits)存放对象的地址;	在堆空间(Heap)存放对象 的内容。	null

2.2.2 赋值语句

赋值语句的语法格式如下:

```
数据类型 变量名 = [常量值|变量|表达式|方法调用];
```

注意：

（1）先计算右边的表达式，后赋值。

（2）等号＝＝和赋值号＝不要混淆。

（3）等号左右的数据类型相同，否则需要强制转换。

2.2.3 基本数据类型的转换

Java 语言的数据类型转换包括基本数据类型转换和引用类型的转换，这里主要讨论基本数据类型转换，引用类型的转换请参照后面相关内容。

1．自动隐含的类型转换

自动隐含的类型转换要求类型兼容，在机器中占位少的类型可以向占位多的类型自动转换。注意，char 在算术表达式中自动转换为无符号 short 类型。基本数据类型转换具体如图 2-2 所示。

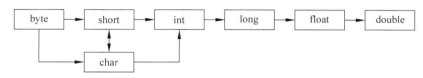

图 2-2　Java 基本数据类型转换

2．表达式类型转换

Java 语言中整型、浮点型、字符型数据可以混合运算。在运算之前，不同类型的数据先被转化为同一种类型然后再进行计算。举例如下：

```
01   double d = 100;              //100,int 自动转换为 double
02   int i = 'A';                 //char 和 short 等价,直接将'A'的 Unicode 编码 65 赋值给变量 i
03   System.out.println(10 + 'A' + 3.0);        //在算术表达式中'A'直接用 65 参加运算
```

3．强制转换

指从在机器中占位多的类型向占位少的类型方向转换，这种转换可能导致计算精度的下降和数据溢出（Overflow）。

语法格式如下：

```
(低级数据类型) 高级类型数据
```

举例如下：

```
01   int a = 65;
02   System.out.println((char)a); //将 a 强制转换为 char 类型
03   float f = (float)3.14;
04   int sum = 0;
```

```
05    // public static double pow(double a,double b)
06    sum = sum + (int)Math.pow(2,3);
```

【拓展知识 2-4】   阿丽亚娜 5 号运载火箭爆炸原因分析。阿丽亚娜 5 号运载火箭升空后爆炸,事故分析结论是:事故是由导航软件部分的一个类型转换错误造成的,该转换将一个 64 位的浮点数转换成了 16 位的有符号整数。

2.3   变量和常量

有了数据类型的划分,就可以定义常量或变量了。

1. 常量

常量有两种形式:直接表示数据的普通常量和标识符常量。前者如 3.14159、100、'A'、'\n'、true、false、null 等;标识符常量指有 final 修饰的变量,只能赋值一次。定义常量的语法格式如下:

```
final 数据类型 常量名[ = 常量值|变量|表达式|方法调用];
```

2. 变量

与常量不同,变量是在程序运行过程中允许改变值的量。变量具有 4 个基本属性:变量名、变量的类型、变量的长度、变量的值。

3. 赋值语句

Java 变量的定义和初始赋值通常合二为一,语法格式如下:

```
数据类型 变量名 = 表达式;
```

【示例程序 2-2】   变量和常量的定义(VarTest.java)。

功能描述:本程序演示了如何定义一个 int 变量 n 和常量 PI,并输出。

```
01    public class VarTest {
02        public static void main(String[] args) {
03            int n = 3 + 5;                //定义整型变量 n,先计算后赋值
04            final double PI = 3.14159;    //定义常量 PI,值为 3.14159
05            PI = 3.14;                    //常量只能赋值一次,否则出现编译错误
06            System.out.println("n = " + n);
07            System.out.printf("PI = % s",PI);
08        }
09    }
```

注意:第 05 行的出错信息为:The final local variable PI cannot be assigned。

2.3.1   整数类型变量

Java 语言中的整数类型根据字节长度和取值范围的不同分为 byte、short、int、long 四

种，常量的写法是相同的，只是允许的整数范围不同，详情请参考表 2-2。

在表达式中，整数类型默认为 int 类型，long 常量必须以 L 或 l 做结尾，为避免混淆，推荐以大写字母 L 结尾。整型常量可以以十六进制、十进制、八进制的形式写出。

很长的数字可读性不好，JDK 1.7 开始在 int 和 long 中支持下画线分隔，支持使用二进制字面量的表示方式。

【示例程序 2-3】　整数类型变量的定义和输出（IntTest.java）。

功能描述：本程序定义了 byte 类型的变量，定义了二进制、八进制、十进制、十六进制数并分别用 print() 和 printf() 两种方法输出。

```
01  public class IntTest {
02      public static void main(String[] args) {
03          byte b1 = 127;
04          //byte b2 = 128;
05          int i2 = 0b1011_1111;          //二进制以 0b 开头
06          int i8 = 067;                  //八进制以 0 开头
07          int i10 = 126;                 //十进制数除 0 外不能以 0 开头
08          int ix = 0xff;                 //十六进制以 0x 开头
09          System.out.println("b1 = " + b1);
10          System.out.println("i2 = " + i2);
11  System.out.printf("i2 = ( % s)2\n", Integer.toBinaryString(i2));
12          System.out.println("i8 = " + i8);
13          System.out.printf("i8 = ( % o)8\n", i8);
14          System.out.println("ix = " + ix);
15          System.out.printf("ix = ( % x)16", ix);
16      }
17  }
```

注意：

（1）第 04 行出错：值 128 超过 byte 类型的范围。

（2）第 11 行：toBinaryString() 方法将 i2 转换为二进制格式的 String 输出。

（3）public static String toBinaryString(int i)

（4）第 13 行和第 15 行：%o, %x 请参考 2.4.3 节。

2.3.2　小数类型变量

Java 语言的小数有 float（单精度浮点数）、double（双精度浮点数）两种类型。float 类型在存储小数时保留 8 位有效数字，占 32bits。double 类型存在小数时保留 16 位有效数字，占 64bits。浮点型有以下两种表示形式。

- 小数形式：12.37F，−0.5234D
- 指数形式：2.5E4(2.5^4)，2.1E-7(2.1^{-7})

【示例程序 2-4】　小数类型变量的定义和输出（IntTest.java）。

功能描述：本程序定义了 float 类型和 double 类型的变量，并分别用 print() 和 printf() 两种方法输出。

```
01  public class DoubleTest {
02      public static void main(String[] args) {
03          //float f1 = 45.195; 错误
04          float f2 = 45.195f;
05          float f3 = (float)45.195; //需要强制转换
06          double d1 = 3.14159;
07          System.out.println("f2 = " + f2);
08          System.out.printf("f2 = %.2f\n",f2);
09          System.out.println("d1 = " + d1);
10          System.out.printf("d1 = %.2f\n",d1);
11      }
12  }
```

注意:

(1) 浮点型常量默认为 double,如果要指定单精度浮点数类型请在浮点数后加 F(f)。

(1) 在格式控制方面,printf()方法显然比 print()方法更胜一筹。

【拓展知识 2-5】 几个特殊的数字。

(1) 45.195km 是马拉松的全程距离。马拉松被称为奔向远方的体能挑战。

(2) 8848.86m 是世界海拔最高的山峰——珠穆朗玛峰的高度。

(3) 1∶0.618 被称为黄金分割,它是公认为最具美感的比例。

(4) 3.14159 是圆周率的前 6 个有效数字。圆周率是一个常数,代表圆的周长与直径之比。计算 π 值是衡量计算机算力的一种方法,这种方法始于冯·诺依曼。1949 年,电子计算机 ENIAC 将圆周率 π 值精确到小数点后 2037 位,用时 70 个小时。

(5) 597.9m 和 537.7m 是上甘岭两个高地的海拔高度。

2.3.3 字符类型变量

字符类型(char)用于表示单个字符,需要用单引号引起来,如:'a'、'中'、'国'等。注意:用双引号引起来的字符序列是 String 字符串类型,如"邯郸"。

Java 采用双字节的 Unicode 编码,取值范围是 0~65535。Unicode 编码表请参考:https://www.cnblogs.com/csguo/p/7401874.html。Unicode 字符集的前 128 个字符与标准 ASCII 字符集完全相同。标准 ASCII 码中,0~31 和 127(共 33 个)是控制字符或通信专用字符,其余为可显示字符。请记住以下常用字符的 ASCII 码。

(1) LF=10、CR=13、space=32。

(2) '0'~'9': 48~57。

(3) 'A'~'Z': 65~90。

(4) 'a'~'0': 97~122。

对 char 类型变量,系统分配 2 字节(16 二进制位)存储空间,内存中存储的是该字符在 Unicode 表中的位置。

字符型常量可采用以下 4 种表示形式。

(1) 单引号括起来的单个字符,如'A'、'中'。

(2) 转义字符:以\开头的控制字符,如'\t'、'\n'。

（3）'\XXX'：如'\123',3 位八进制 Unicode 编码,要求值为 0～255。

（4）'\uXXXX'：如'\u1234',4 位十六进制 Unicode 编码。

常用的转义字符如表 2-3 所示。

表 2-3 常用的转义字符

转 义 字 符	含 义
'\n'	换行
'\t'	制表符 Tab
'\\'	反斜杠
'\''	单引号
'\"'	双引号
'\uxxxx'	4 位十六进制 Unicode 编码对应的字符

【拓展知识 2-6】 字符编码。

索尼公司创始人井深大说过,汉字是智慧和想象力的宝库。字符编码必须考虑汉字问题。

（1）标准 ASCII 码：美国标准信息交换码。最高位为 0,是 7 位二进制编码,由 128 个字符组成。扩展 ASCII 码：8 位二进制编码,由 256 个字符组成。

（2）GB 2312—1980：信息交换用汉字编码字符集,1980 年发布的中文信息处理的国家标准。兼容 ASCII 码,每个英文占 1 字节,中文占 2 字节,GB 码共收录 6763 个简体汉字、682 个符号。

（3）GBK（Chinese Internal Code Specification）：汉字内码扩展规范,1995 年 12 月发布。GBK 编码标准兼容 ASCII 和 GB 2312,每个英文字符占 1 字节,中文字符占 2 字节。GBK 编码共收录 21 003 个汉字、883 个符号,将简、繁体字融于一库增加了大量不常用的汉字,并提供 1894 个造字码位。GBK 编码已经在 Windows、Linux 等多种操作系统中被实现。

（4）BIG5：中文繁体字编码,共收录 13 060 个汉字,在中国香港、台湾、澳门等地应用较为广泛。

（5）Unicode：Unicode 字符集涵盖了世界上所有的文字和符号字符,每个字符用 4 字节表示。为方便数据存储和传输,设计出了可变长 Unicode 编码 UTF-8 编码。Unicode 为每种语言中的每个字符设定了统一并且唯一的二进制编码,以满足跨语言、跨平台进行文本转换、处理的要求。每个字符占 2 字节,1994 年正式公布。

【示例程序 2-5】 字符类型变量的定义和输出（CharTest.java）。

功能描述：本程序定义了 float 类型和 double 类型的变量,并分别用 print() 和 printf() 两种方法输出。

```
01  public class CharTest {
02    public static void main(String[] args) {
03      char ch = 'A';
04      char ch2 = (char)65;
05      System.out.println((int)'A');        //输出'A'的 Unicode 编码 65
06      char ch3 = '\u2660';                  //字符♠的 Unicode 编码为 2660
```

```
07          char ch4 = '♣';                          //字符♠的 Unicode 编码为 2663
08          char ch5 = (char)(0x2665);               //字符♥的 Unicode 编码为 2665
09          char ch6 = (char)(0x2666);               //字符♦的 Unicode 编码为 2666
10          System.out.println((int)'A');            //输出字符 A 的 Unicode 编码
11          System.out.println(ch3 + " " + ch4 + " " + ch5 + " " + ch6);
12          String s = "\u2660\u2663\u2665\u2666"; //双引号括起来 String
13          System.out.println(s);
14          System.out.println('A' + 5);             //输出 70,'A'自动转换为 65 来运算
15          System.out.println('A' + 'a');           //输出 162,相当于 65 + 97
16          System.out.println('9' - '0');           // 输出 9,相当于 57 - 48
17      }
18  }
```

注意:

(1) 可以使用(int)'A'强制类型转换的方式得到指定字符的 Unicode 编码。

(2) 可以通过(char)65 或 '\u2666'的方式得到指定 Unicode 编码(0~65 535)对应的字符。

(3) 如第 11 行所示,当+一端是 String 时,另一端先转换为 String 再进行连接运算。

(4) 在算术表达式中,char 型常量经常被自动转换为 short 型的 Unicode 编码参加运算。

2.3.4 布尔类型变量

布尔类型,又称为逻辑类型,只有两种取值:true 和 false,长度为 1 Byte。与 C 语言不同,Java 语言的 true 和 false 不对应任何 0 和非 0 的数值。其关系表达式和逻辑表达式的运算结果为布尔类型。

2.3.5 字符串类型变量

字符串类型(String)不是基本数据类型,而是引用类型。String 被用来表示一串字符,需要用双引号括起来。

【示例程序 2-6】 字符串测试程序(StringTest.java)。

功能描述: 本程序演示了如何定义一个 String 变量,如何输出一个字符串的长度,如何用+拼接字符串,如何比较两个字符串是否相等。

```
01  public class StringTest {
02      public static void main(String[] args) {
03          String s1 = "hdczyj";
04          //构造方法: String(String original)
05          String s2 = new String("HDCzyj");
06          //输出字符串 s1 的长度,即字符的个数
07          System.out.println(s1.length());
08          //可以用 + 运算符将两个 String 连接起来
09          System.out.println(s1 + "2020");
10          //比较字符串 s1 和 s2 是否相等,不忽略大小写
```

```
11          System.out.println(s1.equals(s2));
12          //比较字符串 s1 和 s2 是否相等,忽略大小写
13          System.out.println(s1.equalsIgnoreCase(s2));
14      }
15  }
```

2.3.6 对象包装类

为了兼容非面向对象语言,Java 语言保留了 8 种基本数据类型(不携带属性,没有方法可调用)。沿用它们只是为了照顾人们根深蒂固的习惯,并能简单、有效地进行常规数据处理。与此同时,Java 语言也为各种基本数据类型提供了相应的包装类(Wrapper Class)。对象包装类以对象的方式提供了很多实用方法和常量,方便人们在基本数据类型和引用类型之间进行转换。Java 基本数据类型及其对象包装类如表 2-4 所示。

表 2-4　Java 基本数据类型及其对象包装类

序　　号	基本数据类型	对应对象包装类
1	byte	Byte
2	short	Short
3	int	Integer
4	long	Long
5	float	Float
6	double	Double
7	char	Character
8	boolean	Boolean

（1）基本数据类型和包装类之间的转换。

JDK 1.5 以后增加了自动装箱和拆箱功能,可以在基本数据类型和包装类之间直接赋值转换。

```
01  //基本数据类型 int->包装类 Integer
02  Integer i0 = 10;
03  //包装类 Integer->基本数据类型 int
04  int k = i0;
```

（2）Integer 类的常用方法。

① public static String toBinaryString(int i)：将指定的整数 i 转换为二进制数字符串。

② public static String toOctalString(int i)：将指定的整数 i 转换为八进制数字符串。

③ public static String toHexString(int i)：将指定的整数 i 转换为十六进制数字符串。

④ public static int parseInt(String s,int radix)：将指定的字符串转换为整数,其中 radix 指字符串 s 的进制数。

其他包装类的常用方法以此类推,请自己学习和查阅文档。类方法指有 static 修饰的方法。类方法调用时采用"类名.方法名(实参数)"的方式。

（3）String 和基本数据类型之间的转换。

用"对应包装类.parseXxx(s)"的方式实现将 String 转换为对应数据类型。

【示例程序 2-7】　String 和基本数据类型之间的转换程序（TypeConvert.java）。

功能描述：本程序演示了如何在 String 类型和基本数据类型之间进行类型转换。

```
01    public class TypeConvert {
02       public static void main(String[] args) {
03          String s = "127";
04          byte b = Byte.parseByte(s);                //String -> byte
05          short t = Short.parseShort(s);             //String -> short
06          int i = Integer.parseInt(s);               //String -> int
07          //将二进制形式的字符串变量转换为十进制整型 154
08          String si = "10011010";
09          int ib = Integer.parseInt(si,2);
10          //将十六进制形式的字符串常量转换为十进制整型 255
11          int ih = Integer.parseInt("ff",16);
12          long l = Long.parseLong(s);                //String -> long
13          float f = Float.parseFloat(s);             //String -> float
14          double d = Double.parseDouble(s);          //String -> double
15          //利用 + 的自动转换功能将 int 变量转换为 String 变量
16          int n = 100;
17          String str = n + "";
18          System.out.println(str);
19       }
20    }
```

2-3　数据输入
　　和输出

2.4　Java 数据的输入和输出

2.4.1　使用计算机解决问题

编写程序的目的是"使用计算机解决问题"，一般包括以下 6 个步骤。

（1）分析问题：即需求分析，明确"做什么"的问题。

（2）划分边界：明确问题的输入、输出和对处理的要求，确定系统功能和系统边界。

（3）设计算法：解决"怎么做"的问题。

（4）编写程序：选择一种程序设计语言去描述算法。

（5）调试和测试：调试保证程序能够运行，测试保证程序的正确性。

（6）升级维护：在软件生命周期内，需要对程序进行维护和升级，以适应需求和环境的不断变化。

每个计算机程序都设计用于解决特定的计算问题。程序基本都有统一的运算模式：输入数据、处理数据、输出数据，即 IPO 编程模式（Input、Process、Output）。从广义上讲，所有流向程序的都是输入，所有流出程序的都是输出。

Java 程序运行过程中输入数据、输出数据的方法是 Java 语言编程中要反复使用的基本技巧，根据急用先学的理念，请提前学习掌握。

2.4.2　用 print()和 println()实现数据的输出

System.out 代表标准输出设备（显示器）。System.out.println()方法、print()方法可以将数据输出到 DOS 命令行或 Eclipse 中的控制台 Console。

语法格式如下：

```
public void println([表达式])
```

注意：表达式可以是 8 种基本类型（byte、short、int、long、float、double、boolean、char），也可以是数组、String，甚至 Object。

【示例程序 2-8】　print()用法演示程序（PrintTest.java）。

功能描述：本程序演示了 print()方法、println()方法的常见用法。

```
01   public class PrintTest {
02      public static void main(String[] args) {
03          //先计算括号中表达式的值,然后输出结果但不回车
04          System.out.print(3.14 + 100);              //控制台上输出 103.14
05          System.out.print("纸上得来终觉浅,");
06          System.out.print("绝知此事要躬行");
07          System.out.println();                      //输出回车换行
08          System.out.println("纸上得来终觉浅,绝知此事要躬行");
09      }
10   }
```

注意：第 05～07 行和第 08 行的运行结果一样。

2.4.3　用 printf()实现数据的输出

printf()方法提供了比 println()方法更加强大的输出数据控制功能。

语法格式如下：

```
public PrintStream printf(String format,Object… args)
```

注意：

（1）Object…args 代表要输出的多个数据，用逗号分隔。

（2）format 表示格式控制部分，语法格式如下：

```
%[参数索引 $][对齐标志][总场宽][.小数位数]数据类型
```

格式控制部分的参数说明如下。

① 数据类型：用一个字符代表被格式化数据的类型：b(boolean)对应布尔类型数据；d(Decimal)对应十进制整型数据（byte、short、int、long），o(Octal)对应八进制整型数据，x(heX)对应十六进制整型数据，c(Char)对应 char 类型数据，f(Float)对应小数类型数据

(float 和 double),s(String)对应字符串类型数据。

② 总场宽.小数位数：指定输出数据的总场宽和数值型数据的小数位数。例如,%10.2f
代表总场宽 10 位、小数位 2 位,%.2f 代表总场宽按实际长度、小数位 2 位。

③ 参数索引：指定输出数据的位置(1~n)。例如,2$代表 args 中第 2 个表达式,缺省
时%和后面的表达式一一对应。

④ 对齐标志：指定当总场宽大于数据的长度时输出数据的对齐方式。缺省时右对齐,
负号时为左对齐。

【示例程序 2-9】　printf()方法常见用法演示程序(PrintfTest.java)。

功能描述：本程序演示了 printf()方法数据类型、格式控制(场宽、对齐标志等)、参数索
引的常见用法。

```
01   public class PrintfTest {
02     public static void main(String[] args) {
03       //数据类型：布尔类型 boolean,整数(byte、short、int、long),
04   小数(float、double),char,String
05       System.out.printf("%b, %d, %f, %c, %s\n",5>3,100,3.14,'A',"Java");
06       //控制台输出: true,100,3.140000,A,Java
07       //格式控制: [总场宽][.小数位数]
08       System.out.printf("PI = %10.4f, \tE = %.2f\n",Math.PI,Math.E);
09       //控制台输出: PI =     3.1416, E = 2.72
10       //参数索引和对齐标志
11       System.out.printf("%2$10d, %1$-10d\n",100,200);
12       //控制台输出:        200,100
13     }
14   }
```

2.4.4　用 Scanner 实现键盘数据的输入

Scanner 类是一个可以使用正则表达式来解析基本类型和字符串的简单文本扫描器。
调用 Scanner 对象的 hasNext()方法可循环判断是否还有用户输入,调用 nextByte()、
nextShort()、nextInt()、nextLong()等方法可从键盘读取整数数据,用 nextDouble()、
nextFloat()等方法可从键盘读取小数类型数据,用 nextLine()或 next()方法可从键盘读取
String 类型数据。

【示例程序 2-10】　如何从键盘输入数据和输出数据到控制台(JavaIPO.java)。

功能描述：利用 Scanner 类实现从控制台输入各种类型的数据,利用 System.out.
println()和 System.out.printf()方法实现数据的控制台输出。

```
01   package chap02;
02   import java.util.Scanner;
03   public class JavaIPO {
04     public static void main(String[] args) {
05       Scanner sc = new Scanner(System.in);
06       System.out.print("请输入一个整数、一个小数和字符串,用空格隔开: ");
07       int n = sc.nextInt();
```

```
08          double d = sc.nextDouble();
09          String s = sc.nextLine();
10          System.out.println("n = " + n + ",d = " + d + ",s = " + s);
11          System.out.printf("n = % d,d = % f,s = % s",n,d,s);
12      }
13  }
```

2.4.5　Java 应用程序模板

急用先学，提前接触面向对象。

（1）熟悉 Eclipse 中 Java 应用程序的结构、Java Project、工程结构（JRE System library、src、bin）、包、类和接口、方法、语句。

（2）熟悉在 Eclipse IDE 中编写程序、调试程序、运行程序的技巧。

（3）逐渐了解类成员（类变量、类方法、静态语句块）、对象成员（对象变量、对象方法、非静态语句块）、匿名内部类等语法成分。

（4）熟悉类方法和对象方法的定义和调用等基本技巧。

与前面一个公共类（public class）中只有一个主方法 main()的简单结构不同，下面给出了一个比较完整的 Java 类模板。

【示例程序 2-11】　Java 应用程序模板（MyPoint.java）。

功能描述：类 MyPoint 相当于平面几何中的一个点，有 x、y 两个坐标属性。这里给出了一个比较完整、典型的 Java 类程序模板，包括以下成分：package 语句，import 语句，在类 MyPoint 中定义了两个对象变量、两个构造方法、两个类方法、5 个对象方法，然后在 main() 方法中进行测试，演示了如何调用类方法和对象方法。

```
01  package chap02;                        //Java 程序第一条语句(非注释除语句外)
02  import java.lang. * ;                  //编译器自动添加,可以省略
03  /**
04   * MyPoint 类提供了 Java 应用程序模板功能
05   */
06  public class MyPoint {
07      //有 static 修饰的是类变量
08      public static double PI = 3.14;
09      // 无 static 修饰的是对象变量
10      private double x;
11      private double y;
12      //无参构造方法(Constructor)
13      public MyPoint() {
14      }
15      //包含所有参数的构造方法(Constructor)
16      public MyPoint(double x, double y) {
17          this.x =  x;
18          this.y =  y;
19      }
20      // 无 static 修饰的是对象方法,
```

```
21    public double getDistance() {
22        return Math.sqrt(x * x + Math.pow(y, 2));
23    }
24    //有 static 修饰的是类方法(静态方法),
25    public static void staticMethod(){
26        System.out.println("在类方法中不能访问对象成员,如本类的 x、y");
27    }
28    @Override//如对父类方法不满意,可以在子类中覆盖父类方法,以重新定义
29    public String toString() {
30        return "MyPoint[x = " + x + ",y = " + y + "]";
31    }
32    public static void main(String[] args) {
33        //用 new 构造方法()的方式实例化对象
34        MyPoint p1 = new MyPoint();
35        p1.setX(3);
36        p1.setY(4);
37        //上面 3 行与第 38 行等价
38        MyPoint p2 = new MyPoint(3,4);
39        //对象方法的调用:先构造方法所在类的对象,对象名.方法名(实参数);
40        System.out.println(p2.getDistance());
41        //类方法的调用:类名.方法名(实参数);
42        MyPoint.staticMethod(); //当前类 MyPoint 可以省略
43    }
44    // 私有成员变量的 Getter()和 Setter()方法,可以在 Eclipse 中自动生成
45    public double getX() {
46        return x;
47    }
48    public void setX(double x) {
49        this.x = x;
50    }
51    public double getY() {
52        return y;
53    }
54    public void setY(double y) {
55        this.y = y;
56    }
57 }
```

2.5 综合实例:关注环境空气质量,建设绿色中国

2.5.1 案例背景

过去,我国大型城市和工业城市饱受空气污染困扰。2013 年,国务院《大气污染防治行动计划》开始实施,治理大气污染的行动在全国各地有序开展。2018 年,国务院颁布《打赢蓝天保卫战三年行动计划》,提出调整优化产业、能源、交通、用地结构,确保环境空气质量总体改善。

空气质量指数(Air Quality Index, AQI)描述了空气污染的程度, 以及对人类健康的影响, 如表 2-5 所示。污染物监测为 6 项: 二氧化硫、二氧化氮、PM10、PM2.5、一氧化碳和臭氧, 数据每小时更新一次。AQI 将这 6 项污染物用统一的评价标准呈现。

表 2-5　空气质量指数对应级别信息表

空气质量指数	空气质量指数级别、颜色	对人类健康影响情况	建议采取的措施
0～50	一级（优、绿色）	空气质量令人满意, 基本无空气污染	各类人群可正常活动
51～100	二级（良、黄色）	空气质量可接受, 但某些污染物可能对极少数异常敏感人群健康有较弱影响	极少数异常敏感人群应减少户外活动
101～150	三级（轻度污染、橙色）	易感人群症状有轻度加剧, 健康人群出现刺激症状	儿童、老年人及心脏病、呼吸系统疾病患者减少长时间、高强度的户外锻炼
151～200	四级（中度污染、红色）	易感人群症状进一步加剧, 健康人群的心脏、呼吸系统可能出现影响	儿童、老年人及心脏病、呼吸系统疾病患者避免长时间、高强度的户外锻炼, 一般人群适量减少户外运动
201～300	五级（重度污染、紫色）	心脏病和肺病患者症状显著加剧, 运动耐受力降低, 健康人群普遍出现症状	儿童、老年人及心脏病、肺病患者应停留在室内, 停止户外运动, 一般人群减少户外运动
300 以上	六级（严重污染、褐红色）	健康人群运动耐受力降低, 有明显强烈症状, 提前出现某些疾病	儿童、老年人和病人应停留在室内, 避免体力消耗, 一般人群避免户外活动

2.5.2　编程实践

【示例程序 2-12】　根据 AQI, 输出相关信息。(AQI.java)

功能描述: 从键盘输入空气质量指数, 输出对应的空气质量指数、级别、颜色、对健康影响情况、建议采取的措施, 详见表 2-5。

```
01    public class AQI {
02      public static void main(String[] args) {
03         Scanner sc = new Scanner(System.in);
04         System.out.print("请输入 AQI = ");
05         int aqi = sc.nextInt();
06         String[] aqi_a = {"一级","二级","三级","四级","五级","六级"};
07         String[] grade_a = {"优","良","轻度污染","中度污染","重度污染
08    ","严重污染"};
09         String[] color_a = {"绿色","黄色","橙色","红色","紫色","褐红色
10    "};
11         String[] health_a = {"空气质量令人满意,基本无空气污染","空气质
12    量可接受,但某些污染物可能对极少数异常敏感人群健康有较弱影响","易感人群症
13    状有轻度加剧,健康人群出现刺激症状","易感人群症状进一步加剧,健康人
14    群的心脏、呼吸系统可能出现影响","心脏病和肺病患者症状显著加剧,运动耐受力降低,健
```

```
15    康人群普遍出现症状","健康人群运动耐受力降低,有明显强烈症状,提前出现某些
16    疾病"};
17           String[] advice_a = {"各类人群可正常活动","极少数异常敏感人群应
18    减少户外活动","儿童、老年人及心脏病、呼吸系统疾病患者应减少长时间、高强度
19    的户外锻炼","儿童、老年人及心脏病、呼吸系统疾病患者避免长时间、高强度的户
20    外锻炼,一般人群适量减少户外运动","儿童、老年人及心脏病、肺病患者应停留在
21    室内,停止户外运动,一般人群减少户外运动","儿童、老年人和病人应停留在室内,
22    避免体力消耗,一般人群避免户外活动"};
23           int i = aqi/50;
24           System.out.printf("AQI: %d,等级: %s,级别: %s,颜色:对健康影响
25    情况: %s,建议采取的措施: %s",i,aqi_a[i],grade_a[i],color_a[i],
26    health_a[i],advice_a[i]);
27       }
28    }
```

2.6　本章小结

　　本章介绍了标识符、关键字和保留字、分隔符、注释、编码规范等语言成分,变量和常量的定义和使用,String 和基本数据类型的转换,Java 语言的 8 种包装类及其常用方法,控制台输出数据、从键盘输入数据等内容。

　　通过本章的学习,读者应该可以在 Eclipse 环境中编写简单的 Java IPO 程序,提前接触面向对象概念,学会查阅 JDK 文档,熟悉 Java 输入和输出、方法的调用等基本技巧。

2.7　自测题

一、填空题

　　1. Java 的整数类型主要包括_____、_____、_____、_____四种,小数类型主要包括_____、_____两种。

　　2. 在 Java 中,小数默认为_____类型,如果要指定_____类型请在小数后加 F/f。

　　3. Java 语言采用双字节的_____编码。

　　4. int 对应的包装类是_____,char 对应的包装类是_____。

　　5. int a = 10; int b = 20;
　　　　int temp = a; a = b; b = t;
　　　　System.out.println("a = " + a + "; b = " + b);

　　控制台输出:_____;

　　6. String s = "127"; 将 s 转换为 int 的代码:int i=_____,将 s 转换为 double 的代码:double d=_____。

　　7. String s1 = "hdc"; String s2 = "HDC";
　　　　System.out.println(s1._____(s2));　　//比较 s1 和 s2 是否相等
　　　　System.out.println(s1._____(s2));　　//比较 s1 和 s2 是否相等,忽略大小写

　　8. 从键盘上输入数据的代码如下:

```
Scanner sc = new Scanner(_____);
System.out.print("输入提示信息：");
int n = sc._____();        //输入一个整数
double d = sc._____();     //输入一个小数
String s = sc._____();     //输入一个字符串
```

9. 要求输出小数时保留 2 位：

```
System.out.printf("%____,%____,%____,%____\n",100,3.14159,'A',"Handan");
```

10. 要求输出小数时保留 2 位：

```
System.out.printf("E = %_____\tPI = %_____\n",Math.PI,Math.E);
```

二、选择题（SCJP 考试真题）

1. 下列选项中合法的标识符是（   ）。
   A. default   B. _object   C. a-class   D. break

2. 下列选项中 float 变量有效的定义是（   ）（   ）。
   A. float f = 1F;   B. float f = 1.0;   C. float f = '1';   D. float f = "1";
   E. float f = 1.0d;

三、编程实践

1. 从键盘上输入一个摄氏温度 C，输出对应的华氏温度 F。

编程提示：

（1）摄氏温度把冰点温度定为 0℃，沸点为 100℃。

（2）华氏温度把冰点温度定为 32℉，沸点为 212℉。

（3）摄氏温度（C）与华氏温度（F）的换算式是：F＝(9 * C)/5＋32。

2. 从键盘输入一个整数，输出二进制、八进制、十进制、十六进制形式的整数（BODH.java）。

编程提示：

（1）可调用 Integer 类的以下静态方法：

```
public static String toBinaryString(int i)
public static String toOctalString(int i)
public static String toHexString(int i)
```

（2）pintf()方法中数据类型参数%d、%o、%x 可以分别输出十进制、八进制和十六进制，注意没有二进制。

2-4 温度
转换

第3章

Java语言基础（下）

名家观点

算法＋数据结构＝程序。

——尼克劳斯·威茨(Niklaus Wirth，Pascal 语言之父，1984 年图灵奖获得者)

理论永远是灰色的，而实践之树常青。

——恩格斯(德国思想家，马克思主义创始人之一)

本章学习目标

- 熟悉 Java 运算符的应用：算术运算符、关系运算符、逻辑运算符、位运算符、赋值运算符、条件运算符、其他运算符。
- 掌握 Java 表达式的计算。
- 熟练掌握 Java 流程控制语句及其应用：if…else…、switch…case…default…finally、for、while、do…while、break/continue、return。
- 熟练掌握 Java 一维数组、二维数组及其应用。
- 掌握数组工具类 Arrays 的常用方法。
- 掌握常见英文单词。

课程思政——工匠精神

从三峡大坝、港珠澳大桥到中国高速公路网；从"北斗三号"全球卫星导航系统到"辽宁号"航空母舰、"东风快递"(东风-17 弹道导弹)和"歼 20"；从大疆无人机到 C919、C929等国产大飞机；从华为等公司的 5G 技术、鸿蒙操作系统、HMS 服务到量子通信技术("墨子号")；以及中国的"新四大发明"(高速铁路、扫码支付、共享单车和网络购物)。"中国制造"正在逐步转型为"中国智造""中国创造"，从民用产品到国防军工产品，从引进技术到输出技术，从自主创新到制定标准，鼓舞人心的"中国制造"频频刷屏，一张张有底气的大国名片背后，是一位位大国工匠奋斗的身影。

什么是工匠精神？狭义地讲，工匠精神是指匠人在制造产品时追求高品质，一丝不苟，拥有耐心与恒心的态度和精神。广义的工匠精神则是"从业人员的一种价值取向与行为表现，与其人生观和价值观紧密相连，是其从业过程中对职业的态度和精神理念"。由此，可以认为工匠精神是"从业者为追求产品、服务的高品质而具有的高度责任感、专注甚至痴迷、持之以恒、精益求精、勇于创新等精神"。

在各行各业,许多品牌的背后是工匠精神。中药行业著名老字号"同仁堂"在300多年的风雨历程中,历代同仁堂人始终恪守"炮制虽繁必不敢省人工,品味虽贵必不敢减物力"的古训.培养"修合无人见,存心有天知"的自律意识,树立了制药过程中兢兢业业、精益求精的"严细精神"。

"坐而论道,不如起而行之"。应让工匠精神真正扎根在我们的精神价值和理想信念中。

3.1 运算符和表达式

3.1.1 机器数

1. 进位计数制

进位计数制是利用固定的数字符号和统一的规则来计数的方法,被用得最多的是十进制。在十进制中,基数为10,有0~9共计10个数码,采用"逢十进一"的规则。

二进制、八进制、十进制、十六进制的基数、数码和位权如表3-1所示。

表3-1 常用进位计数制的基数、数码和位权

进制	基数（逢基数进位）	数码	位权	备注
二进制	2	0、1	2^n	
八进制	8	0、1、2、3、4、5、6、7	8^n	
十进制	10	0、1、2、3、4、5、6、7、8、9	10^n	
十六进制	16	0、1、2、3、4、5、6、7、8、9 A、B、C、D、E、F	16^n	

所有进制数可以采用每位上的数码乘以该位的位权再求和的方法转换为对应的十进制数。举例如下：

$$(01111000)_2 = 0 \times 2^7 + 1 \times 2^6 + 1 \times 2^5 + 1 \times 2^4 + 1 \times 2^3 + 0 \times 2^2 + 0 \times 2^1 + 0 \times 2^0$$
$$= (120)_{10}$$

$$(143.6)_8 = 1 \times 8^2 + 4 \times 8^1 + 3 \times 8^0 + 6 \times 8^{-1} = (99.75)_{10}$$

$$(63.C)_{16} = 6 \times 16^1 + 3 \times 16^0 + C \times 16^{-1} = (99.75)_{10}$$

2. 十进制数与二、八、十六进制数之间的转换

十进制数须先转换为二进制,然后将三位二进制合为一位以转换为八进制,或将四位二进制合一位以转换为十六进制。举例如表3-2所示。

表3-2 十、二、八、十六进制数的转换

数 值	位 权											
	2^7	2^6	2^5	2^4	2^3	2^2	2^1	2^0	2^{-1}	2^{-2}	2^{-3}	2^{-4}
	128	64	32	16	8	4	2	1	0.5	0.25	0.125	
十进制 99.75	0	1	1	0	0	0	1	1	1	1	0	0
十六进制 63.C	6			3				C				
八进制 143.6	1		4			3			6			

注意：二～十六进制数转换,按箭头方向取四位合一位,不满四位时整数最高位前补 0
(小数最低位后补 0)。二～八进制数转换,从个位开始三位合一位,不满三位时整数最高位
前补 0(小数最低位后补 0)。

3.机器数的原码、反码和补码

(1)正数的原码、反码和补码相同。

(2)负数的反码符号位不变,数值部分按位取反。

(3)负数的补码符号位不变,数值部分在反码最低位加 1。

举例如下:—99 的原码、反码和补码如表 3-3 所示。为简单起见,字长暂定为 8 位,最
高位为符号位(实际上可能是 32 位或 64 位)。

表 3-3   —99 的原码、反码和补码示例

机器数	符号位 0正1负	数值部分 7Bits						
		64	32	16	8	4	2	1
—99 的原码	1	1	1	0	0	0	1	1
—99 的反码	1	0	0	1	1	1	0	0
—99 的补码	1	0	0	1	1	1	0	1

运算符之于程序员犹如菜刀之于厨师、宝剑之于侠客。程序员利用各种各样的运算符
完成不同的运算。按运算功能划分,运算符可分为 7 类,如表 3-4 所示。

表 3-4   运算符分类(按运算功能)

3-1   运算符和
表达式

分 类	运 算 符
算术运算符	＋、－、*、/、＋＋、－－、%
关系运算符	<、<=、>、>=、==、!=
逻辑运算符	&、&&、||、|、!、^
位运算符	&、|、~、^、>>、>>>、≪
赋值运算符	=、+=、-=、* =、/=、&=、|=、%=、<<=、>>=、>>>=
条件运算符	?:
其他运算符	(类型)、.、[]、()、instanceof、new

【拓展知识 3-1】   我眼中的程序员。程序员就像一个厨师,数据就是需要加工的食材,
运算符就像厨师手中的菜刀,处理过程(算法)就是厨师的煎炒烹炸,最后输出的是一盘色香
味俱全的菜品。

3.1.2   算术运算符

算术运算符包括＋、－、* 、/、＋＋、－－、%。操作数类型要求是除逻辑类型之外的基
本数据类型。需要单独说明的运算符如下,其余不再赘述。

(1)/:当操作数均为整数类型时,商自动取整。

(2)＋＋和－－:前置运算先进行自增或自减运算,再使用操作数变量的值;后置运算
先使用操作数变量的值,再进行自增或自减运算。

【拓展知识 3-2】   符号"＋"的三种应用。

（1）正负号中的正号。

（2）算术运算中的加法符号，如 20＋10。

（3）字符串表达式的连接操作，只要＋两侧的操作数中有一个为字符串类型，则先将另一个操作数转换为字符串类型的数据，然后进行连接操作，相当于 String 类的 concat（）方法。

【示例程序 3-1】　算术运算符演示程序（ArithOprTest.java）。

功能描述：本程序演示了算术运算符中重要而且容易出错的操作符％、／、＋。

```
01    public class ArithOprTest {
02        public static void main(String[] args) {
03            System.out.println(10 % 3);                    //取余,控制台输出 1
04            System.out.println(10/3);                      //整除,控制台输出 3
05            System.out.println(3/6 * 12);                  //优先级自左向右,控制台输出 0
06            System.out.println(3.0/6 * 12);                //取余,控制台输出 6
07            //System.out.println(10/0);                    //被 0 除,出错
08            System.out.println(10 + " * " + 20);           //控制台输出 10 * 20
09            System.out.println(10 + 20 + " * ");           //控制台输出 30 *
10            System.out.println(10 + 20 + ' * ');           //控制台输出 72
11            System.out.println(" * " + 10 + 20);           //控制台输出 * 1020
12        }
13    }
```

注意：

（1）' * '的 ASCII 码为 42。

（2）第 7 行如果去掉单行注释，将抛出异常 java.lang.ArithmeticException：/ by zero，程序中止运行。

3.1.3　关系运算符

关系运算符包括：＜、＜＝、＞、＞＝、＝＝、！＝，主要用于比较两个操作数的大小。

注意：

（1）当操作数是基本数据类型时直接比较它们的值。

（1）当操作数是引用类型时，用＝＝比较的是对象的地址，如果要想比较对象的内容，则使用 equals（）方法。

3.1.4　逻辑运算符

逻辑运算符包括：与运算符 &、或运算符 |、短路与 &&、短路或 ||、取反运算符！、异或运算符^。

计算机采用二进制，实现了算术运算和逻辑运算的统一。逻辑与（&）相当于算术乘（*），逻辑或（|）相当于算术加（＋），异或运算（^）是不同为 true，相同为 false。逻辑运算符如表 3-5 所示。

表 3-5　逻辑运算符

a	b	a&b 算术乘(a * b)	a|b 算术加(a+b)	!a	a^b
false 0	false 0	false 0	false 0	true 1	false 0
false 0	true 1	false 0	true 1	true 1	true 1
true 1	false 0	false 0	true 1	false 0	true 1
true 1	true 1	true 1	true 1	false 0	false 0

注意：true 相当于 1，false 相当于 0。

（1）&（|）用在整型(byte、short、char、int、long)之间时是位运算符,用在逻辑数据之间是逻辑运算符。

（2）与 & 和短路 &&、或| 和短路|| 的两侧要求必须是布尔表达式,区别在于：短路与判断第一个条件为 false 时,第二个条件不再计算和判断。短路或判断第一个条件为 true 时,第二个条件不再计算和判断。与和短路与、或和短路或的最大区别是运算效率不同。

【示例程序 3-2】　逻辑运算符演示程序(LogicOprTest.java)。

功能描述：本程序演示了逻辑运算符中重要而且容易出错的操作符%、/、+。

```
01    public class LogicOprTest {
02      public static void main(String[] args) {
03        boolean a = true;
04        boolean b = false;
05        System.out.println(a&b);                    //控制台输出：false
06        System.out.println(a|b);                    //控制台输出：true
07        System.out.println(!a);                     //控制台输出：false
08        System.out.println(a^b);                    //控制台输出：true
09        boolean b1 = (2==1)|(2==2)|(2==3)|(2==4);
10        System.out.println(b1);                     //控制台输出：true
11        boolean b2 = (2==1)||(2==2)||(2==3)||(2==4);
12        System.out.println(b2);                     //控制台输出：true
13        boolean b3 = (2>1)&(2>3)&(4>3)&(5>4);
14        System.out.println(b3);                     //控制台输出：false
15        boolean b4 = (2>1)&&(2>3)&&(4>3)&&(5>4);
16        System.out.println(b4);                     //控制台输出：false
17      }
18    }
```

注意：

（1）第 9 行全部运算完才能赋值,第 11 行运算到 2==2 时结果已出运算中止、赋值,第 11 行效率更高。

（2）第 13 行全部运算完才能赋值,第 15 行运算到 2>3 时结果已出运算中止、赋值,第

15 行效率更高。

3.1.5 位运算符

位运算只能对 byte、short、char、int、long 类型的数据进行，低于 int 型的操作数自动转换为 int（32 位）。

位运算符的学习要求包含进位计算制、进制转换、原码、反码和补码等相关知识，详细请参考 3.1.1 节。在 Java 中采用补码形式进行机器数的存储，最高位为符号位（0 代表＋，1 代表－）。Java 位运算符主要包括：&（按位与）、|（按位或）、^（按位异或）、～（按位取反）、<<（左移位）、>>（带符号位右移位）、>>>（不带符号右移位，补 0）。

a&b 运算过程如表 3-6 所示，a|b 运算过程如表 3-7 所示，a^b 运算过程如表 3-8 所示，～a 运算过程如表 3-9 所示，a<<2 运算过程如表 3-10 所示。为简单起见，字长暂定为 8 位，最高位为符号位。

```
int a = 0b0010_0111;        //39
int b = 0b0111_1101;        //125
```

表 3-6 按位与

与运算	符号位	数 值 部 分							运算结果
a	0	0	1	0	0	1	1	1	39
b	0	1	1	1	1	1	0	1	125
a&b	0	0	1	0	0	1	0	1	37

表 3-7 按位或

或运算	符号位	数 值 部 分							运算结果
a	0	0	1	0	0	1	1	1	39
b	0	1	1	1	1	1	0	1	125
a|b	0	1	1	1	1	1	1	1	127

表 3-8 按位异或

异或运算	符号位	数 值 部 分							运算结果
a	0	0	1	0	0	1	1	1	39
b	0	1	1	1	1	1	0	1	125
a^b	0	1	0	1	1	0	1	0	90
a^b^b	0	0	1	0	0	1	1	1	39

表 3-9 按位取反

非运算	符号位	数 值 部 分							运算结果
a	0	0	1	0	0	1	1	1	39
～a	1	1	0	1	1	0	0	0	－40

表 3-10 左移位

左移位	符号位	数 值 部 分								运算结果
a	0	0	1	0	0	1	1	1		39
a≪1	0	1	0	0	1	1	1	0		78
		数值部分左移 1 位,低位补 0								

【示例程序 3-3】 移位运算符演示(ShiftTest.java)。

功能描述:本程序演示了 a&b,a|b,a^b,a^b^b,~a,a≪2 等移位运算的结果。

```
01  public class ShiftTest {
02    public static void main(String[ ] args) {
03      int a = 39;
04      int b = 125;
05      int c = - 27;
06    System.out.println("(39)10: " + Integer.toBinaryString(39));
07      //控制台输出: (39)10: 100111
08    System.out.println("(125)10: " + Integer.toBinaryString(125));
09      //控制台输出: (125)10: 1111101
10    System.out.println("( - 27)10: " + Integer.toBinaryString( - 27));
11      //控制台输出 32 位二进制,最高位为符号位: ( - 27)10: 11111111111111111111111111
12  00101
13      System.out.println(a&b);                        //与运算
14      //控制台输出: 37
15      System.out.println("a&b: " + Integer.toBinaryString(a&b));
16      //控制台输出: a&b: 100101
17      System.out.println(a|b);                        //或运算
18      //控制台输出: 127
19      System.out.println("a|b: " + Integer.toBinaryString(a|b));
20      //控制台输出: a|b: 1111111
21      System.out.println(~a);                         //按位取反,包括符号位
22      //控制台输出: - 40
23      System.out.println("~a: " + Integer.toBinaryString(~a));
24      //输出~a: 11111111111111111111111111011000
25      System.out.println(a^b);                        //异或运算:不同 true,相同 false
26      //控制台输出: 90
27      System.out.println(a^b^b);                      //a 和 b 进行两次异或,得到 a 的原值
28      //控制台输出: 39
29      System.out.println("a ≪ 2: " + (a ≪ 2));      //左移位
30      //扩大 4 倍,控制台输出: 156
31    }
32  }
```

【拓展知识 3-3】 计算机为什么采用二进制? 物理电路采用二进制设计原理简单,性能稳定,抗干扰能力强;二进制实现了算术运算和逻辑运算的统一;二进制运算规则简单,减法可以转换为加上负数的补码,同理,乘除运算也可以转换为加法,最后的运算归结为加法和移位。二进制编码规则简单,易于加密压缩、差错控制、存储和传输等。

3.1.6 条件运算符

语法格式如下：

```
逻辑表达式 1?表达式 2：表达式 3
```

功能：先判断逻辑表达式 1 的值，若为 true，则结果为表达式 2 的值，否则为表达式 3 的值。条件运算符相当于一个简单的 if 语句。举例如下：

```
01   int i = 10;
02   System.out.println(i < 5?"左岸": "右岸");        //控制台输出：右岸
03   System.out.println(i % 2 == 1?"奇数": "偶数");    //控制台输出：偶数
```

3.1.7 表达式

表达式是用运算符将操作数（常量、变量和方法等）连接起来，有确定值，符合 Java 语法规则的式子。

3.1.8 语句

Java 语句是构成程序的基本单元，可以对计算机发出操作指令。一般情况下，Java 语句要写到方法中，以";"结束。

常见的 Java 语句有以下几类。

（1）package、import 语句。

（2）赋值语句。

（3）复合语句：{ …; …; }。

（4）流程控制语句：if…else，switch…case…defaut，for，while，do…while，break，continue。

（5）方法调用语句：例如 System.out.println()。

3.2 Java 流程控制语句

3.2.1 顺序结构

顺序结构是 3 种流程控制语句结构中最简单的一种，即语句按照书写的顺序依次执行。顺序结构流程图 3-1 所示。

3.2.2 分支结构

分支结构又称为选择结构，它根据计算所得的判断条件表达式的值来判断应选择执行哪一个流程的分支。分支结构流程图 3-2 所示。

3-2 Java 流程控制语句

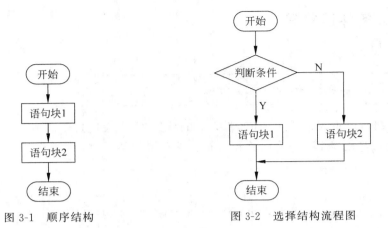

图 3-1　顺序结构　　　　　图 3-2　选择结构流程图

Java 中提供的分支语句有 if 语句和 switch 语句。if 语句可以判断布尔表达式,而 switch 只能判断表达式的内容。

1. if 语句

if 语句能根据条件从两个分支中选择一个执行。利用 if 语句的嵌套可以实现从多个分支中选择一个执行。

if 语句的语法格式如下:

```
if(条件表达式){
    语句 1;
    …
}[else{

    语句 2;
    …
}]
```

注意:

(1) 条件表达式的值应为布尔类型。

(2) 建议语句块 1、语句块 2 即使只有一句也用{}括起。

(3) 为防止出现错误,不推荐 if 嵌套。

(4) else 子句为可选内容。

【示例程序 3-4】　计算 BMI 程序(BMI.java)。

功能描述:从键盘输入身高 h(m)和体重 w(kg),计算体质指数 BMI(Body Mass Index)。根据 BMI 输出体重状态(BMI<18.5:偏瘦;18.5≤BMI<24:正常;24≤BMI<27:偏胖;27≤BMI<30:肥胖;BMI≥30:重度肥胖)。

```
01   public class BMI {
02     public static void main(String[] args) {
03         //从键盘输入体重(kg)和身高(m)
```

```
04        Scanner sc = new Scanner(System. in);
05        double w = sc.nextDouble();
06        double h = sc.nextDouble();
07        //计算其 BMI 指数,根据 BMI 得出体重状态
08        double bmi = w/(h * h);
09        String result = "";
10        if(bmi < 18.5) {
11            result = "偏瘦";
12        }
13        if(bmi > = 18.5 & bmi < 24) {
14            result = "正常";
15        }
16        if(bmi > = 24 & bmi < 27) {
17            result = "偏胖";
18        }
19        if(bmi > = 27 & bmi < 30) {
20            result = "肥胖";
21        }
22        if(bmi > = 30) {
23            result = "重度肥胖";
24        }
25        //输出 BMI 和体重状态.
26        System.out.printf("BMI: % .2f,status: % s",bmi,result);
27    }
28 }
```

【拓展知识 3-4】 体重管理。1917 年,毛泽东主席在《新青年》上发表《体育之研究》中提出:欲文明其精神,先自野蛮其体魄。让我们每个人每天锻炼 1 小时,健康工作 50 年,幸福生活一辈子,进行有效的体重管理,建立一个健康的生活方式。

2．switch 语句

switch 语句用于多分支选择结构。

switch 语句的语法格式如下:

```
switch(表达式){
    case 常量 1：语句 1; break;
    case 常量 2：语句 2; break;
    …
    case 常量 n：语句 n; break;
    [default: 其他语句; break; ]
}
```

switch 语句流程如图 3-3 所示。

注意:

（1）表达式必须是下述类型之一：int、byte、char、short、enum。JDK 1.7 增加了 String 类型。

（2）在 case 子句中给出的值必须是一个常量,且各 case 子句中的常量值各不相同。

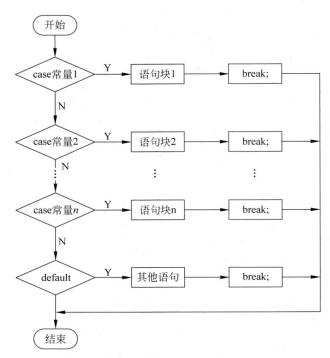

图 3-3　switch 语句流程图

（3）如果 break 子句丢失,就会出现"穿越现象"（下面 case 条件不再判断,直接执行 case 后的语句）。

【示例程序 3-5】　根据年份和月份,输出该月的天数（Days.java）。

功能描述：本程序演示了利用 switch 语句实现根据年份和月份,输出该月天数的功能。根据规定 1、3、5、7、8、10、12 月有 31 天,4、6、9、11 月有 30 天,闰年的 2 月有 29 天,其他年份的 2 月只有 28 天。闰年指能被 4 整除不能被 100 整除；或者能被 400 整除的年份。

```
01  public class Days {
02     public static void main(String[ ] args) {
03        int year = 2000;
04        int month = 2;
05        int days = 0;
06        switch (month) {
07        case 1:
08        case 3:
09        case 5:
10        case 7:
11        case 8:
12        case 10:
13        case 12:
14           days = 31;
15           break;
16        case 4:
```

```
17          case 6:
18          case 9:
19          case 11:
20              days = 30;
21              break;
22          case 2:
23              if ((year % 4 == 0&&year % 100!= 0)||year % 400 == 0){
24                  days = 29;
25              } else {
26                  days = 28;
27              }
28              break;
29          }
30          System.out.printf(" % d 年 % d 月有 % d 天!",year,month,days);
31      }
32  }
```

【拓展知识 3-5】 公历（阳历）是以地球绕太阳公转的运动周期为基础而制定的历法。地球自转一圈为一天（24 小时），地球绕太阳一圈定为一年 365 天 5 小时 48 分 46 秒。一年 12 个月，其中 1、3、5、7、8、10、12 月为 31 天，4、6、9、11 月为 30 天，闰年的 2 月为 29 天，其他年份为 28 天。平年 365 天，闰年 366 天。每四年一闰，每满百年少闰一次，到第 400 年再闰，即每 400 年中有 97 个闰年。

【拓展知识 3-6】 汉历（农历、阴历）是以月亮围绕地球转动的规律来制定的历法。汉历以月亮圆缺一次的时间定做一个月，共 29.5 天。为了计算方便，大月被定做 30 天，小月 29 天，一年 12 个月，大月小月交替排列，共 354 天。每过 2～3 年加一个闰月，使汉历与地球绕太阳公转相一致。

【示例程序 3-6】 根据年份和月份，输出该月的天数（Days2.java）。

功能描述：本程序演示了利用 switch 最新语法对示例程序 3-5 进行的改写，语句相对简洁。

```
01  public class Days2 {
02      public static void main(String[] args) {
03          int year = 2000;
04          int month = 2;
05          int days = 0;
06          days = switch(month){
07                  case 1,3,5,7,8,10,12 -> 31;
08                  case 4,6,9,11 -> 30;
09                  case 2 -> ((year % 4 == 0&&year % 100!= 0)||year % 400 ==
10  0)?29: 28;
11                  default -> 0;
12          };
13          System.out.printf(" % d 年 % d 月有 % s 天!",year,month,days);
14      }
15  }
```

3.2.3　循环结构

循环结构是指在一定条件下反复执行同一段语句的流程结构。

1. for 语句

一般用于已知循环次数的情况下。for 语句是当型循环,特点:先判断,后执行;循环体执行次数≥0;当循环条件为真时执行。

for 语句的语法格式如下:

```
for(设定循环变量初值; 循环条件; 修改循环变量表达式){
    循环体代码
}
```

for 语句示意图如图 3-4 所示。

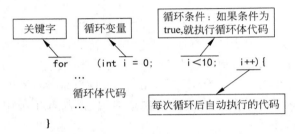

图 3-4　for 语句示意图

2. while 语句

while 语句用于已知循环条件的情况。while 语句也是当型循环,特点:先判断,后执行;循环体执行次数≥0;当循环条件为真时执行。while 语句的语法格式如下:

```
[循环前初始化语句]
while(循环条件){
循环体
    [修改循环变量的表达式]
}
```

用 for 语句和 while 语句实现无限循环示例代码如下:

```
01   //用 for 语句实现无限循环
02   for(; ; ){
03   }
04   //用 while 语句实现无限循环
05   while(true){
06   }
```

3. do while 语句

do…while 语句是直到型循环,do…while 语句的特点:先执行,后判断;循环体执行次数≥=1;当循环条件为真时执行。do…while 语句的语法格式如下:

```
［循环前初始化语句］
do{
循环体
    ［修改循环变量表达式］
} while(循环条件)
```

当型循环流程图如图 3-5 所示，直到型循环流程图如图 3-6 所示。

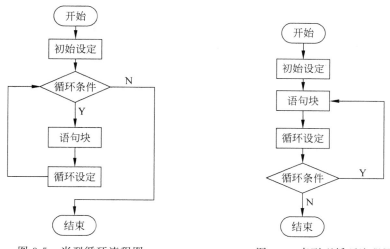

图 3-5　当型循环流程图　　　　图 3-6　直到型循环流程图

【示例程序 3-7】　3 种方式求 $1+2+\cdots+100$ 的和（ForWhileTest.java）。

功能描述：本程序用 for、while 和 do…while 3 种方式来求 $1+2+\cdots+100$ 的和（累加求和）。

```
01   public class ForWhileTest {
02     public static void main(String[] args) {
03       //用 for 语句求 1 + 2 + … + 100 的和
04       int sum = 0;
05       for( int i = 1; i < = 100; i++){
06         sum += i;
07       }
08       //用 while 语句求 1 + 2 + … + 100 的和
09       sum = 0;
10       int i = 1;
11       while( i < = 100){
12         sum += i;
13         i++;
14       }
15       //用 do…while 语句求 1 + 2 + … + 100 的和
16       sum = 0;
17       i = 0;
18       do{
```

```
19          sum += i;
20          i++;
21      } while(i <= 100);
22    }
23 }
```

【拓展知识 3-7】 求和求积。在计算机程序中累加求和,累加器(变量)先清 0;累乘求积,累乘器(变量)先置 1。

【示例程序 3-8】 在控制台输出九九乘法表(Table99.java)。

3-3 九九乘法表和卡拉 OK

功能描述:本程序在控制台利用双重循环输出九九乘法表,其中外层变量 i 从 1 循环到 9,内层变量 j 从 1 循环到 i。

```
01  public class Table99{
02    public static void main(String[] args) {
03      //九九乘法表
04      for(int i = 1; i <= 9; i++){
05        for(int j = 1; j <= i; j++){
06          //System.out.printf("%d * %d = %2d\t",i,j,i*j);
07          System.out.print(i + " * " + j + " = " + i * j + "\t");
08        }
09        System.out.println();
10      }
11    }
12 }
```

【示例程序 3-9】 卡拉 OK 程序(OK.java)。

功能描述:卡拉 OK 比赛,有 N 个评委为歌手打分,评分规则:去掉一个最高分和一个最低分,然后取平均值作为歌手的最终得分。

编程提示:从键盘输入第一个评委的分数 score,既作为最高分 max,又作为最低分 min,sum 保存总分。循环输入其他评委的打分:和 max 比较,如果比 max 大,则赋值给 max;和 min 比较,如果比 min 小,则赋值给 min;累加求和存入 sum。

```
01  public class OK {
02    public static void main(String[] args) {
03      final int N = 5;
04      Scanner sc = new Scanner(System.in);
05      System.out.print("请输入第 1 个选手的成绩: ");
06      double score = sc.nextDouble();
07      double max = score;
08      double min = score;
09      double sum = score;
10      for(int i = 2; i <= N; i++) {
11        System.out.print("请输入第" + i + "个选手的成绩: ");
12        score = sc.nextDouble();
13        sum = sum + score;
```

```
14              if(score > max) {
15                  max = score;
16              }
17              if(score < min) {
18                  min = score;
19              }
20          }
21          double f = (sum - max - min)/(N - 2);
22          System.out.printf("该选手的最高分：%.2f,最低分：%.2f,最终
23  得分是：%.2f,",max,min,f);
24      }
25  }
```

3.2.4 break 和 continue 语句

1. break 语句

语法格式：

```
break;
```

break 语句用于终止某个语句块的执行，使程序跳转到该语句块后的第一个语句开始执行。break 可用在 switch 语句中。

2. continue 语句

语法格式：

```
continue;
```

continue 语句用于跳过某个循环语句块的剩余部分，使程序直接执行下一次循环。

3.2.5 算法

算法（Algorithm）是指完成特定计算的一组有序操作。算法一词虽然广泛应用在计算机领域，但却完全源自数学。一个算法的优劣可以用空间复杂度和时间复杂度来衡量。

算法必须具备如下 3 个重要特性。

（1）有穷性，执行有限步骤后，算法必须中止。

（2）确切性，算法的每个步骤都必须确切定义。

（3）可行性，特定算法须可以在特定的时间内解决特定问题。

主宰世界的十大算法如下。

（1）排序算法：最基本的算法之一，最为经典、效率最高的三大排序算法：归并排序、快速排序和堆积排序。

（2）傅里叶变换和快速傅里叶变换：用于实现时间域函数与频率域函数之间的相互转换。

（3）Dijkstra 算法：解决最短路径问题，其稳定性至今无法取代。

（4）RSA 非对称加密算法：用以解决在保证安全的情况下，如何在独立平台和用户之间分享密钥的问题。

（5）哈希安全算法：一组加密哈希函数主要适用于数字签名标准里面定义的数字签名算法。

（6）整数质因子分解算法：几百年来，许多数学家致力于寻找更快的整数因子分解算法。其复杂性成为现代密码学的重要理论基础。

（7）链接分析算法：用于求解本征值问题。

（8）比例微积分算法：通过"控制回路反馈机制"，减小预设输出信号与真实输出信号间的误差。

（9）数据压缩算法：使数据的传输和存储更轻松，效率更高。

（10）随机数生成算法：目前为止，计算机还没有办法生成"真正的"随机数，但伪随机数生成算法足够使用。

【**示例程序 3-10**】 红包算法程序(RedEnvelope. java)。

功能描述：从键盘输入红包的金额 money(元)和个数 n，输出 n 个红包(元，用数组表示)。算法要求：红包最小是 0.01 元；每个红包是 $[0.01, money-0.01*(n-1)]$ 之间的随机金额；n 个红包加起来的总和等于红包金额 money。

```
01  public class RedEnvelope {
02      //根据红包的金额(分)和红包个数生成红包的方法
03      public static int[] createRedEnvelope(int money, int num) {
04          int[] da = new int[num];
05          int j = 0;
06          if(num == 1){
07              da[0] = money;
08              return da;
09          }
10          int n = num;
11          for(int i = 0; i < money; i++){
12              long max = (long)(Math. random() * Integer. MAX_VALUE)
13  + Integer. MAX_VALUE;
14              if(max % (money - i) < n){
15                  da[j++] = i + 1;
16                  n--;
17              }
18          }
19          //分区间处理
20          for(int i = num - 1; i > 0; i--){
21              if(i == (num - 1)){
22                  da[i] = money - da[i - 1];
23              }else{
24                  da[i] = da[i] - da[i - 1];
25              }
26          }
27          return da;
28      }
```

```
29      public static void main(String[] args) {
30          Scanner sc = new Scanner(System.in);
31          System.out.print("请输入红包的金额(元)和个数,用空格分开: ");
32          double money = sc.nextDouble();
33          int num = sc.nextInt();
34          int[] ia = createRedEnvelope((int)money * 100,num);
35          double[] da = new double[num];
36          for(int i = 0; i < ia.length; i++){
37              da[i] = (ia[i]/100.0);
38          }
39          System.out.println(Arrays.toString(da));
40      }
41  }
```

【拓展知识 3-8】 微信之父张小龙。微信（WeChat）是腾讯公司于 2011 年 1 月 21 日推出的一个为智能终端提供即时通信服务的免费应用程序,由张小龙带领团队打造。张小龙由此被誉为"微信之父"。2021 年微信小程序日活超过 4.5 亿。移动互联网时代,微信取代了百度成为移动互联网的入口。商业社交互联网时代,微信将从一个熟人社交平台成为下一代移动端的操作系统。

3.3 Java 数组

3-4 Java
数组

一个变量只能存储一个数据。为方便存储一组相同数据类型的多个数据,Java 提供了数组这一数据结构。数组主要分为一维数组和二维数组。一维数组相当于高中数学中的数列,二维数组相当于线性代数中的矩阵。灵活使用数组和循环可以解决许多复杂的问题。

3.3.1 一维数组

1. 一维数组的定义（动态初始化）

语法格式如下:

```
数据类型[]数组名 = new 数组元素类型[元素个数];
```

说明:创建数组时,JVM 会根据数组元素类型自动为其赋初值:数值型默认赋值为 0,布尔型默认赋值为 false,引用类型默认赋值为 null。长度为 n 的数组合法的下标取值范围为 0～n-1。通过"数组名[下标]"的方式可访问一维数组的元素。数组下标在程序运行过程中如果超过范围系统,则会抛出下标越界异常信息:IndexOutOfBoundsException。

2. 一维数组的定义（静态初始化）

在声明一个数组时,对数组的每个元素进行赋值。

语法格式如下:

```
数据类型[]数组名 = {初值表};
```

【示例程序 3-11】　一维数组的基本应用技巧示例(ArrayTest.java)。

功能描述：本程序演示了 Java 一维数组的基本应用技巧,如数组的定义、数组动态初始化和静态初始化、数组遍历等。

```
01   package chap03;
02   public class ArrayTest{
03      public static void main(String[] args) {
04          //1.一维数组的定义(动态初始化)
05          int[] ia = new int[3];        //创建一个包含 3 个 int 元素的一维数组
06          //2.对数组元素进行赋值
07          ia[0] = 1; ia[1] = 2; ia[2] = 3;
08          //3.数组长度可以通过 ia.length 来读取
09          System.out.println(ia.length);
10          //4.一维数组的定义(静态初始化)适用于数组元素个数较少且各元素的值已知
11          double[] da = {3.14,2.728,3.45,1.2,9.8,9.1};
12          //5.用 for 实现数组的遍历
13          for(int i = 0; i < da.length; i++){
14              System.out.println(da[i]);
15          }
16          //6.用 for 语句增强实现数组的遍历,可以有效防止下标越界
17          for(double d: da){
18              System.out.println(d);
19          }
20          //7.用 Arrays.toString()输出元素较少的数组;
21          System.out.println(Arrays.toString(ia));
22      }
23   }
```

3.3.2　二维数组

1.二维数组的定义(动态初始化)

语法格式如下：

> 数据类型[][]数组名 = new 数组元素类型[元素个数][元素个数];

说明：数组创建时,JVM 会根据数组元素类型自动为其赋初值：数值型默认赋值为 0,布尔型默认赋值为 false,引用类型默认赋值为 null。

例如：

(1) int[][] a = new int[3][]; // 在声明锯齿数组时,至少要给出第一维的长度,即确定行数,每行元素的个数还不确定。

(2) int[][] a = new int[3][4]; //创建了一个三行四列的二维数组。

2.二维数组的定义(静态初始化)

在声明一个数组的同时对数组的每个元素进行赋值。

语法格式如下：

```
数据类型[][]数组名 = {{初值表},{初值表},{初值表},… };
```

下面举例以数组 a 为例，数组 a 定义如下：

```
int[][] a = {{1,2,3,4},{5,6},{7,8,9}};
```

（1）通过"数组名[行下标][列下标]"的方式访问二维数组的元素。

（2）二维数组的长度以及每一行元素的个数：a. length 代表二维数组的行数，a[0]. length、a[1]. length、a[2]. length 分别代表二维数组 a 各行元素的个数，如图 3-7 所示。

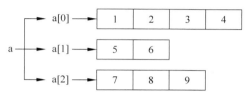

图 3-7　Java 二维锯齿型数组示意图

【示例程序 3-12】　二维数组的基本应用技巧示例（Array2Test. java）。

功能描述：本程序演示了 Java 二维数组的基本应用技巧，如数组的定义、数组动态初始化和静态初始化、二维数组的遍历等。

```
01  public class Array2Test {
02      public static void main(String[] args) {
03          // 1.二维数组的定义(动态初始化)
04          int[][] ia = new int[2][2]; // 创建一个 2 行 2 列的二维数组
05          // 2.对数组元素进行赋值,下标从 0 开始
06          ia[0][0] = 1;
07          ia[0][1] = 1;
08          ia[1][0] = 1;
09          ia[1][1] = 1;
10          // 3.二维数组的行数可以通过 ia.length 来读取
11          System.out.println(ia.length);
12          // 4.二维数组第 2 行元素的个数
13          System.out.println(ia[1].length);
14          // 5.二维数组的定义(静态初始化)适用于数组元素个数较少且各元素的值已知
15          int[][] a = {{1,2,3,4},{5,6},{7,8,9}};
16          // 6.用 for 实现二维数组的遍历
17          for (int i = 0; i < a.length; i++){
18              for (int j = 0; j < a[i].length; j++){
19                  System.out.print(a[i][j] + "\t");
20              }
21              System.out.println();
22          }
23      }
24  }
```

多重循环与数组结合,可以解决许多复杂的问题。

【示例程序 3-13】 二维矩阵乘法(MatrixMultiply.java)。

功能描述:本程序用二维数组实现矩阵乘法:C=A×B。

$$
A = \begin{bmatrix} 3 & 0 & 0 & 7 \\ 0 & 0 & 0 & -1 \\ 0 & 2 & 0 & 0 \end{bmatrix}, \quad
B = \begin{bmatrix} 4 & 1 \\ 0 & 0 \\ 1 & -1 \\ 0 & 2 \end{bmatrix}, \quad
C = A \times B = \begin{bmatrix} 12 & 17 \\ 0 & -2 \\ 0 & 0 \end{bmatrix}
$$

```
01   public class MatrixMultiply{
02      //printMatrix 负责在控制台输出二维矩阵
03      public static void printMatrix(int[][] a){
04         for(int i = 0; i < a.length; i++){
05            for(int j = 0; j < a[i].length; j++){
06               System.out.print(a[i][j] + "\t");
07            }
08            System.out.println();
09         }
10      }
11      public static void main(String[] args){
12         //二维数组的静态初始化
13         int[][] a = {{3,0,0,7},{0,0,0, - 1},{0,2,0,0}};
14         int[][] b = {{4,1},{0,0},{1, - 1},{0,2}};
15         int[][] c = new int[3][2];
16         //计算矩阵 A 和矩阵 B 相乘
17         for(int i = 0; i < a.length; i++) {
18            for(int j = 0; j < b[j].length; j++) {
19               c[i][j] = 0;
20               for(int k = 0; k < b.length; k++) {//a[0].length
21                  c[i][j] = c[i][j] + a[i][k] * b[k][j];
22               }
23            }
24         }
25         //直接调用定义好的静态方法
26         printMatrix(a);
27         printMatrix(b);
28         printMatrix(c);
29      }
30   }
```

3.3.3 数组工具类

java.util.Arrays 类提供了一些用以操作数组的实用方法。主要掌握以下方法即可,其他方法请查阅 JDK API 文档。

(1) public static void fill(double[] a,double val):用指定值 val 去填充数组的每一个元素。

(2) public static void sort(double[] a):对指定的 double 数组按升序进行排序。

(3) public static int binarySearch(double[] a,double key):在升序排序的 double 数组中查找指定的 key。

(4) public static String toString(double[] a):将数组直接转换成一个字符串,这样开

发者就无须使用 for 语句以遍历数组。

【示例程序 3-14】 Arrays 类应用示例（ArraysTest.java）。

功能描述：本程序演示了利用数组工具类 Arrays 提供的方法实现一维数组的填充、排序等功能。

```
01   import java.util.Arrays;
02   import java.util.Collections;
03   public class ArraysTest {
04      public static void main(String args[]) {
05         int ia[] = new int[10];
06         Arrays.fill(ia,1);
07         //用 toString 方法将数组转换为字符串输出
08         System.out.println(Arrays.toString(ia));
09         int ib[] = {13,2,30,5,34,908, - 5,1200,234,9};
10         //用 sort 方法实现一维数组的升序排序
11         Arrays.sort(ib);
12         System.out.println(Arrays.toString(ib));
13         //数组排序后就可以用 binarySearch()方法进行高效的二分法查找了
14         int n = 908;
15         int pos = Arrays.binarySearch(ib, n); //返回数组元素下标
16         System.out.println(pos);
17         //将数组 ic 降序排序(ic 必须是对象数组)
18         Integer ic[] = {13,2,30,5,34,908, - 5,1200,234,9};
19         Arrays.sort(ic, Collections.reverseOrder());
20         System.out.println(Arrays.toString(ic));
21      }
22   }
```

3.3.4 在 Eclipse 中调试程序

1．从 Java 透视图切换到 Debug 透视图
Eclipse 的 Debug 透视图如图 3-8 所示。

2．调试程序
单击 Run→Debug 命令，启动调试。

3．添加/删除断点
在 Editor 编辑窗口左侧栏双击空白处可添加断点，再次双击可删除断点。

4．调试工具栏
Eclipse 的 Debug 工具栏及其注释如图 3-9 所示。

（1）Resume：停止调试，恢复正常执行，快捷键：F8。

（2）Suspend：暂停调试。

（3）Terminate：中止调试进程，快捷键：Ctrl+F2。

（4）Step Into：单步进入逐层调用的方法观察执行效果，快捷键：F5。

（5）Step Over：在当前程序的表面单步执行，快捷键：F6。

（6）Step Return：退出当前方法，返回调用层，快捷键：F7。

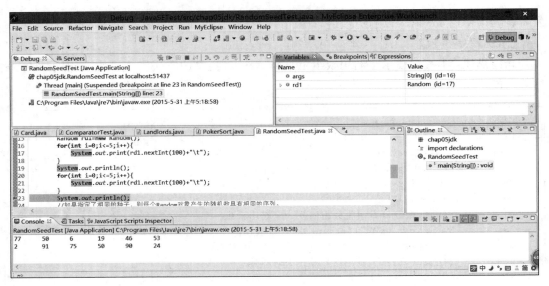

图 3-8　Debug 透视图

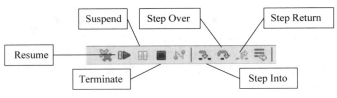

图 3-9　Debug 工具栏及其注释

5. 查看变量或表达式的值

在 Eclipse 中查看变量、表达式和断点的窗口如图 3-10 所示。

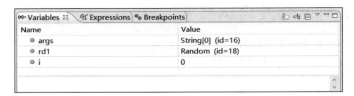

图 3-10　查看变量、表达式的值和断点的窗口

3.4　综合实例：计算两点间距离，了解北斗卫星导航系统

3.4.1　案例背景

1993 年，我国"银河号"远洋货轮在波斯湾被某大国以"莫须有"的罪名关闭其导航服务，在大海上被困 33 天，这就是震惊中外的"银河号"事件。这一事件说明现在的世界依然遵循"丛林法则"，只有国家强大起来，才能维护国家的尊严。

北斗卫星导航系统(BeiDou Navigation Satellite System，BDS)是中国自行研制的全球

卫星导航系统，也是继美国的全球定位系统（GPS）、俄罗斯的格洛纳斯（GLONASS）之后的世界上第三个成熟的卫星导航系统。

中国高度重视北斗系统的建设和发展，自 20 世纪 80 年代开始探索适合国情的卫星导航系统发展道路，形成了"三步走"发展战略：2000 年年底，建成"北斗一号"系统，向中国提供服务；2012 年年底，建成"北斗二号"系统，向亚太地区提供服务；2020 年，建成"北斗三号"系统（55 颗卫星），向全球提供服务。在 30 年时间里，中国"北斗"人从无到有地建立起一套全面自主可控、技术一流、服务全球的卫星导航系统。

中国人终于可以在导航系统方面不受制于人，终于可以挺直腰杆、扬眉吐气。

3.4.2 知识准备

首先通过北斗导航系统得到地球上两个点的经纬度，然后根据半正矢公式（Haversin 公式）计算这两点间的距离（精确到米）。

1. 求两个已知经纬度的点之间的距离要用到半正矢公式

$$d = 2r\arcsin\left(\sqrt{\sin^2\left(\frac{\varphi_2 - \varphi_1}{2}\right) + \cos(\varphi_1)\cos(\varphi_2)\sin^2\left(\frac{\lambda_2 - \lambda_1}{2}\right)}\right)$$

其中，r 为地球半径，φ_1 和 φ_2 表示两点的纬度；λ_1 和 λ_2 表示两点的经度。

2. 编程中涉及 Math 类的相关方法

（1）public static double asin(double a)：反正弦。

（2）public static double sin(double a)：正弦。

（3）public static double sqrt(double a)：开平方。

（4）public static double cos(double a)：余弦。

（5）public static double pow(double a,double b)：a^b。

（6）public static double toRadians(double angdeg)：角度转换为弧度。

3.4.3 编程实践

【示例程序 3-15】 计算邯郸到北京的距离（DistanceCal.java）。

功能描述： 北京市的经纬度分别为：116.41667°E，39.91667°N。邯郸市的经纬度分别为：114.490686°E，36.612273°N。根据两点经纬度，计算两点之间距离。

```
01   public class DistanceCal{
02       //地球半径,单位为 km
03       private static final double EARTH_RADIUS = 6378.137;
04       private double longitude;        //经度
05       private double latitude;         //纬度
06       public Point() {
07           super();
08       }
09       public Point(double longitude,double latitude) {
10           super();
11           this.longitude = longitude;
```

```
12              this.latitude = latitude;
13          }
14      public static double getDistance(Point p1,Point p2) {
15          // 纬度
16          double lat1 = Math.toRadians(p1.getLatitude());
17          double lat2 = Math.toRadians(p2.getLatitude());
18          // 经度
19          double lng1 = Math.toRadians(p1.getLongitude());
20          double lng2 = Math.toRadians(p2.getLongitude());
21          // 纬度之差
22          double a = lat1 - lat2;
23          // 经度之差
24          double b = lng1 - lng2;
25          // 计算两点距离的公式
26          double s = 2 * Math.asin(Math.sqrt(Math.pow(Math.sin(a/2),2)
27  + Math.cos(lat1) * Math.cos(lat2) * Math.pow(Math.sin(b/2),2)));
28          // 弧长乘地球半径, 返回值单位为 km
29          s = s * EARTH_RADIUS * 1000;
30          return s;
31      }
32      public double getLongitude() {
33          return longitude;
34      }
35      public void setLongitude(double longitude) {
36          this.longitude = longitude;
37      }
38      public double getLatitude() {
39          return latitude;
40      }
41      public void setLatitude(double latitude) {
42          this.latitude = latitude;
43      }
44      public static void main(String[] args) {
45          //北京市经纬度(116.41667,39.91667)
46          //邯郸市经纬度(114.490686,36.612273)
47          Point p1 = new Point(116.41667,39.91667);
48          Point p2 = new Point(114.490686,36.612273);
49          System.out.printf("邯郸－北京: %.4f",getDistance(p1, p2));
50      }
51  }
```

3.5　本章小结

　　本章介绍了 Java 运算符和表达式、Java 流程控制语句及其应用、Java 数组及其应用、调试程序的常用方法等内容。

　　读者要仔细阅读并理解本书内容,认真理解每个示例程序,认真观看教学视频和编程微视频,并在 Eclipse 环境中进行程序编写、程序调试、程序运行,仔细辨析每个容易混淆的概念,理解每行代码,将理论和实践相结合,从而迅速掌握 Java 语言的编程技巧。

3.6　自测题

一、填空题

1. 写出下面语句的控制台输出结果：

   System.out.println(456/100)；//控制台输出：_____

   System.out.println(123/10％10)；//控制台输出：_____

   System.out.println(789％10)；//控制台输出：_____

   System.out.println(3.0/6＊12)；//控制台输出：_____

2. 异或运算程序段：

   a＝01001110,b＝01111101。a^b＝_____,a^b^b＝_____。

3. 条件运算程序段：

   int i＝9；

   System.out.println(i％2＝＝1?"奇数"："偶数")；//控制台输出：_____。

4. for 语句的无限循环语句：_____；while 语句的无限循环语句：_____。

5. 补齐代码以生成 1～10 随机的一个数字：

   int n＝(int)(_____＋1)；

6. 补齐代码以生成'A'～'Z'随机的一个字符：

   char c ＝(char)(65＋_____)；

7. 补齐下面代码：

   int[] ia＝{3,1,7,5,2}；

   Arrays._____(ia)；//对数组 ia 进行排序(升序)

   System.out.println(Arrays._____(ia))；//输出该数组所有元素

二、选择题（SCJP 考试真题）

1. 以下语句的输出结果是（　　）。

```
01  public class SwitchTest {
02     public static int switchIt( int x) {
03        int j = 1;
04        switch(x){
05           case 1: j++;
06           case 2: j++;
07           case 3: j++;
08           case 4: j++;
09           case 5: j++;
10           default: j++;
11        }
12        return j + x;
13     }
```

```
14      public static void main(String[] args) {
15          System.out.println("Vaule = " + switchIt(4));
16      }
17  }
```

A. value＝3　　　B. value＝4　　　C. value＝5　　　D. value＝6

E. value＝7　　　F. value＝8

2. 以下语句的输出结果是(　　　)。

```
01  for (int i = 0; i < 3; i++) {
02    switch(i) {
03        case 0: break;
04        case 1: System.out.print("one ");
05        case 2: System.out.print("two ");
06        case 3: System.out.print("three ");
07    }
08  }
09  System.out.println("done");
```

A. done　　　　　　　　　　　　B. one two done

C. one two three done　　　　　D. one two three two three done

E. Compilation fails.

3. 以下语句的输出结果是(　　　)。

```
01  for( int i = 0; i < 4; i += 2) {
02      System.out.print(i + " ");
03  }
04  System.out.println(i);
```

A. 0 2 4　　　　B. 0 2 4 5　　　　C. 0 1 2 3 4　　　D. 编译失败

E. 程序运行时抛出一个异常

4. 下列哪两个语句能实例化一个数组变量？(　　　)

A. int[] ia = new int[15];　　　　B. float fa = new float[20];

C. char[] ca = "Some String";　　D. Object oa = new float[20];

E. int ia[][] = {4,5,6}, {1,2,3};

三、编程实践

1. 斐波那契数列(Fibonacci.java)。

编程要求：斐波那契数列 $c_1=1$, $c_2=1$，从第 3 项开始每一项等于前两项之和。例如：1,1,2,3,5,8…要求输出斐波那契数列的前 100 项，每行输出 10 个。

编程提示：用循环实现，如图 3-11 所示。

扩展要求：输出斐波那契数列，当数列项达到 1000 时停止。

3-5　斐波那契数列

2. 求一张纸对折多少次后，其厚度能够超过珠穆朗玛峰的高度(PaperFolding.java)。

c1	c2	c3
1 ← 1 ← 2		
1	2	3
2	3	5
…	…	…

图 3-11 用 3 个变量循环生成斐波那契数列

编程提示：珠穆朗玛峰的高度为 8848.86m，一张纸的厚度为 0.065mm。

3．输入一个数字，打印其所有因子（Factor.java）。

编程要求：

从键盘上输入一个整数 n，输出其所有因子（能被其整数的数），例如：

$16 = 1 \times 2 \times 2 \times 2 \times 2$；

$15 = 1 \times 3 \times 5$；

$73 = 1 \times 73$；

3-6 打印整
数的所
有因子

编程提示：

（1）用 2 去除 n，能整除则输出 ×2，接着再用 2 去除 n/2，直到不能被 2 整除；

（2）用 3 去除 n，如果能整除，则输出 ×3，然后再用 3 去除 n/3，直到不能被 3 整除；

（3）依次类推，直到 n。

4．52 周存钱法（Weeks52.java）。

编程要求："你不理财，财不理你"。假设第 1 周存 10 元钱，第 2 周 20 元，第 3 周 30 元，…，第 52 周 520 元（每周增加 10 元），计算到第 52 周时存款共多少元。

5．利用异或运算实现字符串的加密和解密（Encryption.java）。

编程要求：从键盘上输入一个字符串（明文），然后用一个字符（密钥，如 'a'）对其加密，输出密文，然后再进行解密，输出明文。

3-7 利用异
或实现
加密解
密

编程提示：

（1）利用 ^ 的运算特性。

（2）用 charAt(int n)方法依次取明文各位上的字符，循环和密钥字符进行异或运算加密，然后再进行解密。

（3）字符数组和字符串之间的相互转换。

扩展要求：如果密钥由一个字符改为一个 String，怎么编程实现？

6．随机生成 100 个六位随机密码（RandomKey.java）。

编程要求：随机生成 100 个六位随机密码（要求第 1、3、5 位为数字，第 2、4、6 位为大写字母）存储到数组并输出。

3-8 随机生
成 100
个密码

编程提示：

（1）随机生成一个数字字符：

```
(char)('0' + Math.random() * 10)
```

(2) 随机生成一个字母字符:

```
(char)('A' + Math.random() * 26)
```

(3) 如何将 char[]转换或 String:

```
String s = new String(ca);
```

(4) 如果要求随机密码不能重复呢?

7. 理性消费,远离套路贷(Loan.java)。

编程要求:A 同学为了买最新款的手机,在网上从小额贷款公司借了 10 000 元(本金),日息 0.1%。A 同学涉世不深,以为一天 10 元钱,忽略了合同中隐藏的复利条款和计息周期,便签下了借款合同。问在单利和复利计息方式下,A 同学 1 年后、2 年后、3 年后、4 年后、5 年后分别需要还多少钱?

编程提示:

(1) 单利:是指按照固定的本金计算利息。单利的计算公式是:收益=本金 * (1+利率 * n),n 为一个计息周期。

(2) 复利:是指第一期产生利息后,第二次的本金包括本金和第一次产生的利息。复利又叫利滚利,驴打滚。复利的计算公式是:收益=本金 * (1+利率)^n,n 为一个计息周期。

3-9 骰子概率统计

8. 骰子概率统计(Dice.java)。

编程要求:掷骰子 6000 次,输出每面出现的次数。

编程提示:

(1) 骰子有 6 面,需要有 6 个计数器分别计算 6 个面出现的次数。

(2) 如果采用 6 个元素的整型数组做计数器,会怎么样呢?

3-10 杨辉三角形

9. 杨辉三角形的输出(YangHui.java)。

编程要求:

(1) 用二维数组实现,杨辉三角形的分析示例如图 3-12 所示。

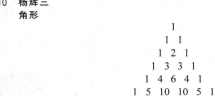

图 3-12 杨辉三角形的分析示意图

(2) 用以下组合公式实现。

$$C_m^n = \frac{m!}{n!(m-n)!}$$

```
C(0,0)
C(1,0), C(1,1)
C(2,0), C(2,1), C(2,2)
```

...

10. 输入一个小数，输出其金额大写形式（Money.java）。

编程要求：

输入金额最多两位小数，否则四舍五入。例如：

（1）输入123.445，输出壹佰贰拾叁元肆角伍分。

（2）输入123.45，输出壹佰贰拾叁元肆角伍分。

（3）输入123.4，输出壹佰贰拾叁元肆角零分。

（4）输入123，输出壹佰贰拾叁元零角零分。

3-11　输出金额大写形式

编程提示：

（1）通过乘以100，然后取整，以便统一处理。

（2）各位上的数字与汉字大写数组的下标是一致的。

（3）char[] ca = {'零','壹','贰','叁','肆','伍','陆','柒','捌','玖'};

（4）货币单位数组从0开始依次取即可。

```
String[]ma = {"分","角","元","拾","佰","仟","万","拾万","百万","千万","亿"};
```

第4章

面向对象（上）

名家观点

编程本质上是对事物的理解。

——克利斯登·奈加特（2001年图灵奖得主，Simula语言共同发明者，面向对象技术先驱）

万事万物皆为对象。

——布鲁斯·埃克尔（*Thinking in Java* 作者）

做研究的人需要保持接触不熟悉东西的习惯，要多去和不同学科的人接触。建议多听其他学科的演讲，目的并不是了解它里面很多具体内容，而是像小孩学习语言一样，深入新学科的语言环境。

——姚期智（图灵奖唯一华人获得者，中国科学院院士）

本章学习目标

- 掌握什么是面向对象，以及面向对象的特征（抽象、封装、继承和多态）。
- 在编程中掌握如何定义一个类？掌握类修饰符public、abstract、final，掌握类有哪些成员。
- 掌握成员变量（类变量、对象变量）的定义和调用。
- 掌握方法（类方法、对象方法）的定义、调用、递归调用。
- 掌握如何利用构造方法实例化对象，如何销毁一个对象。
- 了解如何定义包和引入JDK类库和第三方的类。
- 了解JDK常见包。
- 掌握常见英文单词。

课程思政——做人与做事

做事先做人。做人应从树立正确的人生观、价值观和世界观开始。

全国政协委员唐江澎曾提出，"好的教育应该是培养终生运动者、责任担当者、问题解决者和优雅生活者。"

国际21世纪教育委员会提交给联合国教科文组织的报告《学习——财富蕴藏其中》

中提出如下新的教育理念。

- 学会求知(Learn to how to learn)：就是学会学习，要掌握科学的学习方法。
- 学会做事(Learn to do)：学会适应社会的综合能力。
- 学会共处(Learn to be with others)：学会共同生活、学会与他人合作。
- 学会做人(Learn to be)：古今中外关于做人的道理和学问有丰富的论述，但他们都有共同的做人准则——正直、自律、诚实、善良、宽容、勇敢、简朴、守信、尽责等。

做一个有文化的人。文化可以用 4 句话表达：植根于内心的修养，无需提醒的自觉，约束为前提的自由，为别人着想的善良。

作为一个中国公民，我们应该学习和践行爱国、敬业、诚信、友善的社会主义核心价值观。

4.1　面向对象基础

4-1　面向对象基础

　　面向对象是现在最为流行的软件设计开发方法，是一种对现实世界理解和抽象的方法。在面向对象的世界中，万事万物皆为对象。如同事物一样，每个对象都有自己的属性，具备一些行为；对象之间存在各种各样的联系；对象之间可以进行通信。把具有相同行为的对象归纳为类，通过类的封装隐藏其内部细节，通过继承实现类的特化或泛化，通过多态实现基于对象类型的动态分派。

　　面向对象克服了面向过程的缺点，达到了软件工程的 3 个主要目标：可重用性、灵活性和可扩展性。面向对象的主要概念包括：类和对象、接口、包、属性、方法（一般方法、构造方法、抽象方法、最终方法）、修饰符、引用类型的转换（上溯下溯造型）等。

　　面向对象的四大特征：抽象、封装、继承和多态。

1．抽象

　　抽象是指从众多的事物中舍弃个别的、非本质的部分，提炼出人们所关注的、共同的、本质的部分的过程。

2．封装

　　在 Java 中，类封装了属性、方法、构造方法、语句块、内部类等成员。通过权限控制符控制外部对类成员的可访问性，隐藏其实现细节。

3．继承

　　继承是以已有的类为基础来创建一个新的子类，子类继承父类的所有特性，并可以在此基础上扩充自己的特性，从而构造出更为复杂的类型。继承很好地解决了软件的可重用性问题。

　　(1) 直接继承和间接继承：如果类 c 的定义直接继承于类 b，则称 c 直接继承于 b，且 b 是 c 的直接父类；如果有 b 类又直接继承于 a 类，则可称 c 类间接继承于 a 类。间接继承体现了继承关系的可传递性。

　　(2) 单继承和多继承：如果一个类只有一个直接父类，则称该关系为单继承；如果一个类有多于一个以上的父类，则称该继承关系为多继承。Java 只支持单继承，而不直接支持多继承。Java 语言用 extends 关键字实现了单继承机制,形成树形继承结构。Java 用 implements 关键字可以实现多继承机制,形成网状继承结构。

编译器自动为每个没有定义父类的类加上 extends java. lang. Object,所以 Java 中的所有类都默认直接或间接地继承了 java. lang. Object 类。在 Object 类中定义了一些通用、基础的实现和支持面向对象机制的重要方法。

【拓展知识 4-1】 编译器默认为 Java 程序附加的成分。

(1) 编译器自动为每一个 Java 类引入 java. lang 包下所有的方法:import java. lang. * 。

(2) 编译器自动为每个没有定义父类的类加上 extends java. lang. Object。

(3) 当类中没有定义构造方法时,编译器自动提供无参数构造方法,若类中有自定义构造方法,则无参数构造方法不再被提供。

(4) 构造方法权限修饰符默认与类权限修饰符相同。

(5) 不管是否显性添加,编译器自动在构造方法第 1 行添加 super()。

(6) 编译器自动为接口中的常量定义增加 3 个修饰符:public、static、final。

(7) 编译器自动为接口中的方法定义增加 1 个修饰符:abstract。

【示例程序 4-1】 教师类继承职工类应用示例(EmployeeTeacherTest. java)。

功能描述:本程序演示了面向对象的继承应用示例:职工类有身份证号、姓名、部门、密码 4 个属性,工作 1 个方法。教师类继承了职工类,在职工类的基础上增加了课时属性和上课方法。

```
01  class Employee extends java.lang.Object{
02      String id;
03      String name;
04      String dept;
05      private String passWord;
06      public void work(){
07          System.out.println("...working...");
08      }
09  }
10  class Teacher extends Employee{
11      int classHour;
12      public void gotoClass(){
13          System.out.println("...teaching...");
14      }
15  }
16  public class EmployeeTeacherTest{
17      public static void main(String[] args) {
18          Teacher t = new Teacher();
19          t.id = "012345678901234567";
20          t.name = "zyj";
21          t.classHour = 64;
22          t.work();
23          t.gotoClass();
24      }
25  }
```

4．多态

多态是指同一个实体同时具有多种形式,主要表现为方法的重载、方法的覆盖、对象的多态 3 种形式。Java 中提供以下 3 种多态机制。

（1）方法的重载（Overload）。

方法的重载是指同一类中方法名相同,但形式参数不同的语法现象。方法的重载与方法的返回值类型、方法修饰符等没有关系。在调用重载方法时,编译器会自动根据实参数的个数和类型来选择正确方法来执行。

① 方法的名称必须相同。

② 形式参数必须不同（个数不同、类型不同或顺序不同）,以保证方法在被调用时没有歧义。

③ 方法的返回类型和修饰符可以相同,也可以不同。

一般方法重载的语法现象以 Math 类中 abs()方法为例:

```
01   java.lang.Math.abs(double)
02   java.lang.Math.abs(float)
03   java.lang.Math.abs(int)
04   java.lang.Math.abs(long)
```

构造方法是方法的一种,构造方法的重载也是常见的语法现象。创建对象时根据参数的不同引用不同的构造方法。

（2）成员变量和成员方法的覆盖（Override）。

成员变量的覆盖通常指在不同的类（父类和子类）中允许有相同的变量名,但数据类型不同;方法的覆盖指在子类中重新定义父类中已有的方法,允许有相同的方法首部,但对应的方法实现不同。可以用 super. 和 this. 来区分是调用父类还是子类的。

（3）对象的多态性。

对象的多态性出现在引用类型的上溯造型和下溯造型过程中。具体将在 5.2.2 节对象的上溯造型和下溯造型中讲解。

4.2 类

类（Class）和对象（Object）是面向对象的核心概念。

类是对一类事物的程序设计语言的描述,侧重对同类事物的共性进行抽象、概括、归纳。类是对象的蓝图,如汽车设计图纸。图纸本身不能被驾驶,根据图纸生产出来的汽车才能被驾驶。

对象也叫实例（Instance）,是信息系统必须觉察到的问题域中的人或事物的抽象,要突出其个性、特殊性。在 Java 中,对象是通过类的实例化来创建的,正如按图纸生产出来的汽车。对象才是一个具体存在的实体。

一个类可以构造多个该类的对象,因此,类和对象之间是一对多的关系。类和对象在内存存在的区域不同。这导致了类成员和对象成员在访问时的不同。

4.2.1　类的定义

类是 Java 程序中基本的结构单位。Java 类的语法格式如下：

```
[类修饰符] class <类名>[extends <父类名>][implements <接口列表>]{
    [初始化语句块]
    [成员变量]
    [构造方法]
    [成员方法]
    [内部类]
    …
}
```

4-2　类的定义

说明：

(1) 类修饰符(modifier)说明。

① 类只有两个权限控制符：public 或缺省。

② 用 abstract 修饰的类叫抽象类。抽象类只能被继承，不能被实例化。

③ 用 final 修饰的类叫最终类，只能被实例化，不能被继承。

(2) extends <父类名>：用来指定要继承的父类。

(3) implements <接口列表>：指定要实现的接口。一个类实现一个接口，即必须实现该接口中所有抽象方法，否则这个类只能是抽象类。

【拓展知识 4-2】　Java 类的成员。在类中可以封装以下成员。

(1) 成员变量(Variable)也称为字段(Field)或属性(Attribute)：有 static 修饰的变量为类变量，描述类的特征，为该类所有对象所共享；没有 static 修饰的变量为对象变量，描述对象的特征，为该对象独享。

(2) 成员方法(Method)，也称为函数(Function)：有 static 修饰的方法为类方法，描述类的动态特征(行为)，该类所有对象均可访问或调用；没有 static 修饰的方法为对象方法，描述对象的动态特征(行为)，只有对象可以访问或调用。

(3) 构造方法(Constructor)：用于实例化对象，同时对对象变量进行初始化。

(4) 内部类(Inner Class)：在类体、方法体中定义的类。

(5) 语句块：类体中有 static 修饰的语句块为静态语句块，用于初始化类。类被载入内存时自动执行。类体中没有 static 修饰的语句块为非静态语句块，用于初始化对象，调用构造方法之前执行。

类封装示意图如图 4-1 所示。

用统一建模语言(Unified Modeling Language，UML)标准符号绘制的 Car 类图 4-2 所示。

【拓展知识 4-3】　UML 图类似于电路图，是对面向对象开发系统的产品进行描述说明、可视化和编制文档的一种标准语言。UML 2.0 共有 13 种图形，分别是：活动图、类图、通信图、构件图、组合结构图、部署图、交互概览图、对象图、包图、顺序图、状态图、定时图、用例图。

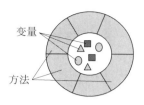

图 4-1 类封装示意图

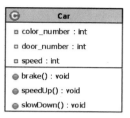

图 4-2 UML 类图

图 4-2 可以转换为下面的 Java 语言程序。

```
01  class Car {
02      private int color_number;
03      private int door_number;
04      private int speed;
05      public void brake(){//刹车
06          speed = 0;
07      }
08      public void speedUp(){//加速
09          speed++;
10      }
11      public void slowDown(){//减速
12          speed -- ;
13      }
14  }
```

4.2.2　成员变量

成员变量是指定义在类中，方法之外的变量或常量。成员变量的有效范围是整个类，相当于全局变量。成员变量的语法格式如下：

[成员变量修饰符] <数据类型>变量名[= 初值];

说明：

（1）成员变量修饰符。

① 权限控制修饰符有 public、protected、private 3 种，用来控制变量的可见性。

② 类修饰符 static：有 static 修饰的变量是类变量，否则是对象变量。

③ 常量修饰符 final：有 final 修饰的变量是常量，只能在定义时赋值 1 次。

（2）成员变量的类型可以是 8 种基本数据类型，也可以是引用类型（对象）。

（3）类变量：类变量属于类，当类被载入内存时类变量生效，为该类的所有对象共享。通过"类名.变量名"可访问类的成员变量。

（4）对象变量：属于对象，因此当访问对象变量时，需要先实例化该类的一个对象，然后通过"对象名.变量名"的方式来访问。

一般将属性设置为 private，然后提供 Getter( )和 Setter( )方法作为存取数据的统一接口。

【示例程序 4-2】 类变量和对象变量的测试(StaticTest.java)。

功能描述：本程序主要演示以下语法现象：类变量属于类,被该类的全部对象共享。对象变量属于对象,被一个对象私有。

```
01   public class StaticTest{
02       static int score = 100;        //score 属于类,被该类的所有对象共享
03       int flag = 10;                 // flag 属于对象,被每个对象独享
04       public static void main(String args[]){
05           StaticTest t1 = new StaticTest();
06           StaticTest t2 = new StaticTest();
07           StaticTest t3 = new StaticTest();
08           StaticTest t4 = new StaticTest();
09           System.out.println(t1.score);
10           System.out.println(t1.flag);
11           t1.score = 1000;
12           t1.flag = 888;
13           System.out.println(t4.score);
14           System.out.println(t4.flag);
15       }
16   }
```

4.2.3　成员方法的定义

方法(Method)是能完成一定数据处理功能、可以被反复调用的语句的集合。方法应先定义,后使用。方法不能嵌套定义,但可以递归调用。

如果有某些语句需要被反复调用,则需要将这些语句根据功能的不同定义成不同的方法。

在 Java 中方法必须在类中定义。在逻辑上,方法要么属于类,要么属于对象。用 static 修饰的方法属于类,没有用 static 修饰的方法属于对象。

方法的语法格式如下：

```
[方法修饰符] <返回值类型>方法名(形式参数列表)[throws 异常列表]{
    …
    [return 返回值; ]
}
```

说明：

(1) 方法修饰符说明。

① 访问权限控制修饰符 public、protected、private：决定方法的可见性。

② 静态修饰符 static：有 static 修饰的方法是类方法,否则是对象方法。

③ 最终方法修饰符 final：有 final 修饰的方法是最终方法,该方法不能被子类的方法覆盖。

④ 抽象方法修饰符 abstract：有 abstract 修饰的方法是抽象方法,抽象方法只有方法

的定义（首部），没有方法的实现（方法体）。

（2）返回值类型。

可以是 8 种基本数据类型和引用类型，在方法体中必须用 return 语句返回数据，否则会出现编译错误。如果没有返回数据，请用 void 代替。

（3）return 语句。

return 语句有两种功能：返回方法的处理结果和结束对方法的调用。

（4）形式参数列表。

方法调用时的实参数必须和形式参数一一对应，类型相同。

4.2.4　成员方法的调用

开发者可以调用自己编写的方法，也可以调用 JDK 类库中的方法，还可以调用第三方类库提供的方法。在 JDK 文档中详细给出了每个方法的定义、形式参数、功能等说明。

方法在调用的时候必须明确其调用者，可通过"类名.方法名(实参数)；"或"对象名.方法名(实参)；"的方式来调用。当前类和当前对象可以省略。例如，"猪八戒吃西瓜（主谓宾结构）"在面向对象的世界中应该被表述为"猪八戒.吃(西瓜)"。

方法调用的语法格式如下：

```
调用者.方法名([实际参数表]);
```

说明：

（1）实参数的个数、顺序、类型要和形式参数一一对应。

（2）调用其他包中的方法时，需要先用 import 语句引入，再调用。

（3）调用类方法的方法：[包路径.]类名.方法名([实参表])；当用 import 语句引入其他包中的类时，[包路径]可以省略；当调用当前类的类方法时，[包路径.][类名.]可以省略。

（4）调用对象方法的方法：先实例化一个对象，然后通过"[对象名.]方法名([实参表])；"调用，当前对象可以省略。

4.2.5　成员方法的递归调用

数学上的递归思想简单、直接、有效，用计算机编程实践时十分方便，易于理解。缺点是内存消耗大、效率较低。为防止出现方法的无限循环递归调用，要求使用递归调用的前提是，确定问题可通过递归不断缩小规模，而且缩小到一定规模时一定要有一个结束点。

数学上自然数 n(n>1)阶乘的定义有以下两种。

（1）传统定义：n!=1×2×3×⋯×n。

（2）递归定义：n!=n×(n−1)!，1!=1。

【示例程序 4-3】　计算 n 的阶乘（Factorial.java）。

功能描述：本程序演示了阶乘的两种实现方法：用循环结构求 n! 的类方法；用递归调用求 n! 的对象方法。同时演示了类方法和对象方法如何调用。

4-3　计算 n 的阶乘

```
01   public class Factorial {
02       //类方法,用循环结构实现阶乘
03       public static int getFactorial1(int n) {
04           int f = 1;
05           for(int i = 1; i <= n; i++){
06               f = f * i;
07           }
08           return f;
09       }
10       //对象方法,用方法递归调用实现阶乘
11       public double getFactorial2(int n){
12           if(n == 1){
13               return 1;
14           }else{
15               return n * getFactorial2(n - 1);
16           }
17       }
18       public static void main(String[] args) {
19           int n = 5;
20           //调用类方法,当前类 Factorial 可以省略
21           double f1 = Factorial.getFactorial1(n);
22           //调用对象方法时要先实例化一个对象,然后用"对象名.方法名"调用
23           Factorial f = new Factorial();
24           double f2 = f.getFactorial2(n);
25       }
26   }
```

4.2.6 权限修饰符

Java 语言中有 3 个访问权限修饰符,对应 4 种可见范围,说明如下:

(1) private 修饰的成员变量或方法的可见范围为当前类。子类只能继承父类中所有非 private 的成员。

(2) 没有权限修饰符修饰的成员变量或方法的可见范围为当前包。

(3) protected 修饰的成员变量或方法的可见范围是当前包及该类的子类,即可以被同一个包、该类的子类(可以不同包)的方法访问。

(4) public 修饰的成员变量或方法可以被所有包中所有类中的方法访问。

Java 编程的基本单位类(class)可以比喻为人,包(package)可以比喻为由人组成的家庭。3 个访问修饰符,4 种访问控制级别的访问范围如表 4-1 所示。

(1) 门牌号码可以设置为 public,全部可见。

(2) 手机号码可以设置为 protected,在家庭子女和朋友、同学、亲戚等范围内可见。

(3) 汽车、电视、家具可以设置为默认级别,在家庭成员范围内可见。

(4) 账号、密码等隐私信息可以设置 private,只是自己可见。

表 4-1　权限修饰符的访问范围

访问范围	private	缺省	protected	public
同一类中	√	√	√	√
同一包中		√	√	√
同一包及其子类			√	√
全局范围				√

　　图 4-3 分别说明了 private、friendly、protected、public 修饰的成员变量和成员方法的可见范围。该图中包括了 chapo4core 和 chapo3oo 两个包，Demo、B、E、F、G 五个类。Demo 类中的私有属性 pri 和私有方法 priM()只能在 Demo 类中访问；Demo 类中的友好属性 fri 和友好方法 friM()可以在 chapo3 包内的类中访问（类 Demo、类 B、类 E）；Demo 类中受保护的属性 pro 和受保护的方法 proM()可以在同一包中的类（类 Demo、类 B、类 E）和 Demo 的子类 G；Demo 类中的公共属性 pub 和公共方法 pubM()可以在所有包的所有类中任意访问。

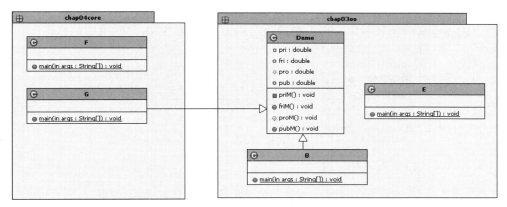

图 4-3　不同权限修饰符成员的访问可见范围

4.3　对象实例化和销毁

4.3.1　构造方法的定义

4-4　对象实例化和销毁

　　正确地定义 Java 类后，就可以根据类来创建对象。根据类创建对象的过程又称为类的实例化，一般是通过调用构造方法（Constructor）的方式来完成。

　　构造方法是 Java 类中一种特殊方法，用于实例化类的一个对象。构造方法主要功能如下。

　　（1）为对象在堆内存中分配内存空间。

　　（2）成员变量初始化：数值类型变量（byte、short、int、long、float、double）初始化为 0，布尔类型变量初始化为 false，字符类型变量初始化为'\0'，引用类型变量初始化为 null。

　　定义构造方法的语法格式如下：

```
构造方法修饰符 类名([形式参数列表]){
    super(); //不管是否显性添加,编译器自动添加
    ...
}
```

说明:

(1) 构造方法的名称必须与所在类的名称完全相同。

(2) 构造方法没有返回值,在方法首部也不能使用 void 声明,如果加上 void 便成为一般方法。

(3) 构造方法的调用与普通方法不同,只能通过 new 运算符调用。

(4) 如果用户编程时没有为一个类定义构造方法,Java 编译器就会自动提供一个无参构造方法。用户一旦显式定义了构造方法,Java 编译器就不再提供默认的无参构造方法。这时最好把默认的无参构造方法显式地定义出来,以免 JVM 自动调用构造方法时出现错误。

(5) 同一个类中可以定义多个构造方法(形式参数不同),这种情况被称为构造方法的重载。用构造方法的重载可以实现类初始化逻辑的多样化,从而允许用户使用不同的构造器来初始化 Java 对象。

4.3.2　对象实例化

对象实例化一般是通过调用构造方法的方式进行的。构造方法的调用与一般方法的调用不同,语法格式如下:

```
类名 对象变量 = new 构造方法名([参数 1][,参数 2]…);
```

【示例程序 4-4】　自定义日期类(MyDate.java)。

功能描述:MyDate 类有年、月、日 3 个私有属性;提供了无参和包含全部属性的两种构造方法,私有属性提供了 Getter()和 Setter()方法,以供外部读取;注意理解两种语法现象:构造方法的重载和方法的覆盖。

```
01   package chap04;
02   //MyDate 中封装了属性、构造方法、方法等成员,继承了 Object 类
03   public class MyDate extends java.lang.Object{
04       private int y; //对象变量设置为私有,同时提供 Setter()和 Getter()方法
05       private int m;
06       private int d;
07       //构造方法的重载,无参构造方法
08       public MyDate(){
09       }
10       //包含所有参数的构造方法
11       public MyDate(int y, int m, int d) {
12           this.y = y;
13           this.m = m;
14           this.d = d;
```

```
15          }
16      //方法的覆盖
17      @Override
18      public String toString() {
19          //从父类 Object 中继承的 toString()方法不能满足自己的要求时
20          //可以在子类中覆盖父类的方法,重新自定义对象信息
21          return y + "年" + m + "月" + d + "日";
22      }
23      public static void main(String[] args) {
24          MyDate md1 = new MyDate();
25          md1.setY(1972);
26          md1.setM(12);
27          md1.setD(12);
28          //29 行和 24 - 27 行代码功能等价
29          MyDate md2 = new MyDate(1972, 12, 12);
30          //31 行和 32 行代码功能等价,输出对象的信息
31          System.out.println(md1.toString());
32          System.out.println(md2);
33      }
34      public int getY() {
35          return y;
36      }
37      public void setY(int y) {
38          this.y = y;
39      }
40      public int getM() {
41          return m;
42      }
43      public void setM(int m) {
44          this.m = m;
45      }
46      public int getD() {
47          return d;
48      }
49      public void setD(int d) {
50          this.d = d;
51      }
52  }
```

4.3.3 对象的销毁

对象在堆内存中被分配的内存空间,使用完后一定要销毁(归还),否则就会造成内存空间的浪费。

JVM 对堆内存的管理采用自动垃圾回收机制,JVM 会周期性地回收内存中的垃圾。垃圾在这里特指没有指针指向的内存空间(即无用的内存空间)。在 Java 中,只需要将对象标识为 null 就不用管了。

对象在以下情况成为垃圾,等待 JVM 进行垃圾自动回收。

1．对象变量被赋值为 null

```
MyDate md = new MyDate(1972,12,12);
md = null;
```

2．一次性使用的匿名对象

```
new MyDate().setYear(1972);
```

3．超出对象变量生命期

```
for( int i <= 0; i <= 1000; i++){
    MyDatep = new MyDate();
}
```

4-5　定义包和
　　引入类

4.4　定义包和引入类

4.4.1　package 语句

在 JDK 1.9 之前，JVM 在启动 Java 程序时默认会加载所有的 Java 常用类库，导致 Java 程序启动性能下降。为解决这个问题，Java 从 JDK 1.9 开始提供模块化设计。最终形成"模块-包-类-方法"结构。即在一个模块中包含若干包，包里可以定义若干类或接口。

为了便于管理数量众多的类和接口，Java 引入包（Package）的概念，以解决类和接口命名冲突、引用不便、安全性等问题。和文件夹一样，包中可以定义类、接口或包，包的嵌套层数没有限制。开发者可以方便地通过"包路径.类名"的方式来访问类或接口。

package 语句作为 Java 源文件的第一条非注释语句，指明了该源文件中定义的类或接口所在的包。如果省略 package 语句，那么该源文件中定义的类和接口将放在系统默认的无名包 src 中。一般建议采用倒序域名来定义包结构，然后将所有的类和接口分类存在指定的包中，如：package cn. edu. hdc；

package 语句的语法格式如下：

```
package 包名 1[.包名 2[.包名 3…]];
```

注意：包定义的结构和编译后生成的文件夹结构是一一对应的。

4.4.2　import 语句

import 语句必须放在所有的类或接口的定义之前，用来引入指定包的类或接口，相当于 C 语言的 ♯include 语句。

Java 编译器默认为所有的 Java 程序添加：import java. lang. ＊；因此开发者可以直接使用 java. lang 包中的类而不必显式引入。但要想使用 java. lang 包以外的其他包中的类的话，必须先引入后使用，否则会出现编译异常。

JVM 将在项目的 buildpath 中依次寻找 JAR 包引入指定的类或接口。

import 语句语法格式如下：

```
import 包名1[.包名2[.包名3…]].类名|*;
```

4.4.3　JDK 常见包介绍

Module java.base 中包括 52 个包，结合 JDK 在线文档（https://docs.oracle.com/en/java/javase/16/docs/api/java.base/module-summary.html），现将本书涉及到的 JDK 常见包介绍如下。

1. java.lang

java.lang 包中存放着 Java 语言的基础类库，包括基本数据类型、数学函数、字符串类等核心类库，主要类和接口如下。

（1）8 种基本数据类型对应的包装类：Byte、Short、Integer、Long、Float、Double、Character、Boolean。

（2）基本数学函数类：Math。

（3）字符串类：String、StringBuffer、StringBuilder。

（4）系统类和对象类：System、Object。

（5）线程类：Thread。

2. java.util

java.util 包中存放了实用工具类和接口、集合框架类或接口，主要类和接口如下。

（1）日期类：Date、Calender。

（2）集合框架：Collection、List、Set、ArrayList、LinkedList、HashSet、TreeSet 等。

（3）键值对集合：Map、HashMap、TreeMap 等。

（4）实用工具类：Collections、Arrays。

3. java.io

java.io 包中存放了标准输入、输出类，还有缓存流、过滤流、管道流和字符串类等，此外还提供了一些与其他外部设备交换信息的类。

4. java.net

java.net 包含有访问网上资源的 URL 类，用于通信的 Socket 类和网络协议子类库等。Java 语言是一门适合分布式计算环境的程序设计语言，网络类库正是为此设计的。其核心就是对 Internet 协议的支持，目前该类库支持多种 Internet 协议，包括 HTTP、Telnet、FTP 等等。

5. java.awt 和 javax.swing

java.awt 和 javax.swing 包提供了创建图形用户界面的全部工具，包括图形组件类，如窗口、对话框、按钮、复选框、列表、菜单、滚动条和文本区等类；用于管理组件排列的布局管理器 Layout 类；颜色 Color 类、字体 Font 类；java 事件处理类库等。

4.4.4 利用文档注释生成 Java 文档

在用 Eclipse 编写代码的同时,应该添加适当的文档注释,这样可在代码编写、测试完成后迅速生成一份标准的 Java API 文档。注释提取工具 Javadoc 是将 Java 源代码中的文档注释自动生成 HTML 格式的 API 文档的工具,默认只处理以 public、protected 修饰的类、接口、构造方法、方法、属性、内部类之前的文档注释。

1. 常用的 Javadoc 标记

(1) 文档注释中常用的 HTML 标签。

① 超级链接: < a href = "http://www.sohu.com"></a>

② 段落: < p></p>

③ 回车: < br/>

④ 加粗: < b></b>

(2) 类或接口前的文档注释,详见示例程序 4-5 第 2～8 行。

① @author: 作者。

② @version: 程序版本。

③ @since: 从指定的 JDK 版本开始。

④ @see: 引用和参考其他代码可能会关心的类或接口。

(3) 方法或构造方法前的文档注释,详见示例程序 4-5 第 11～16 行。

① @param: 形式参数说明信息,建议一个形式参数占一行。

② @return: 方法的返回参数类型说明信息。

③ @throws: 与@exception 相同,方法可能抛出的异常说明信息。

④ @deprecated: 指示该方法已经过时,不推荐使用。

⑤ @see: 参见其他方法。

⑥ @link: 指向其他 Html 文档的链接。

【示例程序 4-5】 Java 应用程序常见文档注释(BinarySearch.java)。

功能描述: 本程序实现二分法查找的功能。在源程序中加上了详细的类文档注释和方法文档注释。

```
01  /**
02   * BinarySearch 类提供了数组的二分法查找功能< br/>
03   * @author 姓名,学号< br/>
04   * Date: 2021 - 08 - 28 下午 07: 25: 37 < br/>
05   * Copyright ? 2021, ZYJ. All Rights Reserved. < br/>
06   * @version 1.0 < br/>
07   * @since JDK16 < br/>
08   */
09  public class BinarySearch {
10    /**
11     * binSearch 方法的功能: 在数组 a 中下标为 start 和 end 之间的范围内用
12     * 二分法查找关键字 key
13     * @param start 数组范围中开始的下标
14     * @param key 欲查找的数字
```

```
15        *  @return key 的下标,−1 代表没有找到
16
17        */
18      public static int binSearch(int[ ]a,int start,int end,int key){
19          int mid = start + (end − start)/2;
20          if (key == a[mid]) {
21              return mid;
22          }
23          if (start > = end) {
24              return − 1;
25          }
26          if (key < a[mid]) {
27              return binSearch(a, start, mid − 1, key);
28          } else {
29              return binSearch(a, mid + 1, end, key);
30          }
31      }
32      /**
33       * main 方法的功能：类或应用程序的唯一入口
34       * @param args String 命令行参数的数组
35
36
37       */
38      public static void main(String[ ] args) {
39          int[ ]a = new int[128];
40          for (int i = 0; i < a.length; i++) {
41              a[i] = i;
42          }
43          int n = (int)(Math.random( ) * 128);
44          System.out.println(n);
45          int i = binSearch(a, 0, a.length, n);
46          System.out.println(i);
47      }
48  }
```

2. 在 Eclipse IDE 中生成 API 文档的方法

在 Eclipse IDE 中执行：File→Export→Java→Javadoc 命令，Eclipse 以对话框的方式一步一步引导用户设置相关选项，具体如图 4-4 和图 4-5 所示。

Javadoc 默认读取操作系统采用的字符编码（中文 Windows 默认字符集为 GBK）。如果它和 Eclipse 中编辑 Java 源文件的文本编辑器编码不一致，就会出现"编码 GBK 的不可映射字符"的异常信息。

解决办法如下。

（1）在 Workspace 或 project 属性中将字符编码设置为 GBK。

（2）在图 4-5 中对话框的 Extra Javadoc options 文本框里面加上：-encoding UTF-8 -charset。

（3）示例程序 4-5 加上文档注释后生成 API 文档的类概要如图 4-6 所示。

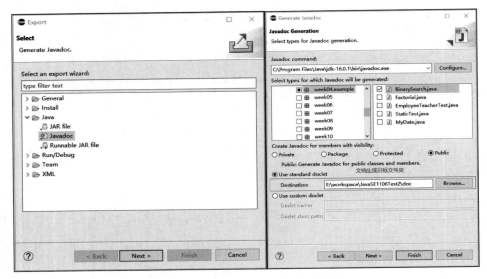

图 4-4　Eclipse 中生成 API 文档步骤(1)

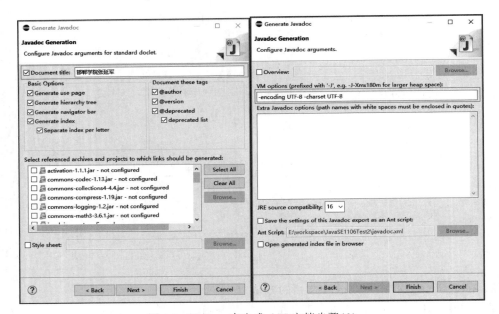

图 4-5　Eclipse 中生成 API 文档步骤(2)

图 4-6　Eclipse 生成 API 文档

（4）示例程序 4-5 加上文档注释后生成的 API 文档中的方法详细资料如图 4-7 所示。

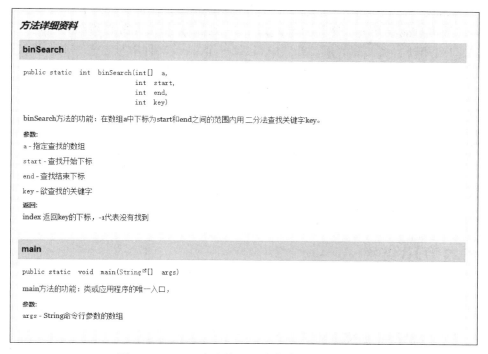

图 4-7　Eclipse 生成的 API 文档中方法详细资料

4.5　综合实例：阅读俄罗斯方块源代码，理解面向对象语法现象

4.5.1　案例背景

《俄罗斯方块》是一款由俄罗斯人阿列克谢·帕基特诺夫于 1984 年 6 月发明的休闲游戏。基本规则是：移动、旋转和摆放游戏自动产生的各种方块，使之排列成完整的一行或多行并且消除得分。

绝大部分人都玩过俄罗斯方块游戏。在学过 Java 基本语法和面向对象编程技术后，读者可从台前走向幕后，通过阅读和编译俄罗斯方块源程序（Tetris.java）来直观理解面向对象中常见的语法现象，为后续实际编写一个俄罗斯方块程序打下坚实的基础。

4.5.2　阅读实践

认真阅读 Tetris.java，直观理解面向对象的语法现象，生成可执行的 JAR 文件。具体要求如下。

（1）了解 package 语句的作用。

（2）了解 import 语句的作用。

（3）Tetris.java 共 920 多行，在一个 Java 源文件（.java）中定义了一个接口、9 个类、9

个内部类(含匿名内部类)。

(4) ∗.java、∗.class 的关系:在 Java 语言中,一个 Java 源文件可包含多个类和接口的定义,但最多只能定义一个公共类或公共接口,且 Java 源文件名必须和其中定义的公共类名或接口名相同。在实际的项目开发中,建议一个.java 文件中只定义一个类或接口。

(5) Java 源文件编译后,每个类(含内部类)或接口都被编译成一个独立的.class 文件。

(6) 直观查看类、接口、内部类(匿名内部类)的定义。

(7) 了解子类继承父类的语法现象。

(8) 了解类实现接口的语法现象。

(9) 了解类成员变量、对象成员变量、局部变量、常量的定义方法。

(10) 了解构造方法的定义和调用。

(11) 了解类方法和对象方法的定义和调用。

(12) 了解如何生成 JAR 文件。

4.6　本章小结

　　本章主要介绍了面向对象的特征,如何定义类,成员变量和方法的定义和调用,权限修饰符(public、protected、private),对象的实例化和销毁,引入类的 import 语句和定义包的 package 语句等内容。

　　通过本章的学习,读者应该熟悉类、成员变量、成员方法、构造方法、对象、包等基本概念,在编程中掌握类的定义、成员变量和方法的定义和调用、递归调用、对象的实例化和销毁、定义包、引入类等技巧,初步掌握面向对象编程方法。

4.7　自测题

一、填空题

1. 面向对象的四大特征是:_____、_____、_____、_____。

2. 对象成员变量建议为 _____,然后为其统一提供_____和_____方法来读写。

3. Java 语言用_____关键字实现了单继承机制,Java 用_____关键字可以实现多继承机制。

4. java.lang._____类是所有 Java 类的根父类。

5. Java 类封装了_____(表明对象的状态)、_____(表明对象所具有的行为)、_____(Constructor)、_____(Inner Class)、静态/非静态_____。

6. 创建或实例化对象一般通过"_____＋构造方法()"的方式来完成。

7. 构造方法是 Java 类中一种特殊方法,用于实例化类的一个对象,为对象分配内存空间和对成员变量进行初始化:数值类型 byte、short、int、long、float、double 初始化为_____,布尔型初始化为_____,字符型初始化为_____,引用类型全部初始化为_____。

8. _____修饰的成员变量或方法的可见范围为当前类。没有权限修饰符时的成员变量或方法的可见范围为_____。_____修饰的成员变量或方法的可见范围为当前包及该类的子类。public 修饰的成员变量或方法可以被所有包的所有类中的方法访问。

二、选择题（SCJP 考试真题）

1. In which two cases does the compiler supply a default constructor for class A? (Choose two.) (　　)

    A. `class A {}`

    B.
```
class A {
    public A() {}
}
```

    C.
```
class A {
    public A(int x) {}
}
```

    D.
```
class A{
    void A(){}
}
```

2. What is the result? (　　)

```
01  public class A {
02      int x;
03      boolean check() {
04          x++;
05          return true;
06      }
07      void zzz() {
08          x = 0;
09          if ((check() | check()) || check()) {
10              x++;
11          }
12          System.out.println("x = " + x);
13      }
14      public static void main(String[] args) {
15          new A().zzz();
16      }
17  }
```

    A. x = 0　　　　　　　　　　B. x = 1

    C. x = 2　　　　　　　　　　D. x = 3

    E. x = 4　　　　　　　　　　F. Compilation fails.

3. Which two allow the class Thing to be instantiated using new Thing? (Choose two.)(　　)

    A. `public class Thing {}`

    B.
```
class Thing {
    public Thing(){}
}
```

    C. `public class Thing{`

```
       public Thing(void){}
       }
   D.  public class Thing{
       public Thing(String s){}
       }
   E.  public class Thing{
       public void Thing(){}
       public Thing(String s){}
       }
```

三、编程实践

1. 编写一个模拟股票的 Stock 类(Stock.java)。

编程要求:

(1) Stock 类应有 4 个私有属性: symbol(标志)、name(名称)、previousClosingPrice(前期收盘价)、currentPrice(当前价)。

(2) 生成 Stock 类的无参构造方法和包含所有属性的构造方法。

(3) 编写所有属性的 Getters()和 Setters()方法。

(4) 覆盖 Object 的 toString()方法,自定义输出信息: Stock[SUNW、Sun、50、55]。

(5) 写一个 StockTest 测试类: 创建一个 Stock 对象,其股票标志为 SUNW、名称为 Sun,前期收盘价为 50,随机设置一个新的当前价,显示价格变化比例。

编程提示:

(1) Eclispe 中单击 Source→Generate Constructor using Fields 命令可生成无参构造方法和所有属性的构造方法。

(2) Eclispe 中单击 Source→Generate Getters and Setters 命令可生成所有属性的 Getters()和 Setters()方法。

2. 学生类的编写和测试(Student.java)。

编程要求:

(1) 学生类应有 5 个私有属性: sno(学号)、sname(姓名)、sex(性别)、hight(身高)、weight(体重)。

(2) 编写学生类的无参构造方法和包含所有属性的构造方法。

(3) 编写包含所有属性的 Getters()和 Setters()方法。

(4) 要求覆盖 Object 的 toString()方法,自定义输出信息"Student[20151001,张三,true,170]"。

(5) 要求编写一个根据 BMI 指数返回该学生体重状况的方法。

(6) 生成一个学生类的对象,并输出以下学生信息。

编程提示: 身体质量指数(BodyMassIndex,BMI): 是目前国际上常用的衡量人体胖瘦程度以及是否健康的一个标准。计算公式: $BMI=weight/(hight * hight)$,weight 单位为 kg,hight 单位为 cm。要求当 BMI<18.5 返回"偏瘦",当 18.5≤BMI<24 返回"正常",当 24≤BMI<28 返回"偏胖",当 BMI≥28 返回"肥胖"。

3. 创建复数类并实现复数的基本运算(ComplexTest.java)。

复数 x 被定义为二元有序实数对(a,b),记为 x=a+bi(其中 a 为实部,b 为虚部)。

编程要求：

（1）复数类应有两个私有属性：a、b。

（2）编写复数类的无参构造方法和包含所有属性的构造方法。

（3）编写包含所有属性的 Getters() 和 Setters() 方法。

（4）覆盖父类 Object 的 toString() 方法以实现自定义复数的输出信息。如复数 5+4i 输出：(5+4i)。

（5）编写复数测试类 ComplexTest，包含复数类的加法、减法、乘法、除法和 main() 5 个方法。

① public static Complex add(Complex c1, Complex c2);

② public static Complex subtract(Complex c1, Complex c2);

③ public static Complex multiply(Complex c1, Complex c2);

④ public static Complex divide(Complex c1, Complex c2);

⑤ 在 main() 方法中测试以上方法并输出结果。

编程提示：

复数的四则运算规定如下。

（1）加法法则：$(a+bi)+(c+di)=(a+c)+(b+d)i$。

（2）减法法则：$(a+bi)-(c+di)=(a-c)+(b-d)i$。

（3）乘法法则：$(a+bi)\times(c+di)=(ac-bd)+(bc+ad)i$。

（4）除法法则：$(a+bi)\div(c+di)=[(ac+bd)/(c^2+d^2)]+[(bc-ad)/(c^2+d^2)]i$。

4. 三角形类（Triangle.java）

编程要求：

（1）三角形类有三个属性：a、b、c。

（2）编写三角形类的无参构造方法和包含所有属性的构造方法。

（3）编写所有属性的 Getters() 和 Setters() 方法。

（4）编写求三角形面积的方法：public double getArea()。

（5）编写求三角形周长的方法：public double getPrimeter()。

4-6　三角形类

（6）覆盖父类 Object 的 toString() 方法以自定义对象信息，例如，三角形类的对象要求输出"三角形[3,4,5]"。

（7）编写 main() 方法，分别调用两个构造方法生成两个三角形，然后设置相关参数，输出三角形的信息。

编程提示：

（1）三角形的三条边分别为 a、b、c，$l=\dfrac{a+b+c}{2}$，$s=\sqrt{l(l-a)(l-b)(l-c)}$。

（2）在 Eclispe 中可以通过执行 Source→Override/implement method 命令覆盖父类的方法。

5. 汉诺塔问题（HanoiTower.java）

编程要求： 汉诺塔问题：有 3 个底座 A、B、C，A 座上有 N 个盘子，每个盘子的大小都不一样，初始时大的在下，小的在上。把这 N 个盘子从 A 座借助于 B 座移动到 C 座，要求打印出移动的步骤。移动规则：一次只能移动一个盘子，始终保证大盘在下，小盘在上。如果

N＝64 时能够移动完毕,世界末日就来临了。

编程提示：

(1) 1 个盘时：直接从 A 座移动 C 座,需要移动 1 次。

(2) 2 个盘时：小盘从 A 座移动到 B 座,大盘从 A 座移动到 C 座,小盘从 B 座移动到 C 座；需要移动 3 次。

(3) n 个盘时：需要移动 2^n-1 次。

举例说明：将 4 个盘子从 A 座,借助 B 座,移动到 C 座这个问题用递归的思想解决步骤需要 4 步,分别如图 4-8～图 4-11 所示。

(1) 如果 n＝1,则直接将盘子从 A 座移动 C 座,否则执行(2)。

(2) 将 n－1 个盘子从 A 座,借助 C 座,移动到 B 座。

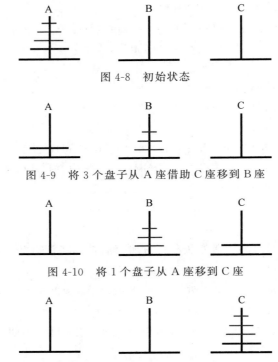

图 4-8 初始状态

图 4-9 将 3 个盘子从 A 座借助 C 座移到 B 座

图 4-10 将 1 个盘子从 A 座移到 C 座

图 4-11 将 3 个盘子从 B 座借助 A 座移到 C 座

6. 权限控制修饰符(Authority.java)。

编程要求：

(1) 定义一个 Family 家庭类,其中包括私有属性 money(资产)、只在家族中能够使用的运输工具 getVehicle()方法(用输出语句模拟即可)、受保护的祖传秘方 getSecret()方法(用输出语句模拟即可)公共属性 doorPlate(门牌号码)。

(2) Family 类定义在一个 china. hb. hd 包中。

(3) 定义一个 SubFamily 类继承 Family 类,定义在 china. beijing 包中。

(4) 测试 SubFamily 子类访问父类相关属性和方法,测试权限修饰符对可见性的影响。

第5章

面向对象（下）

名家观点

时间不等人！历史不等人！时间属于奋进者！历史属于奋进者！为了实现中华民族伟大复兴的中国梦，我们必须同时间赛跑、同历史并进。

——习近平（习近平总书记在 2020 年春节团拜会上的讲话）

编程的艺术就是处理复杂性的艺术。

——艾兹格·迪科斯彻（Edsger Dijkstra，计算机科学家，1972 年图灵奖得主）

代码胜于雄辩。（Talk is cheap. Show me the code）

——林纳斯·托瓦兹（Linus Torvalds，Linux 之父）

本章学习目标

- 学会如何实现类的重用(继承和组合)。
- 掌握关键字 this 和 super。
- 理解方法的覆盖。
- 掌握类的载入、静态语句块的调用、非静态语句块的调用、构造方法的调用。
- 理解对象的上溯造型和下溯造型。
- 掌握最终类、抽象类和接口的定义和应用。
- 掌握和灵活应用 Java 异常处理机制。
- 掌握常见英文单词。

课程思政——科学思维

张双南先生在《科学的目的、精神和方法是什么》中写到：科学的目的是发现各种规律；科学的精神包括质疑、独立、唯一；科学的方法包括逻辑化、定量化和实证化。

思维是人脑对客观事物间接和概括的反映，包括分析、综合、比较、概括、归纳、演绎和推理等能力。

在科学认识活动中，科学思维必须遵循以下三个基本原则。

(1) 在逻辑上要求严密的逻辑性，达到归纳和演绎的统一。归纳方法是从个别或特殊的事物概括出共同本质或一般原理的逻辑思维方法，它是从个别到一般的推理。其目的在于透过现象认识本质,通过特殊揭示一般。演绎思维是从一般到个别的推理,是根据一类事物都有的属性、关系、本质来推断该事物中个别事物也具有此属性、关系和本质的思维方法和推理形式。其基本形式是三段论,由大前提、小前提和结论三部分组成。只要前提是真的,在推理形式合乎逻辑的条件下,运用演绎推理得到的结论必然是真实的。

(2)在方法上要求使用辩证地分析和综合这两种思维方法。分析与综合是抽象思维的基本方法。分析是把事物的整体或过程分解为各个要素,分别加以研究的思维方法和思维过程。只有先对各要素作出周密的分析,才可能从整体上进行正确的综合,从而真正地认识事物。综合就是把分解开来的各个要素结合起来,组成一个整体的思维方法和思维过程。只有对事物各种要素从内在联系上加以综合,才能正确地认识整个客观对象。

(3)在体系上,要求实现逻辑与历史的一致,达到理论与实践的具体历史的统一。历史是指事物发展的历史和认识发展的历史,逻辑是指人的思维对客观事物发展规律的概括反映,即历史的事物在理性思维中的再现。历史是第一性的,是逻辑的客观基础;逻辑是第二性的,是对历史的抽象概括。

5-1　类的重用

5.1　类的重用

5.1.1　类的继承和组合

面向对象中的继承思想接近于人类的思维方式,可以大大提高代码的可重用性和健壮性,提高编程效率,降低软件维护的工作量。

类的重用有两种实现方式:继承和组合。

1. 继承

类的继承表达的是一般与特殊(IS A)的关系。那么,何时选择继承呢? 一个很好的判断方法为:"B 是一个 A 吗?",如果是,则让 B 做 A 的子类。

Java 采用继承机制来组织、设计软件系统中的类和接口。在 Java 的单继承树状结构中,java. lang. Object 是 Java 中所有类的直接父类或间接父类。除根父类外,每个子类只能有一个直接父类,除最终类之外的类都可以有多个子类。

直观地讲,父类更加抽象,子类更加具体。子类是对父类的扩展,子类是一种特殊的父类。父类(ParentClass)又被称为基类(BaseClass)、超类(SuperClass)。子类(Subclass/ChildClass)又被称为衍生类(Derived Class)。

Java 采用"extends 父类名"的方式来实现单继承,采用"implements <接口列表>"的方式来实现多继承。

子类可以继承父类中未被 private 修饰的成员变量和方法,但不包括构造方法。在子类的类体中可以重写父类中的方法,增加新的属性和方法。所以,类除了自己的属性和方法外,还有从父类继承过来的属性和方法。

子类继承父类的语法格式如下:

```
<类修饰符> class <子类名> [extends <父类名>][implements <接口列表>]{
    …
}
```

说明：如果省略 extends 子句，编译器会自动加上 extends java.lang.Object。

2．组合和聚合

组合和聚合表达的是整体与部分（Have a）的关系。组合强调整体和部分之间具有很强的"属于"关系，且它们的生存期是一致的。聚合则强调一种松散的家族和成员之间的关系。

何时选择组合或聚合呢？一个很好的判断方法为"A 有一个 B 吗？"，如果有，则让 B 做 A 的成员变量。

【示例程序 5-1】 类的组合示例（CombinationTest.java）。

功能描述：本程序描述了汽车类 Car，由 1 个引擎（Engine 类）、4 个车门（Door 类数组）组合而成。

```
01   class Engine {
02       public void start() {
03           System.out.println(" ------ 启动 ------ ");
04       }
05       public void stop() {
06           System.out.println(" ------ 停止 ------ ");
07       }
08   }
09   class Door {
10       public void open() {
11           System.out.println(" ------ 开门 ------ ");
12       }
13       public void close() {
14           System.out.println(" ------ 关门 ------ ");
15       }
16   }
17   class Car {
18       Engine engine = new Engine();
19       Door[] doors = new Door[4];
20   }
21   public class CombinationTest {
22       public static void main(String[] args) {
23           Car car = new Car();
24           car.engine.start();
25           for(int i = 0; i < 4; i++) {
26               car.doors[i] = new Door();
27           }
28           car.doors[0].close();
29       }
30   }
```

5.1.2 关键字 this 和 super

1. 关键字 this

this 指向当前对象,主要用来调用构造方法或访问成员变量(方法),语法格式如下。

(1) 在本类构造方法中调用其他构造方法,只能在第一行:

```
this([实参数列表]);
```

(2) 用于区分构造方法和对象方法中重名的对象变量和局部变量:

```
this.成员变量;
```

(3) 在构造方法和对象方法中调用其他对象方法(this 可能省略):

```
this.成员方法([实参数列表]);
```

说明:

- this()只能出现构造方法的第一行,在同一个构造方法中 super()和 this()不能同时出现。

2. 关键字 super

super 指向当前类的父类,主要用来调用父类的构造方法或访问父类的成员变量(方法),语法格式如下。

(1) 在本类构造方法中调用父类的构造方法,只能在第一行:

```
super([实参数列表]);
```

(2) 在构造方法或对象方法中访问父类中被覆盖的成员变量:

```
super.成员变量;
```

(3) 在构造方法或对象方法中访问父类中被覆盖的成员方法:

```
super.成员方法([实参数列表]);
```

说明:

(1) 调用父类的构造方法,只能出现在子类的构造方法中,且必须是第一行。

(2) super([实参数列表])中的参数,决定了调用父类哪个构造方法。如果子类构造方法中没有出现 super([实参数列表]),那么编译器将自动加入 super(),即调用父类的空构造方法。

5.1.3 方法的覆盖

覆盖是指子类的成员方法的名称和形式参数与父类的成员方法的名称和形式参数相同

的现象。

方法覆盖的规则如下。

（1）一般在子类继承父类时发生。

（2）3个相同：方法名、形式参数、返回类型相同。

（3）方法抛出的异常：子类方法抛出的异常应比父类方法抛出的异常更小或相等，即子类方法只能抛出父类方法异常或其异常的子类。

（4）方法的权限修饰符：子类方法的访问权限要大于或等于父类方法的访问权限。

（5）static()方法只能被 static()方法覆盖，非 static()方法只能被非 static()方法覆盖，不能交叉覆盖。

（6）final()方法不能被覆盖。

【示例程序 5-2】 方法覆盖应用示例（Ostrich.java）。

功能描述：本程序中 Ostrich 类的 fly()方法覆盖 Bird 类中的 fly()方法。

```
01  class Bird{
02      public void fly(){
03          System.out.println(" -- Bird: fly() -- ");
04      }
05  }
06  public class Ostrich extends Bird{
07      public void fly(){
08          System.out.println(" -- Ostrich: fly() -- ");
09      }
10      public static void main(String[] args) {
11          Ostrich o = new Ostrich();
12          o.fly();
13          Bird b = new Ostrich(); //上溯造型后
14          b.fly();
15      }
16  }
```

程序运行结果如下：

```
-- Ostrich: fly() --
-- Ostrich: fly() --
```

5.2 语句块和对象的造型

5.2.1 语句块

关键字 static 用来区分成员变量、成员方法、内部类、初始化块是属于类的还是属于对象的。有 static 修饰的成员属于类，否则属于对象。

【拓展知识 5-1】 语句块的隐含调用。Java 语句一般写在方法中，供其他程序调用。语句块写在类体中方法外，由 JVM 自动调用。

5-2 语句块和对象的造型

(1) 静态语句块指在类体中、方法外定义的有 static 修饰的语句块。静态语句块所在类被 JVM 载入内存后自动执行一次,负责类的初始化。

JVM 要实例化一个类或访问某一个类中的方法时,需要先将该类载入内存。在将该类载入内存之前,JVM 自动先将这个类的父类载入内存。正如要上三楼,需要先上一楼、二楼,再上三楼。类载入内存后,JVM 自动执行该类的静态语句块。

(2) 非静态语句块指在类体中、方法外定义的未被 static 修饰的语句块。非静态语句在调用该类的构造方法前自动执行一次,用于初始化对象。调用一个类的构造方法,必须先调用其父类的构造方法。

JVM 使用"new 构造方法()"的方式实例化一个类时,必须先实例化其父类。因为编译器为每个类的构造方法都自动加上了一句"super();",实例化一个类之前,JVM 自动执行该类的非静态语句块。

【示例程序 5-3】 子类构造方法自动调用父类构造方法测试(ConStructor CallTest. java)。

功能描述:本程序中 Wolf 类继承了 Animal 类,Animal 类继承了 Creature 类。主类的 main()方法中只有一句 new Wolf(),请写出程序运行结果,与标准答案对比。

```
01  package chap05;
02  class Creature extends java.lang.Object {
03      public Creature() {
04          System.out.println(" ------ 生物 ------ ");
05      }
06  }
07  class Animal extends Creature {
08      public Animal() {
09          System.out.println(" ------ 动物 ------ ");
10      }
11  }
12  class Wolf extends Animal {
13      public Wolf() {
14          System.out.println(" ------- 狼 ------- ");
15      }
16  }
17  public class ConStructorCallTest {
18      public static void main(String[] args) {
19          new Wolf();
20      }
21  }
```

程序运行结果如下:

```
------ 生物 ------
------ 动物 ------
------- 狼 -------
```

【示例程序 5-4】 静态和非静态语句块、父类构造方法的自动隐含调用测试(D.java)。

功能描述：本程序中 D 类继承了 B 类，B 类继承了 A 类。A 类、B 类、D 类每个类中均包含了静态语句块、非静态语句块、构造方法，请写出调用 D 类的构造方法时自动执行的语句顺序（程序运行结果），与标准答案对比。

```
01  class A extends java.lang.Object{
02      {
03          System.out.println(" ------ 调用 A 的非 static 语句块 ----- ");
04      }
05      static{
06          System.out.println(" ------ 调用 A 的 static 语句块 ----- ");
07      }
08      A(){
09          System.out.println(" ------ 调用 A() ----- ");
10      }
11  }
12  class B extends A {
13      static{
14          System.out.println(" ------ 调用 B 的 static 语句块 ----- ");
15      }
16      {
17          System.out.println(" ------ 调用 B 的非 static 语句块 ----- ");
18      }
19      B(){
20          System.out.println(" ------ 调用 B() ----- ");
21      }
22  }
23  public class D extends B{
24      static{
25          System.out.println(" ------ 调用 D 的 static 语句块 ----- ");
26      }
27      {
28          System.out.println(" ------ 调用 D 的非 static 语句块 ----- ");
29      }
30      D(){
31          System.out.println(" ------ 调用 D() ----- ");
32      }
33      public static void main(String args[]){
34          D d = new D();
35      }
36  }
```

程序运行结果如下：

```
 ------ 调用 A 的 static 语句块 -----
 ------ 调用 B 的 static 语句块 -----
 ------ 调用 D 的 static 语句块 -----
 ------ 调用 A 的非 static 语句块 -----
 ------ 调用 A() -----
```

```
------ 调用 B 的非 static 语句块 -----
------ 调用 B() -----
------ 调用 D 的非 static 语句块 -----
------ 调用 D() -----
```

如果读者认为自己掌握了本节的内容,请通过 5.7 节自测题中的"二、程序运行题"验证自己掌握的程度。

5.2.2 对象的上溯造型和下溯造型

子类其实是一种特殊的父类。把一个子类对象直接赋值给一个父类对象变量的语法现象称为上溯造型。把父类对象强制转换赋值给子类对象变量的语法现象称为下溯造型。

某个类的对象可以完成以下操作之一。

(1) 上溯造型为任何一个父类类型或父接口(自动完成):即任何一个子类的变量(或对象)都可以被当成一个父类或父接口变量(或对象)来对待。例如:

```
Shape s = new Circle();
List i = new ArrayList();
```

(2) 通过下溯造型回到它自己所在的类(强制转换):一个对象被溯型为父类或父接口后,还可以再被下溯造型,回到它自己所在的类。只有曾经上溯造型过的对象才能进行下溯造型。对象不允许不经过上溯造型而直接下溯造型。否则运行时会抛出异常信息:java.lang.ClassCastException。

上溯造型的优点是:可以把不同类型的子类上溯为同一个父类类型,便于统一处理它们。缺点是:损失了子类新扩展增加的属性和方法(覆盖父类的方法不会损失),除非再进行下溯造型,否则这部分属性和方法不能被访问。

Java 的引用变量有两种类型,一种是编译时类型,另一种是运行时类型。编译时类型由声明该变量时使用的类型决定,运行时类型由实际赋给该变量的对象决定。如果编译时类型和运行时类型不一致,就会出现多态。

【示例程序 5-5】 引用类型上溯下溯造型示例(CastUpDownTest.java)。

功能描述:Fish 类继承了 Animal 类。Fish 对象可以自动上溯造型为 Animal 对象,然后下溯造型为 Fish 对象。本程序演示了在这个过程中方法的损失情况。

```
01  class Animals {
02     void breathe() {
03        System.out.println("…动物呼吸…");
04     }
05     //final 方法不能被子类覆盖
06     final static void live(Animals an){
07        an.breathe();
08     }
09  }
```

```
10  class Fish extends Animals {
11      void swim() {              //增加新的方法
12          System.out.println("…鱼会游泳….");
13      }
14      @Override                 //覆盖父类的方法
15      void breathe() {
16          System.out.println("…鱼用鳃呼吸…");
17      }
18  }
19  public class CastUpDownTest {
20      public static void main(String args[]) {
21          // Fish 对象上溯为 Animal 对象,将丢失增加的新方法 swim()
22          Animals an = new Fish();
23          //24 行找不到 swim(),编译出错
24          // an.swim();
25          // 上溯造型时,覆盖父类的方法不会损失
26          an.breathe();
27          // 下溯造型后,swim()又能被访问了
28          Fish f = (Fish)an;
29          f.swim();
30      }
31  }
```

程序运行结果如下：

```
…鱼用鳃呼吸…
…鱼会游泳…
```

5.3　最终类、抽象类和接口

5.3.1　最终类

final 关键字可以作为变量修饰符、方法修饰符和类修饰符。

（1）final 用在变量前面,该变量成为常量,只能被赋值一次。

（2）final 用在方法前面,该方法成为最终方法,不能被子类的方法覆盖。

（3）final 用在类前面,该类成为最终类,只能实例化,不能被继承。

5.3.2　抽象类

abstract 关键字有以下两种用法。

（1）abstract 用作方法修饰符,表示该方法为抽象方法。抽象方法只有方法的定义（方法首部）,没有方法的实现（方法体）。例如：

```
public abstract double getArea();
```

5-3　最终类、抽象类和接口

（2）abstract 用作类修饰符，则该类为抽象类。包含抽象方法的类必须声明为抽象类。

注意：

（1）抽象类不能被实例化为对象，只能被其他子类继承。

（2）抽象方法不能为 static。

在下列情况下，一个类必须声明为抽象类。

（1）当一个类包含抽象方法时。

（2）当一个类继承了一个抽象类，并且没有实现父类的所有抽象方法，即只实现了部分抽象方法时。

（3）当一个类实现了一个接口，并且没有实现接口中所有的抽象方法时。

【示例程序 5-6】 类继承抽象类应用示例（AbstractTest.java）。

功能描述： 本程序定义了抽象类 AShape，Square 类继承了抽象类 AShape，类 AbstractTest 进行了测试。

```
01   package chap05;
02   abstract class AShape{
03       //抽象方法只有方法的声明,没有方法的实现
04       public abstract double getArea();
05       public abstract double getPerimeter();
06   }
07   //类 Circle 继承了抽象类 AShape 就必须实现 AShape 中的所有抽象方法
08   //否则 Circle 只能声明为抽象类
09   class Circle extends AShape{
10       private double r;
11       // 无参构造方法
12       public Circle(){
13           super();
14       }
15       //有参数的构造方法
16       public Circle(double r){
17           super();
18           this.r = r;
19       }
20       // 实现继承抽象类 AShape 中的抽象方法
21       @Override
22       public double getArea(){
23           return r * r;
24       }
25       @Override
26       public double getPerimeter(){
27           return 2 * Math.PI * r;
28       }
29       // 通过覆盖 toString()方法,定制自己的输出信息
30       @Override
31       public String toString(){
32           //父类中的 toString()默认输出信息: chap05.Circle@7637f22
```

```
33          return "Circle[" + r + "]";
34      }
35      // private 变量的 Getters、Setters 方法
36      public double getR(){
37          return r;
38      }
39      public void setR(double r){
40          this.r = r;
41      }
42  }
43  public class AbstractTest{
44      public static void main(String[] args){
45          Circle s1 = new Circle();
46          s1.setR(9);
47          Circle s2 = new Circle(9);
48          System.out.println(s1.getArea()); //调用对象方法
49          System.out.println(s1.getPerimeter());
50          System.out.println(s2);
51          System.out.println(s2.toString());
52      }
53  }
```

5.3.3 接口

接口本质上是一个比抽象类更加抽象的类，接口中只能定义常量和抽象方法。抽象类只能对其子类的行为进行约束。但接口可以对实现本接口的所有类进行约束，范围更加广泛。

【拓展知识 5-2】 类、抽象类和接口。类是具体的，可以实例化。抽象类是包含抽象方法的类，只能被继承，不能被实例化。接口更加抽象，只能包含常量和抽象方法。接口是常量和抽象方法的集合。接口不能被实例化，只能被继承（extends）或实现（implements）。

1. 接口的定义

语法格式如下：

```
[接口修饰符] interface 接口名称 [extends 父接口列表]{
    //常量定义
    //抽象方法的定义
}
```

说明：

（1）接口可以通过 extends 关键字继承其他接口，一个接口可以继承多个接口，这点与类的继承有所不同。

（2）常量前如果没有 public、static、final 修饰符，编译器会自动加上。

（3）接口中的抽象方法前会被编译器自动加上 abstract 关键字。

2. 类实现接口

定义好接口后，其他类就可以用 implements 关键字实现该接口，接受该接口的约束。

类实现接口的语法如下：

```
[类修饰符] class 类名 [extends 父类名] [implements <接口列表>]{
    …
    … //实现接口中的抽象方法
}
```

说明：

（1）实现接口的类必须实现该接口中的所有抽象方法，只要有一个抽象方法没有实现，该类就只能被声明为抽象类。

（2）在实现接口的时候，来自接口的方法必须声明成 public。

【**示例程序 5-7**】 类实现接口和继承抽象类示例（Person.java）。

功能描述：本程序中 Person 类继承了司机抽象类（Driver），实现了教师接口（ITeacher）和父亲接口（IFather）。一个人拥有多个角色，既是司机、又是教师和父亲。Person 类必须接受其父类和父接口的约束，即实现其父类和父接口中的抽象方法。

```
01  interface ITeacher {
02      public void teach();
03  }
04  interface IFather {
05      public void earnMoney();
06  }
07  abstract class Driver {
08      public abstract void drive();
09  }
10  public class Person extends Driver implements IFather, ITeacher{
11      @Override
12      public void teach() {
13          System.out.println(" --------- 教书育人 ---------- ");
14      }
15      @Override
16      public void earnMoney() {
17          System.out.println(" --------- 挣钱养家 ---------- ");
18      }
19      @Override
20      public void drive() {
21          System.out.println(" --------- 开车上路 ---------- ");
22      }
23      public static void main(String[] args) {
24          Person p = new Person();
25          p.teach();
26          p.earnMoney();
27          p.drive();
28      }
29  }
```

5.4 异常处理机制

异常（Exception）是指程序运行过程中出现的可能会打断程序正常执行的事件或现象。例如，用户输入错误、除数为零、文件找不到、数组下标越界、内存不足等。为了加强程序的健壮性，编写程序时必须考虑到可能发生的异常事件并做出相应的处理。

面向过程语言中用 if 语句实现程序的错误处理，业务逻辑代码和异常处理代码交叉在一起，程序阅读和维护都不太方便。Java 采用面向对象的异常处理机制，用 try…catch…finally 语句将程序中的业务逻辑代码和异常处理代码有效分离，便于程序的阅读、修改和维护。

【拓展知识 5-3】 异常处理机制。异常处理机制的完善性已经成为判断一门编程语言是否成熟的标准之一。它可以使程序中异常处理代码和正常业务代码分离，使得程序代码更加优雅，并提高了程序的健壮性。

5.4.1 方法调用堆栈

JVM 在执行字节码文件时，方法调用堆栈中详细记录了每一层方法调用的信息。程序运行过程中一旦发生异常，就会中止运行，并在控制台上输出方法调用堆栈中的信息。方法调用堆栈信息包括异常类型、每一层方法调用时异常发生所在类、方法、代码行等信息。通过查看方法调用堆栈信息，可以迅速定位异常发生位置，该信息是调试和修改程序的重要依据。

【示例程序 5-8】 程序发生异常时，控制台输出的方法调用堆栈信息（MethodCallTest.java）。

功能描述：本程序演示了当程序运行过程中发生异常时，自动在控制台上输出方法调用堆栈的信息。

```
01    public class MethodCallTest{
02      int[] arr = new int[3];
03      public void methodOne(){
04        methodTwo();
05        System.out.println("One");
06      }
07      public void methodTwo(){
08        methodThree();
09        System.out.println("Two");
10      }
11      public void methodThree(){
12        System.out.println(arr[3]);
13        System.out.println("Three");
14      }
15      public static void main(String[] args){
16        new MethodCallTest().methodOne();
17        System.out.println("main");
18      }
19    }
```

控制台输出信息如下：

```
Exception in thread "main" java.lang.ArrayIndexOutOfBoundsException: Index 3 out of bounds
for length 3
at chap05.MethodCallTest.methodThree(MethodCallTest.java: 12)
at chap05.MethodCallTest.methodTwo(MethodCallTest.java: 8)
at chap05.MethodCallTest.methodOne(MethodCallTest.java: 4)
at chap05.MethodCallTest.main(MethodCallTest.java: 17)
```

5.4.2 Exception的概念、子类及其继承关系

在Java中，异常情况分为Error和Exception两大类。

(1) Error类：指较少发生的内部系统错误，由JVM生成并抛出，包括动态链接失败、JVM内部错误、资源耗尽等严重情况，程序员无能为力，只能让程序终止。

(2) Exception类：由程序本身及环境所产生的异常，有补救或控制的可能，程序员可预先防范，增加程序的健壮性。

Java中的Exception可以分为以下两大类。

(1) 编译时异常：也称为检查性异常，Java编译器要求Java程序必须通过捕获或声明所有的检查性异常的方式进行异常处理，否则不能通过编译。在Java中，Exception类中除了RunTimeException类及其子类外都是编译时异常。IOException是典型的编译时异常，IOException及其子类的继承结构如图5-1所示。

(2) 运行时异常(RuntimeException)：指可以通过编译，只有在JVM运行时才能发现的异常，如被0除、数组下标超范围等。运行时异常的产生比较频繁，处理较为麻烦，对程序可读性和运行效率影响不太大。因此用户可以检测也可以不检测。RuntimeException及其子类的继承结构如图5-2所示。

- java.lang.Exception
  - java.io.IOException
    - java.io.CharConversionException
    - java.io.EOFException
    - java.io.FileNotFoundException
    - java.io.InterruptedIOException
    - java.io.ObjectStreamException
      - java.io.InvalidClassException
      - java.io.InvalidObjectException
      - java.io.NotActiveException
      - java.io.NotSerializableException
      - java.io.OptionalDataException
      - java.io.StreamCorruptedException
      - java.io.WriteAbortedException
    - java.io.SyncFailedException
    - java.io.UnsupportedEncodingException
    - java.io.UTFDataFormatException

图5-1 IOException及其子类的继承结构

- java.lang.Exception
  - java.lang.ClassNotFoundException
  - java.lang.CloneNotSupportedException
  - java.lang.IllegalAccessException
  - java.lang.InstantiationException
  - java.lang.InterruptedException
  - java.lang.NoSuchFieldException
  - java.lang.NoSuchMethodException
  - java.lang.RuntimeException
    - java.lang.ArithmeticException
    - java.lang.ArrayStoreException
    - java.lang.ClassCastException
    - java.lang.EnumConstantNotPresentException
    - java.lang.IllegalArgumentException
      - java.lang.IllegalThreadStateException
      - java.lang.NumberFormatException
    - java.lang.IllegalMonitorStateException
    - java.lang.IllegalStateException
    - java.lang.IndexOutOfBoundsException
      - java.lang.ArrayIndexOutOfBoundsException
      - java.lang.StringIndexOutOfBoundsException
    - java.lang.NegativeArraySizeException
    - java.lang.NullPointerException
    - java.lang.SecurityException
    - java.lang.TypeNotPresentException
    - java.lang.UnsupportedOperationException

图5-2 RuntimeException及其子类的继承结构

5.4.3　Java 异常处理机制

Java 异常处理机制主要通过以下两种方式来处理异常。

（1）使用 try…catch…finally 语句对异常进行捕获和处理。

（2）在可能产生异常的方法定义首部用 throws 声明抛出异常。JVM 将类载入内存后调用 main()方法，main()方法再调用其他方法。在 Java 中，采用"谁调用，谁负责处理"的异常处理机制。

1．try…catch…finally 语句

语法格式如下：

```
try{
…//可能产生异常的代码
}catch(异常类型 1 异常对象 1){
…//异常处理代码
}catch(异常类型 2 异常对象 2){
…//异常处理代码
}[finally{
…//不管异常发生与否都执行的代码
}]
```

说明：

（1）try 语句块中包围的是可能产生异常的语句。

（2）finally 子句是 try…catch 的统一出口，一般用来处理"善后工作"。可以把不管异常发生与否都要执行的代码放到这里，例如，关闭数据库连接、关闭 Socket 连接、关闭文件流等代码。

（3）一个 try 语句块可以对应多个 catch 块，用于对多个异常类进行捕获。如果要捕获的异常类之间有父子继承关系时，应该将子类的 catch 块放置在父类的 catch 块之前。

（4）try…catch…finally 语句可以嵌套。

2．在方法首部 throws 声明抛出异常

如果一个方法没有捕获可能引发的异常，就必须在方法首部声明可能发生异常，交由调用者来处理异常。throws 的语法格式如下：

```
throws <异常类型列表>
```

【示例程序 5-9】 try…catch…finally 语句测试（TryCatchFinally.java）。

功能描述：本程序演示了 try…catch…finally 语句的使用，阅读程序时要注意：程序发生异常时直接跳转到相应的 catch 子句，后面的代码将不会被执行；当有多个 catch 子句时，捕获的异常子类应在前，父类在后；无论发生异常与否，finally 子句中的代码都会被执行。

```
01  public class TryCatchFinally{
02      public static void proc(int mode){
```

```
03          try{
04              if(mode == 0){
05                  System.out.println("没有异常发生!");
06              }else{
07                  int j = 4/0;           //出现 ArithmeticException,直接跳转到12行
08                  System.out.println("因 08 行出现异常,本行不被执行!");
09              }
10          }catch(ArithmeticException e ) {
11              System.out.println("捕获到 ArithmeticException 异常!");
12          }catch(Exception e ) {
13              System.out.println("捕获到 Exception 异常!");
14          }finally{
15              System.out.println("无论发生异常与否都要执行!");
16          }
17      }
18      public static void main( String args[ ] ){
19          proc(0);                //没有异常发生
20          proc(1);                //有异常发生
21      }
22  }
```

程序运行结果如下:

```
没有异常发生!
无论发生异常与否都要执行!
捕获到 ArithmeticException 异常!
无论发生异常与否都要执行!
```

5.5　综合实例:编写平面图形程序,理解抽象类和接口

5.5.1　案例背景

　　面向对象思想更加贴近人类的行为模式。例如平面几何图形,如三角形、矩形、圆等,当不确定具体是什么平面图形时,只能要求计算周长和面积;当确定是某种平面图形后,就可以给出具体求周长和面积的算法。

　　在面向对象中,接口和抽象类不能被实例化为对象,只能被其他子类继承。

　　抽象类是包含抽象方法的类。抽象类可以约束所有继承它的类,即:继承抽象类的类必须实现抽象类中所有的抽象方法,否则它也只能是抽象类。一个类只能继承一个抽象类。

　　接口是抽象方法和常量的集合,可以约束所有实现的类。一个类可以实现多个接口。实现接口的类必须实现接口中的所有抽象方法,否则它只能是抽象类。

5.5.2　编程实践

　　可以把平面图形类设计成抽象类 AShape,甚至更抽象的接口 IShape,把计算周长和面

积的方法设计成抽象方法。平面图形（Triangle 类、Rectangle 类、Circle 类等）继承 AShape 抽象类或实现 IShape 接口。Triangle 类、Rectangle 类、Circle 类必须实现所有抽象方法，即编写计算周长和面积的算法。

【示例程序 5-10】　平面图形抽象类（CShape.java）。

功能描述：抽象类 CShape 包含两个抽象方法：getArea()和 getPerimeter()。

```
01   public abstract class CShape {
02      //抽象方法
03      public abstract double getArea();
04      public abstract double getPerimeter();
05   }
```

【示例程序 5-11】　平面图形接口（IShape.java）。

功能描述：接口 IShape 包含两个抽象方法：getArea()和 getPerimeter()。

```
01   public interface IShape {
02      //接口的方法只能是抽象方法,自动添加 public abstract
03      double getArea();
04      double getPerimeter();
05   }
```

【示例程序 5-12】　三角形类（Triangle.java）。

功能描述：包含 3 个属性、构造方法、Getter()和 Setter()方法、覆盖 toString()方法、实现了抽象类 CShape 包含的两个抽象方法：getArea()和 getPerimeter()。

```
01   public class Triangle extends CShape{
02      private double a;
03      private double b;
04      private double c;
05      public Triangle() {
06      }
07      public Triangle(double a, double b, double c) {
08         this.a = a;
09         this.b = b;
10         this.c = c;
11      }
12      @Override          //实现父类 CShape 中的抽象方法
13      public double getArea() {
14         double l = (a + b + c)/2;
15         double s = Math.sqrt(l * (l − a) * (l − b) * (l − c));
16         return s;
17      }
18      @Override          //实现父类 CShape 中的抽象方法
19      public double getPerimeter() {
20         return a + b + c;
21      }
```

```
22      @Override              //覆盖父类 Object 中的抽象方法
23      public String toString() {
24          return "Triangle[" + a + "," + b + "," + c + "]";
25      }
26      public double getA() {
27          return a;
28      }
29      public void setA(double a) {
30          this.a = a;
31      }
32      public double getB() {
33          return b;
34      }
35      public void setB(double b) {
36          this.b = b;
37      }
38      public double getC() {
39          return c;
40      }
41      public void setC(double c) {
42          this.c = c;
43      }
44  }
```

【**示例程序 5-13**】　矩形类(Rectangle.java)。

功能描述：包含了两个属性、构造方法、Getter()和 Setter()方法、覆盖了 toString()方法、实现了抽象类 CShape 包含的两个抽象方法：getArea()和 getPerimeter()。

```
01  public class Rectangle extends CShape{
02      private double w;
03      private double h;
04      public Rectangle() {
05      }
06      public Rectangle(double w, double h) {
07          this.w = w;
08          this.h = h;
09      }
10      @Override              //实现父类 CShape 中的抽象方法
11      public double getArea() {
12          return w * h;
13      }
14      @Override              //实现父类 CShape 中的抽象方法
15      public double getPerimeter() {
16          return 2 * (w + h);
17      }
18      @Override              //覆盖父类 Object 中的抽象方法
19      public String toString() {
20          return "Rectangle[" + w + "," + h + "]";
```

```
21        }
22        public double getW() {
23            return w;
24        }
25        public void setW(double w) {
26            this.w = w;
27        }
28        public double getH() {
29            return h;
30        }
31        public void setH(double h) {
32            this.h = h;
33        }
34    }
```

【示例程序 5-14】 圆形类（Circle.java）。

功能描述：Circle 类实现了接口 IShape。包含一个属性、构造方法、Getter()和 Setter()方法、覆盖了 toString()方法、实现了接口 IShape 包含的两个抽象方法：getArea()和 getPerimeter()。

```
01    public class Circle implements IShape{
02        private double r;
03        public Circle() {
04        }
05        public Circle(double r) {
06            this.r = r;
07        }
08        @Override
09        public double getArea() {
10            return Math.PI * r * r;
11        }
12        @Override
13        public double getPerimeter() {
14            return 2 * Math.PI * r;
15        }
16
17        @Override
18        public String toString() {
19            return "Circle[" + r + "]";
20        }
21        public double getR() {
22            return r;
23        }
24        public void setR(double r) {
25            this.r = r;
26        }
27    }
```

5.6　本章小结

本章介绍了面向对象的高级部分,包括类的继承和组合,方法的覆盖,静态和非静态语句块,对象的上溯造型和下溯造型,抽象类,接口,异常处理机制等内容。

经过本章的学习,读者已经基本完成面向对象编程的学习,能够应用 Java 语言解决一定的实际问题。

5.7　自测题

一、选择题

1. Java 采用"_____ <父类>"的方式来实现单继承,采用"_____ <接口列表>"的方式来实现多继承。

2. 关键字_____指向当前类的对象,关键字_____指向当前类的父类。

3. 关键字_____用于标识成员变量、成员方法、内部类、初始化块等成员是属于类的还是属于对象的。

4. _____指在类体中、方法外定义的有_____修饰的语句块,当其所在类被 JVM 载入内存时,自动执行一次,负责_____ 的初始化。要将一个类载入内存,必须先载入其_____。

5. _____块指在类体中、方法外定义的语句块,当调用_____实例化对象之前,JVM 会自动执行一次,用于_____的初始化。要调用一个类的构造方法,JVM 会自动先调用_____的构造方法。

6. final 用在变量前面,该变量成为_____,只能被赋值一次。final 用在方法前面,该方法成为_____,不能被子类的方法覆盖。final 用在类前面,该类成为_____,只能实例化,不能被继承。

7. 关键字_____修饰的方法为抽象方法(只有方法的定义,没有方法的实现)。含有抽象方法的类必须声明为_____类。

8. _____本质上是一个比 更抽象的类。在接口中只能定义_____ 和_____。

9. 经过多次的上溯造型和下溯造型后,当不能确定某个对象是不是某个类的对象时,可以使用运算符_____来判断。

10. 关键字 private 修饰的成员的可见范围是:_____,没有权限修饰符成员的可见范围是:_____,关键字 protected 修饰的成员的可见范围是:_____,关键字 public 修饰的成员的可见范围是所有包中所有类。

11. 在 Java 中,可以用_____…_____…_____结构对异常进行捕获和处理。也可以在可能产生异常的方法定义首部用_____声明抛出异常。

12. 程序可能发生异常时,应该把不管异常发生与否都执行的代码放到_____子句中。

二、程序运行题

写出下列程序的运行结果。

```
01  class A {
02      int i = 9, j;
03      public A() {
04          prt("i = " + i + ",j = " + j);
05          j = 10;
06      }
07      static {
08          int x1 = prt("A is superclass.");
09      }
10      static int prt(String s) {
11          System.out.println(s);
12          return 11;
13      }
14  }
15  public class B extends A {
16      int k = prt("B is key.");
17      public B() {
18          prt("k = " + k + ",j = " + j);
19      }
20      static int x2 = prt("B is childclass.");
21      public static void main(String args[]) {
22          prt("A is key.");
23          B is = new B();
24      }
25  }
```

三、编程实践

1. 类的继承应用示例程序（ExtendsTest.java）。

编程要求：

（1）Vehicle 车辆类，受保护的属性有 wheels（车轮个数）和 weight（车重）。

（2）Car 汽车类是 Vehicle 类的子类，属性 loader（可载人数）。

（3）Truck 卡车类是 Vehicle 类的子类，属性 payload（载重）。

（4）要求生成无参构造方法和包含所有属性的构造方法，要求自定义对象输出信息。

（5）生成每一个类的对象，并测试相关方法。

2. 接口应用示例程序（ImplementsTest.java）。

编程要求：

（1）Biology 生物接口中定义了 breathe() 抽象方法（用输出语句模拟即可）。

（2）Animal 动物接口继承了 Biology 接口，增加 eat() 和 sleep() 两个抽象方法。

（3）Human 人类接口继承了 Animal 接口，增加 think() 和 learn() 两个抽象方法。

（4）定一个普通人类 Person 实现 Human 接口，并进行测试。

3. 游戏团队战斗力统计程序（GameRoleTest.java）。

编程要求：

（1）Role 角色类是所有职业的父类，包含受保护的属性：roleName（角色名字），public int getAttack()（返回角色的攻击力，因角色不具体，只能定义成抽象方法）。

5-5 游戏团队战斗力统计

（2）Magicer 法师类继承了 Role 类，包含私有属性：name（姓名），grade（魔法等级 1～10）。方法：public int getAttack()（返回法师的攻击力，法师攻击力＝魔法等级 ∗ 5）。提供私有属性的 Getters/Setter()方法。

（3）Soldier 战士类继承了 Role 类，包含私有属性：name（姓名），attack（攻击力）；提供私有属性的 Getters/Setter()方法。

（4）Team 团队类，一个团队包括一个法师、若干战士（最多 6 个，用 Soldier 数组实现）。私有属性：num（战士实际个数）。定义了两个方法：public boolean addMember(Solider s)方法（当战士的实际个数不超过 6 个时，将 s 赋值给第 num 个数组元素），提供私有属性的 public int attackSum()方法（返回该团队的总攻击力）。

（5）根据以上描述创建相应的类，并编写相应的测试代码。

第6章
JDK常见类的使用（上）

名家观点

如果说我比别人看得更远的话，那是因为我站在了巨人的肩膀上。

——牛顿（英国物理学家、数学家）

建议使用现有的 API 来开发，而不是重复造轮子。

——约书亚·布洛克（Joshua Bloch，*Effective Java* 作者）

Less code，more power（更少的代码，更多的力量）。

——布莱恩当（Brian Dang，Microsoft Power Platform 高级项目经理）

本章学习目标

- 了解 Java 生态圈和如何查阅 JDK 帮助文档。
- 在编程中掌握 java.lang 包中的 System 类、Math 类的功能和常用方法。
- 在编程中掌握 java.lang 包中的字符串类（String、StringBuffer、StringBuilder）的功能、构造方法和常用方法。
- 在编程中掌握 java.util 包中的日期类（Date、Calendar）的功能、构造方法和常用方法。
- 在编程中掌握 java.text 包的格式类（SimpleDateFormat）的功能、构造方法和常用方法。
- 掌握常见英文单词。

课程思政——Java 生态系统

Java 经过 20 余年的发展，已经建立了由 Oracle 主导、众多 IT 公司参加、开源社区活跃的庞大的生态体系。有很多不同的类库可以分别做不同的事情。每个开发者想到的东西，都可能已经有一个库可以做到。

要相信，你遇到的问题，肯定不止你一个人遇到过。

要相信，也许有很多人比你更勤奋。

要相信，你用或不用，轮子就在那里。

要相信,使用这些类库,你和你的代码都会变得更好。

计算生态具备如下三个特点。

(1) 竞争发展：开源运动源于工程师兴趣的自发推动,没有顶层设计和全局意识,因此,同类功能一般存在于多个开源项目,项目间呈现明显的野蛮生长和自然选择状态,符合赢者通吃法则。

(2) 相互依存：开源项目往往以推动者的兴趣和能力为核心,以功能模块为主要形式,项目之间存在开发上的依存关系、应用上的组合关系和推动上的集成关系,各项目在相互依存中协同发展。

(3) 迅速更迭：由于竞争和兴趣推动,相比传统商业软件长达3～6个月的更新周期,开源项目更迭十分迅速,活跃项目的更新周期往往低于1个月,且新功能增加迅速,能够快速反应技术发展方向和应用需求的变化。

计算生态虽然不是科技原始创新的源头,但却是加速原始创新和科技创新应用的关键因素和重要保障,也是构建技术产品商业模式的渠道。

6.1 Java 生态圈

2021 年是 Java 语言诞生 26 周年。Java 已由一门编程语言,发展为一个平台、一个产业、一种思想、一种文化,建立了规模生态圈。下面分享几组 Java 开发者生态方面的数据。

1. Forrester Research 公司发布的《Java 的未来》报告

全球著名的行业分析公司 Forrester Research 在名为《Java 的未来》的报告中提供了 Java 生态系统的信息图,如图 6-1 所示。Oracle 为 Java 创建了以 Oracle 为核心、大批 IT 知名公司参加的一个新生态圈,用来控制 Java 的发展方向以及扩展速度。

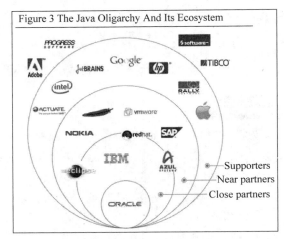

图 6-1 Java 生态系统的信息图

2. JetBrains 公司发布的《2020 年开发者生态报告》

这是 JetBrains 开展的第四次年度开发者生态系统调查的汇总结果。2020 年初接受该公司调查的 19 696 位开发者的反馈帮助调查方确定了工具、技术、编程语言和开发领域许多其他激动人心的方面的最新趋势。报告的重要发现如下。

（1）Java 是最受欢迎的主要编程语言。

（2）Java 开发人员的数量巨大。市场研究和分析团队对开发人员估计模型的最佳估计表明，当今世界上有大约 520 万的开发人员将 Java 作为主要开发语言。加上其他多语言混用的开发人员中主要使用其他编程语言，也使用 Java 开发的，人数接近 680 万。

（3）2020 年流行的 Java 版本统计情况如图 6-2 所示。

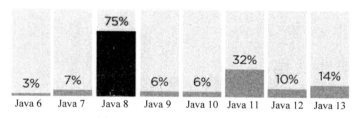

图 6-2　2020 年流行的 Java 版本

3. JetBrains 公司发布的《2021 年开发者生态报告》

这是 JetBrains 开展的第五次年度开发者生态系统调查的汇总结果。来自 183 个国家或地区的 31 743 名开发者帮助其绘制了开发者社区版图。在这里，可以了解科技行业的最新趋势，以及有关工具、技术、编程语言和编程世界的许多其他方面的趣事。报告的重要发现如下。

（1）2021 年开发者学习的最多的前 5 种语言是 JavaScript、Python、TypeScript、Java 和 Go。

（2）一个开发者可能同时使用两种或两种以上的操作系统。开发者使用的操作系统的情况统计如图 6-3 所示。

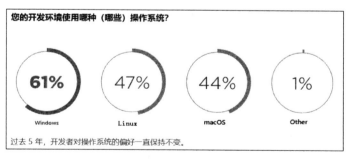

图 6-3　开发者使用的操作系统

（3）一个开发者可能同时使用两种或两种以上的编程语言。开发者使用的编程语言情况统计如图 6-4 所示。

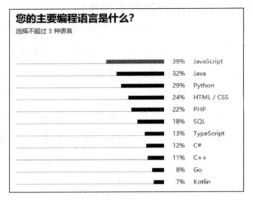

图 6-4　开发者主要使用的编程语言

6-1　JDK 帮
助文档

6.2　JDK 帮助文档

Java 基础类库,也叫应用程序编程接口(API),由 Oracle 等软件公司以 JAR 文件的形式提供。JDK 11 大概有 4412 个类或接口,每个类和接口中又提供了大量的方法。利用 Java 基础类库,开发者可以站在巨人的肩膀上,用极少的代码,完成强大的功能,节省大量的时间和精力。

6.2.1　JDK 帮助文档简介

为了方便查阅,Oracle 公司提供 JDK 帮助文档(JDK Specification),其中详细介绍了 Java 类库中类和接口的定义、介绍、示例用法、继承关系、属性、构造方法、方法等内容。

JDK 帮助文档以 3 种形式提供。

(1) Oralce 公司官方 JDK 英文文档(在线)。

(2) Oralce 公司官方 JDK 文档(英文压缩版):可以下载到本地硬盘,方便随时查阅。具体操作是先将 jdk-16.0.2_doc-all.zip 压缩包下载到本地硬盘,对其解压缩。然后打开主界面 docs\index.html,然后依次选择 All Modules→java.base 命令,从中选择相关的包,查看类、接口、异常、属性、构造方法、常用方法等信息。在主界面的 SEARCH 搜索框中输入类名、接口名或方法名等关键字可以进行查找。

(3) Java 爱好者根据官方文档制作而成的电子书 CHM 版,检索功能更为强大。本书配套提供了英文版 JDK1.6EN.chm 和中文版 JDK1.6CN.chm。

6.2.2　JDK 帮助文档提供的类或接口的信息

在 JDK 1.9 之前,JVM 在启动 Java 程序时会默认加载所有的 Java 常用类库,这会导致 Java 程序启动性能下降。为解决这个问题,Java 从 JDK 1.9 开始提供模块化设计。在一个模块中包含若干包,包里可以定义若干类或接口。这样,JVM 在启动 Java 程序时只加载程序运行需要的模块即可。例如,String 类属于 java.base 模块的 java.lang 包中定义的类。JDK 文档详细信息及其解释如表 6-1 所示。

表 6-1　JDK 文档信息

JDK 文档信息	解　释
Module java. base	模块（Module）定义
Package java. lang	包（Package）定义
Class String	String 类名
java. lang. Object └ java. lang. String	类的继承结构
All Implemented Interfaces： Serializable，CharSequence，Comparable＜String＞，Constable，ConstantDesc	String 类所有已经实现的接口
public final class String extends Object implements Serializable，Comparable＜String＞，CharSequence，Constable， ConstantDesc	String 类的定义
The String class represents character strings. All string literals in Java programs，such as "abc"，are implemented as instances of this class. Strings are constant：their values cannot be changed after they are created. String buffers support mutable strings. Because string objects are immutable they can be shared. For example： String str＝"abc"； ...	类的介绍和程序示例
Since：1. 0	从 JDK 1. 0 开始
See Also： Object. toString()，StringBuffer，StringBuilder，Charset，Serialized Form	参见相关的方法、类和接口
Field Summary Fields Modifier and Type　　Field Description static Comparator＜String＞　CASE_ INSENSITIVE_ _ORDER A Comparator that orders St ring objects as by compareToIgnoreCase.	字段概要； 字段； 修饰符和类型；|字段|； 描述
Constructor Summary Constructors Constructor Description String() Initializes a newly created St ring object so that it represents an empty character sequence.	构造方法概要； 构造方法； 构造方法|描述
Method Summary AII Methods StaticMethods Instance Methods Concrete Methodst Deprecated Methods Modifier and Type　Method Description char　charAt(int index) Returns the char value at the specifed index.	方法概要； 所有方法|静态方法|实例方法|具体方法|不推荐使用的方法

续表

JDK 文档信息	解　　释
Methods declared in class java. lang. object clone，finalize，getClass，notify，notifyAll，wait，wait，wait	在类 java. lang. Object 中定义的方法
Field Details CASE INSENS ITIVE ORDER public static final Comparator < String > CASE_ INSENSITIVE ORDER	字段详情
Constructor Details String public string() Initallzes a newly created String object so that it represents an empty character sequence. Note that use of this constructor is unnecessary since strings are immutable.	构造方法详情
Method Details length public int length() Returns the length of this string. The length is equal to the number of Unicode code units in the string. Specified by： length in interface CharSequence Returns： the length of the sequence of characters represented by this object.	方法详情

说明：

（1）Since JDK 1.0：从 JDK 1.0 开始提供。

（2）See Also：参考相关的类或方法。

（3）Static Methods：静态方法或类方法。

（4）Instance Methods：实例方法或对象方法。

（5）Concrete Methods：具体方法。在抽象类中定义的方法,与抽象方法、钩子方法相关。

（6）Deprecated Methods：淘汰方法。随着版本的更新,不再推荐使用。

6.2.3　JDK 文档中提供的方法信息

在 JDK 文档中可以查阅到指定方法相关的信息,包括方法的定义、功能和详细说明、代码示例、形式参数的说明、返回类型的详细说明、可能抛出的异常等信息。下面以 String 类中 substring(int,int)方法为例进行说明。JDK 文档中提供的方法信息如图 6-5 所示。

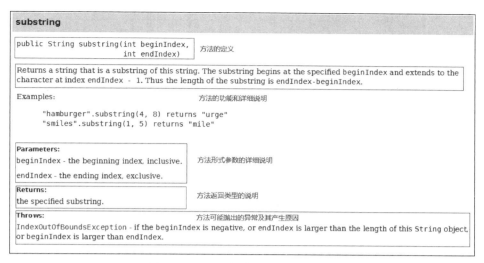

图 6-5　JDK 文档中提供的方法信息

6.3　System 类和 Math 类

6-2　System
类和
Math 类

6.3.1　System 类

System 类提供了对外部定义的属性和环境变量的访问，加载文件和库的方法，还有快速复制数组的一部分实用方法。

System 类的常用属性如下。

（1）public static final InputStream in：标准输入设备——键盘。

（2）public static final PrintStream out：标准输出设备——Eclipse 控制台（Console）。

（3）public static final PrintStream err：标准出错设备。

System 类的常用方法如下。

public static long currentTimeMillis()：提供了获取当前时间到 1970-01-01 00：00：00 之间的毫秒数的方法。

Java 程序运行时间的计算也是 Java 编程的常用技巧，用来测试程序的运行效率。程序运行时间计算方法为：运行时间＝程序结束运行时间－程序开始运行时间，如图 6-6 所示。

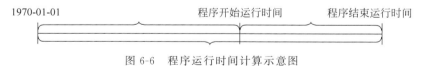

图 6-6　程序运行时间计算示意图

【示例程序 6-1】　程序运行时间的计算（TimeCal.java）。

功能描述：本程序用 3 种方式计算程序运行的时间（单位：ms）。

```
01  public class TimeCal {
02      public static void main(String[ ] args) {
```

```
03        //以下三行代码分别返回1970年1月1日00：00：00到当前时间的毫秒数
04        long begin = System.currentTimeMillis();
05        // long begin = Calendar.getInstance().getTimeInMillis();
06        // long begin = new Date().getTime();
07        // 代码
08        long end = System.currentTimeMillis();
09        // long end = Calendar.getInstance().getTimeInMillis();
10        // long end = new Date().getTime();
11        System.out.println(end - begin);
12     }
13 }
```

注意：

System.currentTimeMillis()；java.util.Date.getTime()；java.util.Calendar.getTimeInMillis()三个方法从功能上是等价的。

6.3.2　Math 类

1．java.lang.Math 类

Math 类提供常用的数学常量和数学方法。Math 类中所有的变量和方法都是 static 和 final，因此可以直接使用"类名.方法()"的形式调用。

Math 类常用属性和方法如下。

（1）public static final double E：2.72。

（2）public static final double PI：3.14159。

（3）public static int abs(int a)：返回 a 的绝对值。

（4）public static double ceil(double a)：对 a 进行上取整。

（5）public static double floor(double a)：对 a 进行下取整。

（6）public static double sqrt(double a)：对 a 开平方。

（7）public static long round(double a)：对 a 四舍五入。

（8）public static double pow(double a,double b)：ab。

（9）public static double random()：返回[0,1)的一个随机小数。

其他常用方法请自行查阅 JDK 文档。

【示例程序 6-2】　Math 类中常用方法的测试（MathTest.java）。

功能描述：本程序测试了 Math 类中的常量和常用方法。

```
01 public class MathTest {
02    public static void main(String[] args) {
03       System.out.printf("E = %.2f\n",Math.E);
04       System.out.printf("PI = %.2f\n",Math.PI);
05       System.out.println(Math.max(Math.E,Math.PI));
06       System.out.println(Math.abs(-10));
07       System.out.println(Math.ceil(Math.PI));
08       System.out.println(Math.floor(Math.E));
09       System.out.println(Math.round(Math.E));
```

```
10          System.out.println(Math.pow(2,10));
11          //输出 5 个 1～10 的随机整数
12          for(int i = 1; i <= 5; i++) {
13              int n = (int)Math.random() * 10 + 1;
14              System.out.print(n + "\t");
15          }
16          System.out.println();
17          //输出 5 个 'A'～'Z'随机大写字母
18          for(int i = 1; i <= 5; i++) {
19              int ch = (char)(Math.random() * 26) + 'A';
20              System.out.printf("%c\t",ch);
21          }
22      }
23  }
```

程序运行结果如下：

```
PI = 3.14
3.141592653589793
 -10 绝对值: 10
3.14   上取整: 4.0
2.72   下取整: 2.0
2.72   四舍五入: 3
2 的 10 次方: 1024.0
1  1  1  1  1
X  U  B  G  X
```

思考：第 12～15 行想输出 5 个 1～10 的随机整数，为什么输出的是 5 个 1？

【拓展知识 6-1】　每天进步一点点。一年 365 天，每天进步 0.01 和每天退步 0.01 的计算结果如 6-7 所示。

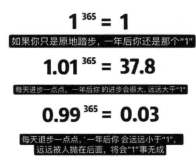

图 6-7　每天进步 0.01 和每天退步 0.01 的计算结果

【示例程序 6-3】　每天进步一点点（OneDay.java）。

功能描述：本程序用 Math.pow() 方法计算每天原地踏步、每天进步一点点和每天退步一点点的具体数值。

```
01    public class OneDay {
02        public static void main(String[] args) {
03            System.out.print("如果你只是原地踏步,一年后你还是那个: ");
04            System.out.printf("%.5f\n",Math.pow(1,365));
05            System.out.print("每天进步一点点,一年后你将变成: ");
06            System.out.printf("%.5f\n",Math.pow(1.01,365));
07            System.out.print("每天退步一点点,一年后你将变成: ");
08            System.out.printf("%.5f\n",Math.pow(0.99,365));
09        }
10    }
```

6.4　字符串类

6-3　String 类和 StringBuffer类

Java 字符串相关的类有 String、StringBuffer、StringBuilder。下面分别介绍。

6.4.1　String 类

String 类是不可改变字符序列的字符串常量,String 对象在销毁之前只能被赋值一次。如果再次给 String 变量赋值,则废弃原来的存储空间,另外申请存储空间来存储新的字符串内容。频繁改变一个 String 变量的值,会产生大量的内存垃圾,浪费存储空间,引起程序效率的下降。所以,经常进行增删改操作的字符串变量尽量采用 StringBuffer 类型或 StringBuilder 类型来代替 String 类型。

String 常用的构造方法如下。

(1) public String(char[] value):将一个字符数组构建成一个字符串。

(2) public String(StringBuffer buffer):在 StringBuffer 变量的基础上创建一个 String。

(3) public String(StringBuilder builder):在 StringBuilder 变量的基础上创建一个 String。

String 的常用方法如下。

(1) public char charAt(int index):返回指定位置的字符。

(2) public int hashCode():返回此字符串的哈希(Hash)码。

(3) public int indexOf(int ch):返回指定字符 ch 在本字符串中第一次出现的位置。

(4) public boolean matches(String regex):返回本字符串是否匹配给定的正则表达式。

(5) public String replace(char old,char new):将本字符串中所有旧字符 old 字符用新字符 new 替换,然后返回。

(6) public String substring(int begin,int end)返回[begin,end)之间的子字符串。

(7) public String[] split(String regex):根据给定正则表达式拆分本字符串,返回一个 String 数组。

【拓展知识 6-2】 对象的 Hash 码。hashCode()方法返回当前对象的 Hash 码(由当前对象的内存地址转换而成的一个整数)。如同一个人的指纹、虹膜一样,在 Java 中每一个对象都有唯一的 Hash 码。因此，当一个对象的 Hash 码变化时，说明该对象的内存地址也发生了变化。

【示例程序 6-4】　String 重新赋值时内存被重新分配的测试（StrConstant. java）。

功能描述：本程序用字符串连接运算＋和对象的 Hash 码来测试当 String 被重新赋值时，内存是否发生了重新分配的现象。

```
01   public class StrConstant {
02     public static void main(String[ ] args) {
03       String s1 = "成语之都,太极之乡";
04       String s2 = " 邯郸 ";
05       String s3 = "一座等了你三千年的城";
06       System. out. println("s1 = " + s1);
07       System. out. println("s1 的 Hash 码: " + s1.hashCode());
08       s1 = s1 + s2;
09       System. out. println("s1 = " + s1);
10       System. out. println("s1 的 Hash 码: " + s1.hashCode());
11       s1 = s1 + s3;
12       System. out. println("s1 = " + s1);
13       System. out. println("s1 的 Hash 码: " + s1.hashCode());
14     }
15   }
```

程序运行结果如下：

```
s1 = 成语之都,太极之乡
s1 的 Hash 码: 685157642
s1 = 成语之都,太极之乡 邯郸
s1 的 Hash 码: 1451512577
s1 = 成语之都,太极之乡 邯郸 一座等了你三千年的城
s1 的 Hash 码: − 2110900919
```

【示例程序 6-5】　String 构造方法和常用方法测试（StringTest. java）。

功能描述：本程序测试了 String 类的构造方法、常用方法和基本操作。第 21～23 行涉及正则表达式。

```
01   public class StringTest {
02     public static void main(String[ ] args) {
03       //用静态方式构建一个 String 对象
04       String s1 = "三千年古城";
05       //用动态方法构建一个 String 对象
06       String s2 = new String("两甲子邯院");
07       //用一个 char[]构建一个 String 对象
08       char[] ca = { 'a', 'b', 'c' };
09       String s3 = new String(ca);
10       //将一个 String 对象转换为字符数组
11       ca = s3.toCharArray();
```

```
12          // String 下标和数组相同,从 0 开始
13          String s = "0123456789";
14          System.out.println("s.charAt(5) = " + s.charAt(5));
15          //返回指定字符在该字符串中第一次出现的位置
16          System.out.println("abcdefabcdaaa".indexOf('c'));
17          System.out.println("Let's make things
18  better".replace('e', 'o'));
19          // 用正则表达式判断该 String 是否为 6 位数字
20          System.out.println("012345".matches("\\d{6}"));
21          System.out.println("012345ab123456".matches("\\d{17}"));
22          String s7 = "中国,河北,邯郸学院、Handan University";
23          //[]中代表字符中任意一个
24          String[] sa = s7.split("[,,、]");
25          for (int i = 0; i < sa.length; i++) {
26              System.out.print(sa[i] + "\t");
27          }
28          System.out.println();
29          System.out.println(s2.substring(3, 5));
30      }
31  }
```

程序运行结果如下:

```
s.charAt(5) = 5
2
Lot's mako things bottor
true
false
中国    河北    邯郸学院    Handan    University
邯院
```

6.4.2   StringBuffer 类

StringBuffer 类相当于字符串变量。如果经常要对字符串数据进行插入、修改、删除等操作,请采用 StringBuffer 类。StringBuffer 是线程安全的,所以执行效率相对较低。

如果不考虑线程安全问题,建议采用 JDK 1.5 以后新增的 StringBuilder 类。StringBuilder 除了不是线程安全的之外,其他与 StringBuffer 类基本相同,拥有更快的速度和更高的效率。

StringBuffer 类的构造方法如下。

(1) StringBuffer():构建一个 16 字符容量的 StringBuffer 对象。

(2) StringBuffer(int length):构建指定容量的空的 StringBuffer 对象。

(3) public StringBuffer(CharSequence seq):在指定 CharSequence 的基础上构建一个 StringBuffer 对象。

(4) StringBuffer(String str):用指定的字符串 Str 去初始化 StringBuffer 对象,并申请另外 16 个字符的空间供再次分配。

StringBuffer 类的常用方法如下。

（1）public StringBuffer append（CharSequence s）：将指定的字符序列 S 追加到此 StringBuffer 对象之后。

（2）public int capacity（）：返回此 StringBuffer 对象的最大容量，即可供分配的总字符数。

（3）public int length（）：返回此 StringBuffer 对象的实际长度。

（4）public StringBuffer delete（int start，int end）：将此 StringBuffer 对象中［start，end)之间的字符删除。

（5）public StringBuffer replace(int start，int end，String str)：将此 StringBuffer 对象中［start，end)之间的字符串用给定字符串 str 替换。

（6）public StringBuffer insert(int offset，String str)：将给定字符串 str 插入到此 StringBuffer 对象的 offset 位置之前。

（7）public StringBuffer reverse（）：将此 StringBuffer 对象中的所有字符全部翻转。

（8）public String toString（）：将此 StringBuffer 对象转换成 String 对象。

【示例程序 6-6】 StringBuffer 类常用方法示例（StringBufferTest. java）。

功能描述：本程序测试了 StringBuffer 类的构造方法、常用方法和基本操作。

```
01  public class StringBufferTest {
02    public static void main(String[] args) {
03        StringBuffer bf1 = new StringBuffer();
04        //StringBuffer 的实际长度
05        System.out.println(bf1.length());              // 输出 0
06        //StringBuffer 的最大字符容量
07        System.out.println(bf1.capacity());            // 输出 16
08        bf1.append("12345");
09        System.out.println(bf1.length());              // 输出 5
10        System.out.println(bf1.capacity());            // 输出 16
11        System.out.println(bf1);                       // 输出 16
12        //String - > StringBuffer
13        StringBuffer bf2 = new StringBuffer("0123456789");
14        System.out.println(bf2.length());
15        System.out.println(bf2.capacity());            // 输出 26
16        //StringBuffer - > String
17        System.out.println(bf2.toString());
18        //翻转字符串
19        bf2.reverse();
20        System.out.println(bf2.toString());
21        bf1.append(bf2);
22        System.out.println(bf1);
23        bf1.insert(5, "abc");                          //在第 5 位之前插入 abc
24        System.out.println(bf1);
25        bf1.delete(5, 8);
26        System.out.println(bf1);
```

```
27        //将[3,7]之间的字符替换为指定字符串
28        bf1.replace(3, 7, "ZYJ");
29        System.out.println(bf1);
30        System.out.println();
31    }
32 }
```

程序运行结果如下：

```
0
16
5
16
12345
10
26
0123456789
9876543210
123459876543210
12345abc9876543210
123459876543210
123ZYJ76543210
```

6.5 Date、Calendar 和 SimpleDateFormat

6-4 Date、
Calendar
和
Simple-
Date-
Format

日期类包含年、月、日、时、分、秒、毫秒、时区等数据，包含关于日期时间的多种操作，是目前最为复杂的数据类型。Java 提供的与日期相关的类和接口主要有：Date、Calendar 和 java.text.SimpleDateFormat 等。

为了更好地处理日期数据的国际化问题（主要涉及格式、时区等），从 JDK 1.1 开始，Java 新提出了 Calendar 和 DateFormat 类，Date 类中的相应方法已废弃。

6.5.1 Date 类

Date 类是一个过时的日期类，表示特定的瞬间，精确到 ms。Date 类中的大部分构造方法和一般方法都已经不推荐使用，建议采用 Calendar 类中的相应方法代替。

【示例程序 6-7】 Date 类的常用方法和操作示例(DateTest.java)。

功能描述：本程序测试了 Date 类的常用方法的使用方法和基本操作。

```
01 public class DateTest {
02    public static void main(String[] args) {
03        //创建一个 Date 对象，默认为当前系统时间
04        Date date1 = new Date();
05        System.out.println(date1);
06        System.out.println(date1.toString());
07        //可以用于程序运行时间的计算
```

```
08          long n = new Date().getTime();
09          System.out.println("n = " + n);
10          Date date2 = new Date();
11          //比较两个日期的先后次序,
12          //相等返回 0,date1 在 date2 之前返回 - 1 ,date1 在 date2 之后返回 1
13          System.out.println(date2.compareTo(date1));
14          System.out.println(date2.equals(date1));
15      }
16  }
```

程序运行结果如下：

```
Fri Aug 13 17: 19: 57 CST 2021
Fri Aug 13 17: 19: 57 CST 2021
n = 1628846397753
1
False
```

注意：控制日期时间的格式的方法请查阅 6.5.3 节。

6.5.2　Calendar 类

Calendar 类是一个抽象类,它为某一时刻和日期时间字段的转换以及操作日期时间字段提供了很多方法。java. util. Calendar 类常用的字段值列举如下,详细内容请参考 JDK 文档。

（1）Calendar. YEAR：四位年份。

（2）Calendar. MONTH：月份,1～12 月分别对应 0～11。

（3）Calendar. DATE：日。

（4）Calendar. DAY_OF_YEAR：一年中的第几天。

（5）Calendar. DAY_OF_MONTH：一月中的第几日,与 Calendar. DATE 完全相同。

（6）Calendar. DAY_OF_WEEK：一周中的第几天,星期日～星期六分别对应 1～7。

（7）Calendar. HOUR：12 小时制的小时数。

（8）Calendar. HOUR_OF_DAY：24 小时制的小时数。

（9）Calendar. MINUTE：分。

（10）Calendar. SECOND：秒。

【示例程序 6-8】 Calendar 抽象类常用方法和操作示例（CalendarTest. java）。

功能描述：本程序测试了 Calendar 抽象类的常用方法和操作示例。

```
01  public class CalendarTest {
02      public static void main(String[ ] args) throws Exception {
03          // 返回当前系统时间
04          Calendar cal = Calendar.getInstance();
05          // 为 Calendar 对象设置年月日,MONTH 取值范围为 0～11
06          // public final void set( int year, int month, int date)
```

```
07          cal.set(2000,1,1);
08          // Calendar 转化为 Date
09          Date date1 = cal.getTime();
10          SimpleDateFormat sdf = new SimpleDateFormat("yyyy 年 MM 月 dd
11   日 ");
12          String date = sdf.format(date1);
13          // public int getActualMaximum(int field)
14          // 取给定时间域的最大值,一月有几天?
15          System.out.println(date + cal.getActualMaximum(
16   Calendar.DAY_OF_MONTH) + "天");
17          // DAY_OF_YEAR 指一年中的第几天
18          System.out.println(date + "是第" + cal.get(Calendar.
19   DAY_OF_YEAR) + "天");
20          // DAY_OF_WEEK 指一周中的第几天,即星期几.星期日～星期六分别对应 1～7
21          String[] weekC = {"星期日","星期一","星期二","星期三","星期四",
22   "星期五","星期六"};
23          String[] weekE = {"Sunday","Monday","Tuesday","Wednesday",
24   "Thursday","Friday","Saturday"};
25          System.out.println(date + weekC[cal.get(Calendar.
26   DAY_OF_WEEK) - 1]);
27          System.out.println(date + weekE[cal.get(Calendar.
28   DAY_OF_WEEK) - 1]);
29          // Date 转化为 Calendar
30          Date date2 = new Date();
31          Calendar cal2 = Calendar.getInstance();
32          cal2.setTime(date2);
33      }
34   }
```

程序运行结果如下:

```
2000 年 2 月有 29 天
2000 年 02 月 01 日是第 32 天
2000 年 02 月 01 日是星期二
2000 年 02 月 01 日是 Tuesday
```

6.5.3 SimpleDateFormat 类

java.text.SimpleDateFormat 是一个以与语言环境有关的方式来格式化和解析日期的具体类,可以用 SimpleDateFormat 类进行格式化(日期→文本)、解析(文本→日期)和规范化等操作。日期时间的格式由模式字符串指定。模式格式串中的模式字母用来表示日期或时间字符串元素:yyyy 表示四位年份、MM 表示两位月份、dd 表示两位日期、hh 表示两位小时、mm 表示两位分钟、ss 表示两位秒,其他模式字母的含义请查阅 JDK 文档。

【示例程序 6-9】 SimpleDateFormat 应用示例(SimpleDateFormatTest.java)。

功能描述:本程序测试了用 SimpleDateFormat 的相关方法实现 Date 和 String 之间的转换。

```
01  public class SimpleDateFormatTest {
02      public static void main(String[] args)throws ParseException {
03          //1.Date→String: 格式化输出日期时间
04          Date date = new Date();
05          SimpleDateFormat sdf = new SimpleDateFormat("yyyy 年 MM 月 dd 日
06  HH: mm: ss");
07          String time = sdf.format(date);
08          System.out.println(time);
09          //2.String→Date
10          String str = "1972 年 12 月 12 日 00: 00: 00";
11          Date date1 = sdf.parse(str);
12          System.out.println(sdf.format(date1));
13      }
14  }
```

程序运行结果如下：

```
2021 年 08 月 13 日 09: 59: 49
1972 年 12 月 12 日 00: 00: 00
```

6.6 综合实例：编写洗牌和发牌程序，从台前走向幕后

6.6.1 案例背景

随着移动互联时代的到来，智能手机已经普及。游戏、短视频、社交软件、快餐式阅读等应用程序（App）占用了人们每天的大部分碎片和业余时间。

以网络游戏为例，据中国音像与数字出版协会的统计数据显示，2020 年，中国游戏市场实际销售收入为 2786.87 亿元，同比增长 20.71%。以腾讯游戏 2020 年的营业收入 1561 亿元计算，腾讯游戏在国内的市场份额为 56%。小玩怡情，大玩伤身，应当全面评估网络游戏对青少年的影响。虽然网络游戏不是洪水猛兽（新型毒品和精神鸦片），但也有负面影响。如果青少年玩网络游戏的时间超过一定限度，出现沉溺和上瘾的状况，就必须引起注意，并采取措施。

抛出几个话题供大家讨论：网络游戏和电子竞技是一回事吗？网络游戏弊大于利还是利大于弊？如何防止网游上瘾，影响成长、工作和生活？

扑克纸牌（Poker）共 54 张牌：52 张正牌，2 张副牌（大王和小王）。52 张正牌按黑桃、红桃、梅花、方块四种花色分为 4 组，每组 13 张牌（1～9、A、J、Q、K）。

扑克比较经典的玩法有斗地主、升级等。

6.6.2 知识准备

当一个类的对象有多个属性时，如何定义排序规则？Java 提供以下两种排序方法。

1. 实现 java.lang.Comparable 接口

Comparable 接口默认是按照自然顺序进行排列的。可以通过实现 Comparable 接口，

重写其中的 compareTo 方法,达到重新定义对象的排序规则的目的。

int compareTo(T o):返回 0 时,代表当前对象等于指定对象 o;返回正整数时,代表当前对象大于指定对象 o;返回负整数时,代表当前对象小于指定对象 o。

查阅文档可以得知已经实现 Comparable 接口的常见类有:8 种基本数据类型的包装类、BigDecimal、BigInteger、Calendar、Date、File、GregorianCalendar、String、Time、URI、UUID 等。

2. 实现 java.util.Comparator 接口

如果一个类没有实现 Comparable 接口,或实现了 Comparable 接口但不符合开发者的要求。能否在不修改该类代码的前提下,实现新的排序规则? 当然可以,用 Comparator 接口即可实现上述要求。

实现 Comparable 接口的 List 或数组可以通过 Collections.sort()或 Arrays.sort()实现自动排序。实现 Comparable 接口的对象可以作为有序映射(如 TreeMap)中的键或有序集合(TreeSet)中的元素,无须指定比较器。

Comparator 接口中只有如下所示的抽象方法。

int compare(T o1,T o2):判断第一个对象是否小于、等于或大于第二个对象,根据结果分别返回负整数、零或正整数。

【示例程序 6-10】　Comparator 接口应用示例(PersonComparator.java)。

功能描述:本程序演示对象排序的实现。Person 类实现了 java.util.Comparator 接口,先按 Person 对象的 name(包含中文)排序,如果 name 相同,则按 birthDate 排序。

```
01   class Person{
02       private String name;
03       private Date birthDate;
04       SimpleDateFormat sdf = new SimpleDateFormat("yyyy-MM-dd");
05       public Person() {
06       }
07       public Person(String name,Date birthDate) {
08           this.name = name;
09           this.birthDate = birthDate;
10       }
11       @Override
12       public String toString() {
13           return "[" + name + "," + sdf.format(birthDate) + "]";
14       }
15       public String getName() {
16           return name;
17       }
18       public void setName(String name) {
19           this.name = name;
20       }
21       public Date getBirthDate() {
22           return birthDate;
23       }
24       public void setBirthDate(Date birthDate) {
```

```
25              this.birthDate = birthDate;
26          }
27      }
28      public class PersonComparator implements Comparator < Person > {
29          Collator cmp = Collator.getInstance(java.util.Locale.CHINA);
30          public static void main(String[ ] args) throws Exception {
31              SimpleDateFormat sdf = new SimpleDateFormat("yyyy - MM - dd");
32              Person s1 = new Person("张三", sdf.parse("1984 - 3 - 1"));
33              Person s2 = new Person("李四", sdf.parse("1984 - 2 - 1"));
34              Person s3 = new Person("王五", sdf.parse("1984 - 8 - 1"));
35              Person s4 = new Person("郑六", sdf.parse("1985 - 1 - 1"));
36              Person s5 = new Person("张三", sdf.parse("1982 - 1 - 1"));
37              TreeSet < Person > ts = new TreeSet <
38      Person >(new PersonComparator());
39              ts.add(s1);
40              ts.add(s2);
41              ts.add(s3);
42              ts.add(s4);
43              ts.add(s5);
44              System.out.println(ts);
45          }
46          //先按姓名排序,再按出生日期排序
47          @Override
48          public int compare(Person o1, Person o2) {
49              if(cmp.compare(o1.getName(), o2.getName()) == 0){
50                  return o1.getBirthDate().compareTo(o2.getBirthDate());
51              }else{
52                  return cmp.compare(o1.getName(),o2.getName());
53              }
54          }
55      }
```

6.6.3　编程实践

本综合实例根据面向对象思想,共设计了以下 3 个类。

（1）扑克牌类：包含花色和点数两个属性,自定义输出信息。

（2）玩家类：包含姓名和存放扑克牌的列表 ArrayList 两个属性。

（3）扑克类：用数组来存储 54 张扑克牌,用非静态语句块实现扑克初始化,实现随机洗牌方法、发牌方法 1（斗地主玩家共 3 人,底牌 3 张,先按点数后按花色排序）、发牌方法 2（升级玩家共 4 人,底牌 6 张,先按花色后按点数排序）。

【示例程序 6-11】　扑克牌类（Card.java）。

功能描述：扑克牌类 Card 有两个属性：花色和点数。花色的 Unicode 编码为：黑桃（Spade）♠ \u2660 ♤ \u2664,红桃（Heart）♥ \u2665　♡ \u2661,梅花（Club）♣ \u2663　♧ \u2667,方块（Diamond）♦　\u2666 ◇ \u2662。

```
01   public class Card implements Comparable < Card >{
02       private char suit;
03       private String point;
04       public Card() {
05       }
06       public Card(char suit, String point) {
07           this.suit = suit;
08           this.point = point;
09       }
10       //覆盖父类中的compareTo()方法以改变对象默认的排序规则
11       //排序规则：先按数字排序,如果数字相同再按花色排序
12       @Override
13       public int compareTo(Card o) {
14           if(this.getPoint() == (o.getPoint())) {
15               return this.getSuit() - o.getSuit();
16           }else {
17               return this.getPoint().compareTo(o.getPoint());
18           }
19       }
20       //覆盖父类中的toString()方法以改变对象默认的输出信息
21       @Override
22       public String toString() {
23           return suit + "" + point;
24       }
25       public char getSuit() {
26           return suit;
27       }
28       public void setSuit(char suit) {
29           this.suit = suit;
30       }
31       public String getPoint() {
32           return point;
33       }
34       public void setPoint(String point) {
35           this.point = point;
36       }
37   }
```

【示例程序 6-12】 玩家类(Player.java)。

功能描述：玩家类 Player 有两个属性：玩家姓名和存放扑克牌的列表 ArrayList。

```
01   public class Player {
02       private String name;                                //玩家姓名
03       List < Card > cards = new ArrayList < Card >();     //存放扑克牌
04       public Player() {
```

```
05          super();
06      }
07      public Player(String name) {
08          super();
09          this.name = name;
10      }
11      public String getName() {
12          return name;
13      }
14      public void setName(String name) {
15          this.name = name;
16      }
17  }
```

【示例程序 6-13】　扑克类（Poker.java）。

功能描述：用非静态语句块实现扑克初始化、随机洗牌方法、发牌方法 1（斗地主玩家共
3 人，底牌 3 张）、发牌方法 2（升级玩家共 4 人，底牌 6 张）。

```
01  public class Poker implements Comparator<Card>{
02      //用数组来存放 54 张牌
03      Card[] cards = new Card[54];
04      //用非静态语句块实现扑克初始化
05      {
06          char[] ca = {'\u2660','\u2663','\u2665','\u2666'};
07          String[]
08  pa = {"1","2","3","4","5","6","7","8","9","10","J","Q","K"};
09          for(int i = 0; i < ca.length; i++) {
10              for(int j = 0; j < pa.length; j++) {
11                  cards[i * 13 + j] = new Card(ca[i],pa[j]);
12              }
13          }
14          cards[52] = new Card('小',"王");
15          cards[53] = new Card('大',"王");
16          //System.out.println("未洗牌: " + Arrays.toString(cards));
17      }
18      //随机洗牌方法
19      public void shuffle() {
20          //每一张牌与后面随机一张牌交换
21          for(int i = 0; i < cards.length; i++) {
22              int j = i + (int)(Math.random() * (cards.length - i));
23              Card c = cards[i];
24              cards[i] = cards[j];
25              cards[j] = c;
26          }
```

```
27          //System.out.println("洗牌后: " + Arrays.toString(cards));
28      }
29      //发牌方法1(斗地主玩家3人,底牌3张)
30      public Card[] deal(Player p1,Player p2,Player p3) {
31          //发牌之前先洗牌
32          shuffle();
33          //玩家手中牌清零
34          p1.cards.clear();
35          p2.cards.clear();
36          p3.cards.clear();
37          for(int i = 0; i <= 48; i = i + 3) {
38              p1.cards.add(cards[i]);
39              p2.cards.add(cards[i + 1]);
40              p3.cards.add(cards[i + 2]);
41          }
42          //玩家手中的牌先按点数排序,再按花色排序
43          Collections.sort(p1.cards);
44          Collections.sort(p2.cards);
45          Collections.sort(p3.cards);
46          //3张底牌
47          Card[] hand = new Card[3];
48          for(int i = 51; i < 54; i++) {
49              hand[i - 51] = cards[i];
50          }
51          //输出各玩家手中的牌
52          System.out.println(p1.getName() + p1.cards);
53          System.out.println(p2.getName() + p2.cards);
54          System.out.println(p3.getName() + p3.cards);
55          //输出3张底牌
56          System.out.println("斗地主底牌: " + Arrays.toString(hand));
57          return hand;
58      }
59      //发牌方法2(升级玩家4人,底牌6张)
60      public Card[] deal(Player p1,Player p2,Player p3,Player p4)
61      {
62          //发牌之前先洗牌
63          shuffle();
64          //玩家手中牌清零
65          p1.cards.clear();
66          p2.cards.clear();
67          p3.cards.clear();
68          p4.cards.clear();
69          //发牌
70          for(int i = 0; i <= 48; i = i + 4) {
71              p1.cards.add(cards[i]);
72              p2.cards.add(cards[i + 1]);
73              p3.cards.add(cards[i + 2]);
74              p4.cards.add(cards[i + 3]);
75          }
76          //6张底牌
```

```
77          Card[ ] hand = new Card[6];
78          for( int i = 48; i < 54; i++) {
79              hand[ i - 48] = cards[ i];
80          }
81          //按新规则排序
82          Collections.sort(p1.cards,this);
83          Collections.sort(p2.cards,this);
84          Collections.sort(p3.cards,this);
85          Collections.sort(p4.cards,this);
86          return hand;
87      }
88      //实现接口 Comparator,改变对象排序规则
89      //排序规则：先按花色,后按数字排序
90      @Override
91      public int compare(Card o1, Card o2) {
92          if(o1.getSuit() == o2.getSuit()){
93              return o1.getPoint().compareTo(o2.getPoint());
94          }else{
95              return o1.getSuit() - o2.getSuit();
96          }
97      }
98      public static void main(String[ ] args) {
99          Poker poker = new Poker();
100         Player p1 = new Player("唐僧");
101         Player p2 = new Player("孙悟空");
102         Player p3 = new Player("猪悟能");
103         Player p4 = new Player("沙悟净");
104         Card[ ] hand1 = poker.deal(p1,p2,p3);
105         System.out.println(p1.getName() + p1.cards);
106         System.out.println(p2.getName() + p2.cards);
107         System.out.println(p3.getName() + p3.cards);
108         System.out.println("斗地主底牌: " + Arrays.toString(hand1));
109         Card[ ] hand2 = poker.deal(p1,p2,p3,p4);
110         System.out.println(p1.getName() + p1.cards);
111         System.out.println(p2.getName() + p2.cards);
112         System.out.println(p3.getName() + p3.cards);
113         System.out.println(p4.getName() + p4.cards);
114         System.out.println("升级底牌: " + Arrays.toString(hand2));
115     }
116 }
```

程序运行结果如下：

```
--- 斗地主游戏 ---
唐僧[♣1, ♦1, ♣10, ♦10, ♣3, ♥3, ♠4, ♦5, ♣6, ♥6, ♦6, ♦8, ♣9, ♥9, ♥J, ♦Q, 小王]
孙悟空[♥1, ♥10, ♠2, ♥2, ♦2, ♠3, ♣4, ♥4, ♦4, ♠5, ♠7, ♥7, ♦7, ♥8, ♣J, ♥K, ♣Q]
猪悟能[♠1, ♣2, ♦3, ♣5, ♥5, ♦6, ♣7, ♠8, ♣8, ♠9, ♠J, ♦J, ♠K, ♦K, ♠Q, ♥Q, 大王]
斗地主底牌: [♦9, ♣K, ♠10]
```

```
--- 升级游戏 ---
唐僧[♠1, ♠2, ♠6, ♠Q, ♣5, ♣J, ♥5, ♥6, ♥7, ♥8, ♥Q, ◆5]
孙悟空[♠4, ♠5, ♠7, ♠K, ♣2, ♣3, ♥1, ♥2, ◆10, ◆9, ◆K, 小王]
猪悟能[♠10, ♣6, ♣8, ♣9, ♥10, ♥3, ♥J, ◆1, ◆6, ◆8, ◆J, 大王]
沙悟净[♠3, ♠8, ♠J, ♣10, ♣7, ♣K, ♣Q, ♥4, ♥K, ◆2, ◆3, ◆7]
升级底牌: [♣1, ♠9, ♥9, ♣4, ♣Q, ◆4]
```

6.7　本章小结

本章通过 JDK 文档和示例程序介绍了 JDK 常见类的使用方法,主要包括:JDK 帮助文档的查阅,System 类、Math 类、字符串类(String、StringBuffer、StringBuilder)、日期类(Date、Calendar)、格式类(SimpleDateFormat)的构造方法和常用方法。

经过本章的学习,读者可以在编程中通过查阅 JDK 文档迅速了解相关类的构造方法和常用方法,来解决具有一定难度的实际问题。

6.8　自测题

一、填空题

1. 当定义一个类时,没有用 extends 关键字显式指定继承的父类,则编译器自动加上 extends java. lang. _____。

2. 引用类型数据的地址备份用_____语句实现,引用类型数据(对象)的备份用 Object 类中的_____()方法实现。

3. —5 的绝对值在 Java 中表示为_____,a^b 在 Java 中表示为_____。

4. 在 Java 程序中标准输入设备——键盘写成_____,标准输出设备——Eclipse 控制台写成_____。

5. System. out. println("0abcdecfabcdaaa". indexOf('c')); 在控制台上输出_____。

6. System. out. println ("13803108888". matches ("\\d{11}")); 在控制台上输出_____。

7. System. out. println("hamburger". substring(4,8)); 在控制台上输出_____。

8. System. out. println("smiles". substring(1,5)); 在控制台上输出_____。

9. StringBuffer bf = new StringBuffer("0123456789");
   bf. insert(5, "abc");
   System. out. println(bf); //在控制台上输出_____。

10. Java 提供的与日期相关的类和接口主要有:_____(该类大部分构造方法和一般方法都已经不推荐使用)、_____、GregorianCalendar 和 DateFormat、_____等。

11. 常量 Calendar. MONTH 代表月份,1~12 月的值分别对应_____~_____; 常量 Calendar. DAY_OF_WEEK 代表星期几,星期日~星期六分别对应_____~_____。

12. 程序填空：

Date date＝new Date()；

SimpleDateFormat sdf＝new SimpleDateFormat("yyyy-MM-dd")；

String now＝sdf. _____(date))；

String s＝"1972-12-12"；

Date date＝sdf. _____(s)；

二、选择题（SCJP 考试真题）

1. Given：

    int i ＝ (int)Math. random()；

    What is the value of i after line 10? （　　　）

    A. 0

    B. 1

    C. Compilation fails.

    D. any positive integer between 0 and Integer. MAX_VALUE

    E. any integer between Integer. MIN_VALUE and Integer. MAX_VALUE

2. Given：

    String s ＝ "Hello" ＋ 9 ＋ 1；

    System. out. println(s)；

    What is the result? （　　　）

    A. Hello91

    B. Hello10

    C. Compilation fails.

    D. An exception is thrown at runtime.

3. Given：

    String a ＝ "ABCD"；

    String b ＝ a. toLowerCase()；

    b. replace('a', 'd')；

    b. replace('b', 'c')；

    System. out. println(b)；

    What is the result? （　　　）

    A. abcd

    B. ABCD

    C. dccd

    D. dcba

    E. Compilation fails.

    F. An exception is thrown at runtime

4. Given：

    Math. ceil(0. 1 ＋ Math. floor(Math. random()))；

    Which two are the type and value of the expression? （Choose two.)（　　　）

    A. 0.0

    B. 1.0

    C. float

    D. double

    E. a random value

    F. a random value between 0.0 and 1.0

    G. a random value between 0.0 and less than 1.0

三、编程实践

1. 字符串操作方法集(MyString.java)。

编程要求:

(1) 编写方法 int charCount(char c,String str):判断字符 c 在字符串 str 中出现的次数。例如,charCount('A',"ABADCABCDE")的结果是 3。

(2) 编写方法 String moveStr(String str,int m):把字符串 str 第 1 到第 m 个字符移到 str 的最后。例如,moveStr("ABCDEFGHIJK",3)的结果是 DEFGHIJKABC。

(3) 编写方法 String sort(String str):对指定字符串,将其除首、尾字符外的其余字符进行降序排列。例如,sort("CEAedca")排序后结果是"CedcEAa"。

(4) 编写方法 String delStar(String s):删除指定字符串中末尾的 * 号。例如,delStar(" ** ** A * BC * DEF * G ** ** ** * ")的结果是" ** ** A * BC * DEF * G"。

(5) 在 main()方法中测试以上方法是否正确。

编程提示: 仔细阅读 String、StringBuffer、StringBuilder 类的相关方法。

2. 身份证校验位的计算(IDVerify.java)。

编程要求:

(1) 编写 CUI 应用程序,输入身份证号的前 17 位,输出身份证号的校验位。

(2) 当输入的身份证号位数不足 17 位或各位字符不全是数字时,要求抛出自定义异常并处理。

知识准备:

公民身份号码是 18 位特征组合码,由 17 位数字本体码和 1 位数字校验码组成,包括 6 位行政区划码、8 位数字出生日期码、3 位数字顺序码(表示在同一地址码所标识的区域范围内,对同年同月同日出生的人编定的顺序号,顺序码的奇数分配给男性,偶数分配给女性)和 1 位数字校验码(采用 ISO 7064:1983,MOD 11-2 校验码系统)。

编程提示:

校验码的计算方法如下。

(1) 17 位数字 id[17]本体码加权求和公式为 $S=Sum(A_i * W_i)$,$i=0,\cdots,16$,先对前 17 位数字的权求和,其中 A_i 表示身份证号码第 i 位的数字,W_i 表示第 i 位的加权因子。

int[] w[]={7,9,10,5,8,4,2,1,6,3,7,9,10,5,8,4,2}

(2) 计算 S 除以 11 的余数:y=S%11。

(3) 通过模得到对应的校验码。char[] v= {'1','0','x','9','8','7','6','5','4','3','2'}。

3. 从身份证号中提取身份证信息（IDInfo.java）。

编程要求：编写 CUI 应用程序，输入 17 位身份证号，输出所在行政区划、出生年月日（格式：1980 年 10 月 10 日）、生日星期、性别、检验码、年龄等信息。

拓展要求：

（1）验证身份证前 17 位字符是否全部是数字的正则表达式："\d{17}[0-9xX]"。

6-5　身份信息提取

（2）当输入身份证号时，用正则表达式进行验证：当位数不足 18 位或前 17 位不全是数字时，验证不通过并抛出自定义异常，显示错误信息，要求用户重新输入。

4. 输入年月，输出该月的月历（MonthlyCalendar.java）。

编程要求：从键盘输入年份和月份，输出该月的月历。

编程提示：

（1）用 Calendar 设置年、月、日。public final void set(int year，int month，int date)。

（2）输出某年某月某日是星期几。Calendar.DAY_OF_WEEK。

（3）输出某年某月的天数。public int getActualMaximum(int field)。

（4）空格定位：用 for 循环输出"\t"。

拓展要求：输入年份，循环输出该年 12 个月的月历。

5. 速算 24 点游戏（Point24.java）。

编程要求：

（1）CUI 界面速算 24 点游戏。

（2）游戏规则：随机产生 4 个 1～13 的整数；可以使用加、减、乘、除、()和 4 个整数组成有意义的算术表达式（每个整数只能使用一次）；计算结果须为 24。

编程提示：

（1）算术表达式的计算可以采用数据结构中介绍的表达式求值算法（栈）。

（2）也可以采用 Java 表达式引擎 Aviator。相关说明可查阅 AviatorScript 编程指南（5.0）：https://www.yuque.com/boyan-avfmj/aviatorscript/cpow90。

第7章
JDK常见类的使用（下）

名家观点

　　从过去到现在，我们的信仰没有变，我们相信技术可以改变世界。我们也有决心，有耐心。我们熬得过万丈孤独，藏得下星辰大海。

　　——李彦宏（百度公司董事长兼首席执行官）

　　读史使人明智，读诗使人灵秀，数学使人周密，科学使人深刻，伦理学使人庄重，逻辑修辞使人善辩，凡有所学，皆成性格。

　　——弗朗西斯·培根（Francis Bacon，英国文艺复兴时期散文家、哲学家）

本章学习目标

- 理解集合类框架根接口 Collection 和 Map。
- 在编程中熟练应用 List 接口及其实现类：ArrayList、LinkedList、Vector，Set 接口及其实现类：HashSet、TreeSet，Map 接口及其实现类：HashMap、TreeMap。
- 以中文繁简转换包 ZHConverter、汉语拼音工具包 Pinyin4j 为例，掌握第三方类库的使用。

课程思政——社会化编程

　　随着 GitHub 的出现，软件开发者们才真正意义上拥有了源代码。世界上任何经过授权的用户都可以比从前更容易获得源代码，所有人都平等的拥有了更改源代码的权利，并可以在自由更改后加以公开。这在软件开发领域是一场巨大的革命，革命领导者 GitHub 的口号便是"社会化编程"。如今，世界众多程序员都在通过 GitHub 公开源代码，同时也利用 GitHub 支持着自己日常的软件开发。

　　Github 是一个基于 git 的代码托管平台，这让社会化编程成为现实。

　　截至 2020 年，GitHub 已是：

　　（1）一个拥有 143 万开发者的社区。其中，不乏 Linux 发明者 Torvalds 这样的顶级黑客，以及 Rails 创始人 DHH 这样的年轻极客。

　　（2）这个星球上最流行的开源托管服务。目前已托管 431 万 git 项目，有越来越多的知名开源项目迁入 GitHub，如 Ruby on Rails、jQuery、Ruby、Erlang/OTP。

（3）近 3 年流行的开源库往往都在 GitHub 首发，例如 BootStrap、Node.js、CoffeScript 等。

（4）alexa 全球排名第 414 位的网站。

7.1 Collection 接口及其实现类

7-1 Collection 接口及其实现类

数组用于存储同一类型的多个数据，使用简单。但数组的缺点有不能实现动态扩充、无法保存具有映射关系的数据、线程不安全等。为解决以上问题，Java 通过提供集合框架，数据结构和算法，有效减少了开发者的编程工作量，同时提高了性能和安全性。

Java 集合框架主要包括 Collection 和 Map 两大类。Collection 接口及其实现类主要用来存放对象（Object），而 Map 接口及其实现类用来存放键值对（Key-Value）。Java 集合框架主要接口、子接口及其实现类的继承结构如图 7-1 所示。

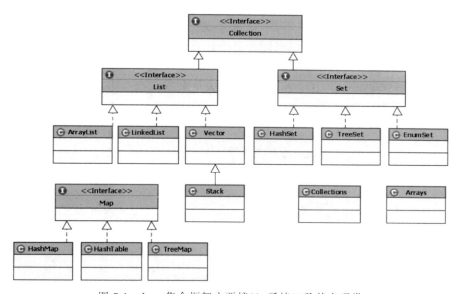

图 7-1 Java 集合框架主要接口、子接口及其实现类

学习 Java 集合框架时要仔细阅读 JDK 帮助文档，重点学习每种集合类的功能、构造方法和常用方法，掌握实例化对象，添加元素，查找、修改元素，删除元素，遍历等基本操作。

7.1.1 Collection 简介

Collection 是集合框架中的根接口，对一些基本的集合操作方法（增加、删除、修改、查询等）进行了约束性规定。但是，JDK 不提供 Collection 的任何直接实现。

Collection 接口的两个主要子接口是 List、Set，定义如下。

（1）public interface List<E> extends Collection<E>：相当于动态数组，其实现类实现了有序的、元素可重复的数据结构。

(2) public interface Set＜E＞extends Collection＜E＞：相当于数学上的集合,其实现类实现了无序的、元素不可重复的数据结构。

7.1.2 List 接口及其子类

接口 List 定义了一个有序的、元素可重复的集合的实现要求。

List 相当于线性表或动态数组。List 默认按元素的添加顺序作为元素的索引(下标)。与数组相同,索引(下标)从 0 开始。List 允许通过索引来访问 List 中的元素。List 在内存中采取连续存储,适合元素的随机存取。在大量插入或删除元素时效率会下降。

1. ArrayList 类

根据 ArrayList 类的 JDK 源码,可知 ArrayList 是通过封装一个 Object[]数组来实现的 List 类。ArrayList 类是轻量级的、查询快、增删慢、不是线程安全的。

ArrayList 类的常用构造方法:

(1) public ArrayList()：构造一个初始容量为 10 的空列表。

(2) public ArrayList(int initialCapacity)：构造一个具有指定初始容量的空列表。

在初始化 ArrayList 集合对象时,可以指定容量(Capacity),否则 Capacity 初始为 10。当存储空间用完时,可以按一定策略进行容量的扩充,当然系统要为此付出额外代价。

【示例程序 7-1】 ArrayList 应用示例(ArrayListTest. java)。

功能描述:本程序演示了 ArrayList 的构造方法和常用方法的使用方法,重点要求掌握构建 ArrayList 实例、添加元素、读取并修改元素、删除元素、遍历集合等基本操作。

```
01   public class ArrayListTest {
02     public static void main(String[] args) {
03         //构建一个 ArrayList 实例
04         ArrayList < String > al = new ArrayList < String >();
05         //向集合中添加元素
06         al.add("78");
07         al.add("3.14");
08         al.add("China");
09         al.add("America");
10         //Collecton 的所有子类都覆盖了 Object 类的 toString()
11         System.out.println(al.toString());
12         //根据下标读取、修改元素
13         System.out.println(al.get(1));
14         al.set(1, "PI");
15         //删除指定下标对应的元素
16         al.remove(3);
17         //集合元素的个数
18         System.out.println(al.size());
19         //用 for 语句遍历
20         for(int i = 0; i < al.size(); i++){
21             System.out.print(al.get(i) + "\t");
22         }
23         System.out.println();
24         //用 for 语句增强去遍历
```

```
25          for(String s: al) {
26              System.out.print(s + "\t");
27          }
28      }
29  }
```

2. LinkedList 类

LinkedList 是功能最强大、使用最广泛的 List 实现类。根据 LinkedList 类的 JDK 源码，可知 LinkedList 是通过链表来实现的 List 类。因此，LinkedList 类增删元素快，但查询速度慢。

LinkedList 类为在列表的开头及结尾 get、remove 和 insert 元素提供了统一的方法，这些方法允许将链接列表用作堆栈、队列或双端队列。

【示例程序 7-2】　LinkedList 应用示例（LinkedListTest. java）。

功能描述：本程序演示了 LinkedList 的构造方法和常用方法，要求掌握实例化对象、添加元素、获取元素个数、访问元素、删除元素等基本操作。

```
01  public class LinkedListTest {
02      public static void main(String[] args) {
03          LinkedList < String > ll = new LinkedList < String >();
04          ll.add("bb");
05          //在队首插入元素,addFirst 与 push 等价
06          ll.addFirst("aa");
07          ll.push("00");
08          System.out.println(ll);
09          //在队尾插入元素
10          ll.add("cc");
11          ll.addLast("dd");
12          ll.offer("ee");
13          System.out.println(ll);
14          //在指定下标的元素前插入元素
15          ll.add(2,"insert");
16          System.out.println(ll);
17          System.out.println(ll.contains("insert"));
18          //删除队首元素
19          ll.remove();
20          ll.removeFirst();
21          ll.pop();
22          ll.poll();
23          System.out.println(ll);
24          //删除队尾元素
25          ll.removeLast();
26          System.out.println(ll);
27          //取队首元素(不删除)
28          System.out.println(ll.peek());
29          System.out.println(ll.element());
```

```
30          System.out.println(ll);
31      }
32  }
```

3. Vector 类和 Stack

Vector 类从 JDK 1.0 开始就有了,作为以前版本集合容器的一种实现被保留下来,但已经不再被推荐使用。Vector 类采用数组实现,但是线程安全的,性能也因此较差。Stack 是对象堆栈,继承于 Vector,实现了后进先出(LIFO)机制。

7.1.3　Set 接口及其子类

Set 是数学中的集合在 Java 中的实现,具有无序性和唯一性(互异性)。例如两个对象 e1、e2,如果 e1.equals(e2)返回 true,则认为 e1 和 e2 重复。Set 中允许保存 Null 值,但只允许保存一次。如果有两个元素重复添加,那么后面添加的元素会覆盖之前添加的元素。

Set 主要有 HashSet 和 TreeSet 两种实现。

1. HashSet 类

HashSet 类采用 Hash 算法实现,能够快速定位元素。因此 HashSet 类的查询和增删效率都比较高,但不是线程安全的。

2. TreeSet 类

TreeSet 类是 Set 接口的另一个实现子类,采用自平衡的排序二叉树实现有序的集合。TreeSet 能保证元素的互异性(没有重复的元素,即元素有唯一性),并按自然顺序的升序进行排列。

【示例程序 7-3】　TreeSet 应用示例(TreeSetTest.java)。

功能描述:本程序演示了 TreeSet 的构造方法和常用方法,要求掌握添加元素、删除元素、遍历 TreeSet 等基本操作。

```
01  public class TreeSetTest {
02      public static void main(String[] args) {
03          TreeSet < String > ts = new TreeSet < String >();
04          ts.add("4");
05          ts.add("z");
06          ts.add("2");
07          ts.add("3");
08          ts.add("4");
09          ts.add("a");
10          ts.add("ab");
11          ts.add("aa");
12          ts.remove("ab");
13          System.out.println(ts);
14          Iterator < String > it = (Iterator < String >)ts.iterator();
15          while(it.hasNext()){
16              System.out.println(it.next());
17          }
18      }
19  }
```

7.2　Map 接口及其子类

Map 主要用来存储键值对(<Key/Value>)对象的集合。一个 Map 的键(Key)是唯一的(不能重复)。Map 中每对键和值一一对应,因此,根据键(Key)可快速查询出对应的值(Value)。Map 接口定义如下:

7-2　Map 接口及其子类

```
public interface Map < K,V >
```

1. HashMap 类

```
public class HashMap < K, V > extends AbstractMap < K, V > implements Map < K, V >,
Cloneable, Serializable
```

Map. Entry：Map 类提供了一个被称为 entrySet()的方法,这个方法返回一个 Map. Entry 实例化后的对象集。Map. Entry 类提供了一个 getKey()方法和一个 getValue()方法。

【示例程序 7-4】　HashMap 应用示例(HashMapTest. java)。

功能描述：本程序定义了 Student 类,用学号做 Key,Student 对象做 Value,将其加入到 HashMap 类中,演示了构建 HashMap 对象、添加元素、删除元素、用 3 种方法遍历HashMap 对象等基本操作。

```
01   class Student {
02      private int sno;
03      private String name;
04      private double score;
05      public Student() {
06      }
07      public Student(int sno,String name,double score) {
08         super();
09         this. sno = sno;
10         this. name = name;
11         this. score = score;
12      }
13      @Override
14      public String toString() {
15         return"S[" + sno + "," + name + "," + score + "]";
16      }
17   }
18   public class HashMapTest {
19      public static void main(String[ ] args) {
20         HashMap < Integer,Student > hh = new HashMap < Integer,
21   Student >();
22            hh. put(199901, new Student(199901, "Java", 98));
```

```
23          hh.put(199902, new Student(199902, "ZhangSan", 98));
24          hh.put(199903, new Student(199903, "Lisi", 98));
25          hh.put(199904, new Student(199904, "WangWu", 98));
26          hh.put(199905, new Student(199905, "ZhengLiu", 98));
27          hh.put(199906, new Student(199906, "XiaoMing", 98));
28          System.out.println(hh.size());
29          System.out.println(hh.get(199906));
30          // 1.通过遍历 keySet 来访问 Value
31          Set < Integer > hSet = hh.keySet();
32          Iterator < Integer > it = hSet.iterator();
33          while (it.hasNext()) {
34              int key = it.next();
35              System.out.println("Key: " + key + "Value: " + hh.get(key));
36          }
37          // 2.用 Map.Entry 遍历 Map
38          Set < Map.Entry < Integer, Student >> es = hh.entrySet();
39          for (Map.Entry < Integer, Student > me: es) {
40              System.out.println("Key: " + me.getKey() + ",Value: " +
41  me.getValue());
42          }
43          // 3.For 语句增强
44          for (Integer key1: hh.keySet()) {
45              System.out.println(key1 + ": " + hh.get(key1));
46          }
47      }
48  }
```

2. TreeMap 类

TreeMap 类基于红黑树(Red-Black tree)的 NavigableMap 实现。红黑树是一种自平衡二叉查找树,树中每个节点的值,都大于或等于在它的左子树中的所有节点的值,并且小于或等于在它的右子树中的所有节点的值,这确保红黑树在运行时可以快速地在树中查找和定位的所需节点。

TreeMap 根据其键的自然顺序进行排序,或者根据创建 TreeMap 时提供的 Comparator 进行排序,具体取决于其使用的构造方法。TreeMap 是线程安全的,key 和 value 都不能是 null,否则会抛出异常 NullPointerException。TreeMap 类的定义如下:

```
public class TreeMap < K, V > extends AbstractMap < K, V > implements NavigableMap < K, V >,
Cloneable, Serializable
```

7.3 Java 计算生态

7-3 Java 计算生态

开发 Java 应用程序就像搭积木一样,Java 应用程序可以调用自己的类和方法,也可以调用 JDK API 提供的类和方法,还可以调用第三方提供的类和方法。第三方一般以"JAR文件+开发文档+源码+教程"的方式提供类库。Java 拥有全球最大的开发者专业社群,构建了一个完整开放的计算生态。总之,开发者可以编写极少的代码,完成强大的功能。

常用的第三方类库有日志(Log4j,SLF4j)、JSON 解析(Jackson,Gson)、单元测试(JUnit,Mockito 和 PowerMock)、通用类库(Apache Commons 和 Google Guava)、HTTP 库(HttpClient 和 HttpCore HTTP)、XML 解析(Xerces2)、字节码处理、Office 文档读写(Apache POI)、数据库连接池(Commons Pool,DBCP)、日期和时间库(JodaTime)、表达式求值引擎(Aviator)、加密(Commons Codec)、嵌入式 SQL 数据库、JDBC 故障诊断(P6spy)以及序列化(Google Protocol Buffer)等。

【拓展知识 7-1】　Gitee 平台。Gitee 是开源中国(OSCHINA. NET)社区推出的代码托管平台,支持 Git 和 SVN 两种版本管理系统,提供免费的私有仓库托管。目前已有超过 800 万开发者选择 Gitee。

【拓展知识 7-2】　Guava 类库。Guava 是谷歌的几个 Java 核心类库的集合,包括集合、缓存、原生类型、并发、常用注解、基本字符串操作和 I/O 等。

【拓展知识 7-3】　Hutool 类库。Hutool 是一个小而全的 Java 工具类库,通过对静态方法封装,降低了相关 API 的学习成本,提高了工作效率,使 Java 拥有函数式语言般的优雅,让 Java 语言也可以"甜甜的"。Hutool 是一个 Java 工具包类库,对文件、流、加密解密、转码、正则、线程、XML 等 JDK 方法进行了封装,组成各种 Util 工具类。

本书将使用如下工具。

(1) 中文繁简转换包:ZHConverter。

(2) 汉语拼音工具包:PinYin4j。

(3) 文本转语音工具包:jacob。

(4) Office 文档读写包:ApachePOI,详情请参考 8.3.3 节。

7.3.1　中文繁简转换

对中文的繁、简体进行转换是一种很常见的需求。ZHConverter 是一个可将中文的繁、简体互换的 Java 开源类库。JavaProject 第三方 JAR 包的使用步骤如下。

(1) 下载 JAR 包:code. google. com/archive/p/java－zhconverter/。

(2) 在 Java Project 中建立专门存放第三方类库的 folder:lib,如已建立可以略过本步骤。

(3) 将 JAR 包复制到 lib 中,右击 JAR 包,依次选择 BuildPath→Add to BuildPath 选项,JAR 包就会被添加到 Referenced Library 中。

(4) 编写程序中引用第三方类库。

【示例程序 7-5】　中文字符串的简体和繁体转换应用示例(STConvert. java)。

功能描述:本程序使用 ZHConverter 包实现中文字符串的简体和繁体转换。

```
01  package chap07;
02  import com. spreada. utils. chinese. ZHConverter;
03  public class STConvert {
04      public static void main(String[ ] args) {
05          // 简体转繁体
06          ZHConverter c1 = ZHConverter. getInstance
```

```
07    (ZHConverter.TRADITIONAL);
08        String strt = c1.convert("幸福是奋斗出来的!");
09        System.out.println(strt);
10        // 繁体转简体
11        ZHConverter c2 = ZHConverter.getInstance
12    (ZHConverter.SIMPLIFIED);
13        String strs = c2.convert("幸福是奮鬥出來的!");
14        System.out.println(strs);
15    }
16  }
```

7.3.2 汉字转换拼音

Pinyin4j 是一个功能强大的汉语拼音工具包,是开源网站 SourceForge.net 上的一个开源项目。Pinyin4j 可以将中文(含多音字、繁体字)转成拼音,并且可以定制拼音输出格式。

(1) 下载 JAR 包,下载地址为:https://mvnrepository.com/artifact/com.belerweb/pinyin4j/2.5.0。

(2) 在 Java Project 中建立专门存放第三方类库的 folder:lib,如已建立可以略过本步骤。

(3) 将 JAR 包复制到 lib 中,右击 JAR 包,依次选择 BuildPath→Add to BuildPath 选项,JAR 包就会被添加到 Referenced Library 中。

注意:

(1) format.setToneType(HanyuPinyinToneType)方法的参数 HanyuPinyinToneType 有以下常量对象。

① HanyuPinyinToneType.WITH_TONE_NUMBER:用数字表示声调,如 liu2。

② HanyuPinyinToneType.WITHOUT_TONE:无声调表示,如 liu。

③ HanyuPinyinToneType.WITH_TONE_MARK:用声调符号表示,如 liú。

(2) 设置特殊拼音 ü 的显示格式。format.setVCharType(HanyuPinyinVCharType)方法的参数 HanyuPinyinVCharType 有以下常量对象。

① HanyuPinyinVCharType.WITH_U_AND_COLON:以 U 和:的组合表示 ü,如 lu:。

② HanyuPinyinVCharType.WITH_V:以 V 表示该字符,如 lv。

③ HanyuPinyinVCharType.WITH_U_UNICODE:以 ü 表示。

(3) 设置大小写格式。format.setCaseType(HanyuPinyinCaseType)方法的参数 HanyuPinyinCaseType 有以下常量对象。

① HanyuPinyinCaseType.LOWERCASE:转换后以全小写方式输出。

② HanyuPinyinCaseType.UPPERCASE:转换后以全大写方式输出。

【示例程序 7-6】 汉字转拼音应用示例(PinYin4jTest.java)。

功能描述:将中文(含多音字、繁体字)转成拼音,并且可以定制拼音输出格式。

```
01   public class PinYin4jTest {
02      public static void main(String[] args) throws
03   BadHanyuPinyinOutputFormatCombination {
04         HanyuPinyinOutputFormat format = new
05   HanyuPinyinOutputFormat();
06         format.setToneType(HanyuPinyinToneType.WITH_TONE_MARK);
07               format.setVCharType(HanyuPinyinVCharType.WITH_U_UNICODE);
08         format.setCaseType(HanyuPinyinCaseType.LOWERCASE);
09         String[] sa = PinyinHelper.toHanyuPinyinStringArray('女',
10   format);
11         System.out.println(sa[0]);
12         System.out.println(PinyinHelper.toHanyuPinyinString("扣好
13   人生第一粒扣子", format, " "));
14      }
15   }
```

7.3.3　文本转语音

7-4　文本转语音

中间件 jacob（Java COM Bridge）是 Java 和 COM 组件间的桥梁。通过 jacob 可以在 Java 应用程序中调用 COM 组件和 Win32 程序库，实现访问 Word、Excel 等文档，以及文本转语音等功能。

在 Java Project 中应用 jacob 组件的步骤如下。

（1）下载 jacob.1.18 组件，下载地址为：mvnrepository.com/artifact/com.jacob/jacob。

（2）将 jacob-1.18-x64.dll 文件复制到 JDK 安装位置的 bin 目录下。

（3）将 jacob.jar 复制到项目文件夹中并添加到 BuildPath。

【示例程序 7-7】　文本转语音应用示例程序（Text2Speech.java）。

功能描述：本程序定义了 speak() 静态方法，可以将指定文本朗读出来。

```
01   public class Text2Speech {
02      public static void speak(String talk) {
03         ActiveXComponent sap = new
04   ActiveXComponent("Sapi.SpVoice");
05         try {
06            //设置音量为 0～100
07            sap.setProperty("Volume",new Variant(100));
08            //设置语音朗读速度为 -10～+10
09            sap.setProperty("Rate",new Variant(-2));
10            Dispatch sapo = sap.getObject();            //获取执行对象
11            //朗读指定文本
12            Dispatch.call(sapo,"Speak",new Variant(talk));
13            sapo.safeRelease();                         //关闭执行对象
14         } catch (Exception e) {
15            e.printStackTrace();
16         } finally {
```

```
17              sap.safeRelease();              //关闭应用程序连接
18          }
19      }
20      public static void main(String[] args) throws Exception {
21          speak("请 13 号用户到第 3 窗口办理业务!");
22      }
23  }
```

7.4 拓展内容

7.4.1 范型

从 JDK 1.5 开始,Java 开始引入范型(Generic),也称为参数化类型(Parameterized type)。范型是对 Java 语言类型的一种扩展,用以支持创建参数化的类、接口、方法、异常等。使用"<参数化类型>"方式指定类或接口中方法操作的数据类型,利用编译器的类型安全检查提高了 Java 程序的类型安全,消除了强制类型转换,增强了代码的通用性和可读性。

注意:

(1) 除了被用在集合类 Collection 和 Map 的定义中,范型还可以被用在类定义、接口定义、方法定义、异常定义中。

(2) 在 Java 中范型的实际类型必须是引用类型。

(3) 范型是提供给 Java 编译器用的。范型让编译器在编译阶段就进行类型安全检查,防止 Java 程序中的非法输入。编译器会在编译完成后自动去掉类型信息,使程序运行效率不受影响。这样,类型的匹配问题在编译阶段就可以被发现,而不用在运行阶段以异常的形式被发现。

(4) 建议在使用集合类 Collection 和 Map 时尽可能使用范型。

范型的常见应用场景如下。

1. 在 Collection 和 Map 应用中使用范型

如果在构造集合时指定集合元素的类型,编译器就可以在编译阶段根据集合的元素类型禁止将类型错误的元素加入集合;当执行从集合中取出元素的操作时,编译器自动添加相应的下溯造型代码,从而提高了代码的健壮性和运行效率。例如:

```
ArrayList < String > al = new ArrayList < String >();
HashMap < Integer, String > hm = new HashMap < Integer, String >();
```

2. 在接口、类、异常定义中使用范型

在定义带类型参数的类或接口时,在类名或接口名之后的<>内,可指定一个或多个类型参数,同时也可以对类型参数的取值范围进行限定,多个类型参数之间用","号分隔。定义了类或接口的类型参数后,可以在类体或接口体中使用类型参数(静态语句块、类属性、类方法除外)。

推荐的命名规则:使用大写的单个英文字母作为类型参数,如下。

（1）K（Key）：Map 的键。

（2）V（Value）：Map 的值。

（3）T（Type）：类型。

（4）E（Exception 或 Eelement）：异常类型或元素。

JDK 文档中涉及到范型的类、方法定义举例如下：

```
(1) public interface Collection < E > extends Iterable < E >
(2) boolean add(E e)
(3) boolean addAll(Collection <? extends E > c)
```

3. 在方法定义中使用范型

定义带类型参数的方法时，在方法名的可见范围修饰符之后的<>中，指定一个或多个类型参数的名字，也可以对类型参数的取值范围进行限定，多个类型参数之间用"，"号分隔。定义了方法的类型参数后，可以在方法定义和方法体中使用类型参数，示例如下。

```
< T > T[ ] toArray(T[ ] a)
```

4. 范型中的类型通配符"?"

通过类型通配符可以对类型参数的取值范围进行限定。

（1）?：不受限制的类型，相当于? extends Object。

（2）? extends T：类型参数必须是 T 或 T 的子类。

（3）? super T：类型参数必须是 T 或 T 的父类。

【示例程序 7-8】 范型应用示例（GenericTest. java）。

功能描述：本程序在类定义和方法定义中应用了范型，并在主方法中进行了测试。

```
01  public class GenericTest < K, V > {
02      Hashtable < K, V > ht = new Hashtable < K, V >();
03      public void put(K k, V v){
04          ht.put(k, v);
05      }
06      public V get(K k){
07          return ht.get(k);
08      }
09      public static void main(String args[ ]){
10          GenericTest < Integer, String > gt = new
11  GenericTest < Integer, String >();
12          gt.put(9, "天王盖地虎");
13          System.out.println(gt.get(9));
14          GenericTest < String, Date > gt1 = new GenericTest < String, Date >();
15          gt1.put("好日子", new Date());
16          System.out.println(gt1.get("好日子"));
17      }
18  }
```

7.4.2　正则表达式

正则表达式(Regular Expression)是一个强大的字符串处理工具,可以对字符串进行查找、提取、分割、替换等操作。正则表达式是基于文本的编辑器和搜索工具的一个重要组成部分。现在的主流开发语言 Java、JavaScript、PHP 等都提供使用正则表达式的途径。尽管正则表达式本身既难懂又难读,但它也是一个功能强大而且未被充分利用的工具。

1. 正则表达式的特殊字符

正则表达式是包含以下内容的字符串:所有合法的可显示字符或控制字符。

(1)正则表达式中有特殊字符(有特殊含义和用途),如果要使用这些特殊字符,必须使用转义字符,如表 7-1 所示。

表 7-1　正则表达式特殊字符示例表

特 殊 字 符	说　　明
\	转义下一个字符,要匹配\本身,请使用\\
.	代表任何一个字符,要匹配.本身,请使用\\.
|	指定两项之间任选一项,要匹配|本身,请使用\\\|
?	指定前面的表达式可以出现0次或1次,要匹配? 本身,请使用\\?
*	指定前面的表达式可以出现0次或 n 次,要匹配 * 本身,请使用\\ *
+	指定前面的表达式可以出现1次或 n 次,要匹配＋本身,请使用\\＋
{}	大括号表达式,要匹配{}本身,请使用\\{和\\}
[]	中括号表达式,要匹配[]本身,请使用\\[和\\]
()	小括号表达式,要匹配()本身,请使用\\(和\\)
^	开始,要匹配^本身,请使用\\^
$	结束,要匹配 $ 本身,请使用\\ $

(2)通配符是正则表达式中用于匹配一类字符的特殊字符,如表 7-2 所示。

表 7-2　正则表达式通配符示例表

通配符	说　　明
\\d	digit,代表任何一个数字
\\D	代表任何一个非数字的字符
\\s	space,代表空格类字符:\t、\n、\r、\f
\\S	代表任何一个非空格类字符
\\w	word,代表可用于标识符的字符(字母、数字、下画线)
\\W	代表不能用于标识符的字符

(3)常用限定符指?、*、＋ 等在正则表达式中有特殊意义的字符,如表 7-3 所示。

表 7-3　正则表达式常用限定符示例表

常用限定符	说　　明
X?	X 出现0次或1次
X *	X 出现0次或多次
X+	X 出现1次或多次

续表

常用限定符	说　　明
X{n}	X 恰好出现 n 次
X{n,}	X 至少出现 n 次
X{n,m}	X 出现 n 次至 m 次

（4）方括号模式。在正则表达式中可以使用一对方括号括起若干个字符，代表方括号中的任何一个字符，如表 7-4 所示。

表 7-4　正则表达式方括号表达式示例表

方括号表达式	说　　明
[abc]	代表 a、b、c 中的任何一个
[^abc]	代表除了 a、b、c 以外的任何一个字符
[a-d]	代表 a～d 的任何一个字符
[a-d[m-p]]	代表 a～d 或 m～p 的任何字符（并集）
[a-z&&[def]]	代表 a～z 与 def 的交集，即 def
[a-f&&[^bc]]	代表 a～f 与 bc 的差集，即 adef

（5）圆括号模式。圆括号可以将括起的若干个字符串合成一个字符串，如表 7-5 所示。

表 7-5　正则表达式圆括号表达式示例表

圆括号表达式	说　　明
a(bc)*	代表 a 后面跟 0 个或者多个"bc"
a(bc){1,5}	代表 a 后面跟 1～5 个"bc"

2．几个常用的正则表达式

（1）邮政编码：如 056005。

"[0-9][0-9][0-9][0-9][0-9][0-9]"或"[0-9]{6}"或"\\d{6}"

（2）手机号。

"1[34578][0-9]\\d{8}"

（3）身份证号码：（18 位）。

"\\d{17}[0-9xX]"

（4）验证密码，要求密码必须由数字或字母组成，长度是 6～12。

"[\\da-zA-Z]{6,12}"

（5）只能输入汉字。

"[\u4e00-\u9fa5]{0,}"

3．正则表达式的使用

定义了正则表达式以后，就可以使用 Pattern 类和 Matcher() 来使用正则表达式。

【示例程序 7-9】　正则表达式示例（RegexTest.java）。

功能描述：本程序演示了用正则表达式去匹配字符串的 6 种方法。

```
01    public class RegexTest {
02        public static void main(String[] args) {
03            //1.利用 Pattern 类 matches()去判断指定的字符串是否匹配指定的正则表达式
04            //public static boolean matches(String regex, CharSequence
05    input)
06            System.out.println(Pattern.matches("a * b", "aaaaab"));
07            //2.用 String 类中 matches()方法去判断当前字符串是否匹配指定的正则表达式
08            //public boolean matches(String regex)
09            System.out.println("01234567890123456".matches("\\d{17}"));
10            //3.显示一个字符串中所有满足指定正则表达式的子字符串
11            Pattern p = Pattern.compile("ab\\. * c");
12            Matcher m = p.matcher("ab..cxyzab...cxxx");
13            while (m.find()) {
14                System.out.println(m.group() + ": " + m.start() + "," + m.end());
15            }
16            //4.用 Scanner 类指定分隔符
17            Scanner sc = new Scanner("1 fish 2 fish red fish blue fish");
18            sc.useDelimiter("\\s * fish\\s * ");
19            while(sc.hasNext()){
20                System.out.print(sc.next() + "\t");
21            }
22            sc.close();
23            System.out.println();
24            //5.用一个正则表达式去分割字符串
25            //java.lang.String.split(java.lang.String)
26            String str1 = "123a456B789c";
27            String sa1[] = str1.split("[a-zA-Z]");
28            System.out.println("共分割成了: " + sa1.length);
29            for (String s: sa1) {
30                System.out.print(s + "\t");
31            }
32            System.out.println();
33            //6.用一个正则表达式去分割字符串
34            //java.util.regex.Pattern.split(java.lang.CharSequence)
35            String str = "@answer = 2/3, score = 5, level = 5";
36            Pattern pattern = Pattern.compile("[@,][a-z] += ");
37            String sa[] = pattern.split(str);
38            //String sa[] = str.split("[@,][a-z] += ");
39            System.out.println("共分割成了: " + sa.length);
40            for (String s: sa) {
41                System.out.print(s + "\t");
42            }
43            //输出第一个是空
44        }
45    }
```

7.5 综合实例：文本分析编程，为祖国自豪

7.5.1 案例背景

新型冠状病毒感染疫情（简称疫情）是百年来全球发生的最严重的传染病大流行，是新中国成立以来我国遭遇的传播速度最快、感染范围最广、防控难度最大的重大突发公共卫生事件。

病毒突袭而至，疫情来势汹汹，人民生命安全和身体健康面临严重威胁。我国坚持人民至上、生命至上，以坚定果敢的勇气和坚忍不拔的决心，同时间赛跑、与病魔较量，迅速打响疫情防控的人民战争、总体战、阻击战，用一个多月的时间初步遏制疫情蔓延势头，用两个月左右的时间将本土每日新增病例控制在个位数以内，用三个月左右的时间取得武汉保卫战、湖北保卫战的决定性成果，进而又接连打了几场局部地区聚集性疫情歼灭战，夺取了全国抗疫斗争重大战略成果。在此基础上，我们统筹推进疫情防控和经济社会发展工作，抓紧恢复生产生活秩序，取得显著成效。中国的抗疫斗争，充分展现了中国精神、中国力量、中国担当。习近平总书记在全国抗击新冠肺炎疫情表彰大会上发表了重要讲话。

生逢盛世，吾辈当自强。

7.5.2 知识准备

中文分词是文本挖掘的基础，有十分广阔的应用前景。

分词就是将连续的字序列按照一定的规范，重新组合成语义独立的词序列的过程。英文分词可以通过空格和标点符号等分隔符完成。中文继承古代汉语的传统，词语之间没有分隔，因此，中文分词要比英文分词要复杂得多、困难得多。

中文是一种十分复杂的语言，让计算机理解中文语言更困难。在中文分词过程中，歧义识别、新词识别这两大难题一直没有被完全突破。

常见的Java开源免费的中文分词工具有HanLP、jieba、FudanNLP、LTP、THULAC、NLPIR等。本书以jieba为例编写中文分词应用程序。jieba支持Search、Index等多种分词模式，具有全角统一转成半角，用户词典功能，支持TF-IDF算法等。

【拓展知识7-4】 词频-逆文档频率算法（Term Frequency-Inverse Document Frequency，TF-IDF）是一种用于信息检索与数据挖掘的常用加权技术，常用于挖掘文章中的关键词，算法简单高效。

【拓展知识7-5】 GitHub是世界上最大的代码托管平台。目前有7300万开发者、400万组织机构、2亿仓库在使用GitHub。Gitee仓库为了提升国内镜像仓库的下载速度，每日与GitHub同步一次。

jieba中文分词应用程序用于编程的步骤如下。

（1）从GitHub原始仓库或Gitee仓库下载jieba-analysis源码。下载地址为github.com/huaban/jieba-analysis或gitee.com/mirrors/jieba-analysis。

（2）在Eclipse中创建Java Project，然后将源码中的相应文件复制到项目中。需要被复制的文件夹/文件如下：

① jieba-analysis-master\src\main\java\com\huaban\analysis\jieba 中的全部 8 个文件。

② jieba-analysis-master\src\main\java\com\huaban\analysis\jieba\viterbi 中的全部 1 个文件。

③ jieba-analysis-master\src\main\java\com\qianxinyao\analysis\jieba\keyword 中的全部 2 个文件。

④ jieba-analysis-master\src\main\resources 中的全部 6 个文件。

最终形成的项目文件结构如图 7-2 所示。

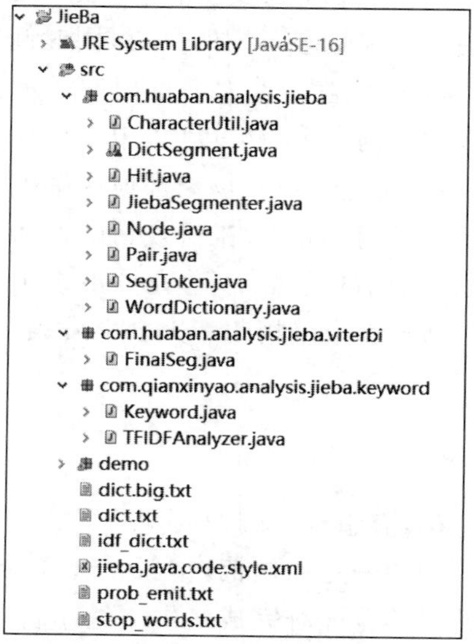

图 7-2　JieBa 项目文件结构

（3）可以在 demo 包下编写 JieBa 应用程序来进行测试。

```
01  public class Test{
02      public static void main(String[ ] args) throws Exception {
03          JiebaSegmenter segmenter = new JiebaSegmenter();
04          String str = "扣好人生第一粒扣子";
05          TFIDFAnalyzer tfidfAnalyzer = new TFIDFAnalyzer();
06          System. out. println(segmenter. process(str,
07  JiebaSegmenter. SegMode. SEARCH). toString());
08      }
09  }
```

7.5.3　编程实践

【示例程序 7-10】　对 WPS 文字文档加密并转为 PDF 文件（QrCodeUtils. java）。

功能描述：根据习近平总书记的讲话片段,输出讲话片段中"中国共产党""人民"和"抗疫"3 个词出现的次数,以及每个词第一次、最后一次出现的位置。对讲话文本进行中文分词词频统计并输出。

```
01  public class StringCount {
02      private static int countTimes(String txt, String s1) {
03          int n = 0;
04          int c1 = 0;
05          while((n = txt.indexOf(s1))!= -1) {
06              txt = txt.substring(n + 5);
07              c1++;
08          }
09          return c1;
10      }
11      public static void main(String[] args) {
12          String txt = "抗疫斗争伟大实践再次证明,中国共产党所具有的无比坚强的
13  领导力,是风雨来袭时中国人民最可靠的主心骨.中国共产党来自人民、植根人民,始
14  终坚持一切为了人民、一切依靠人民,得到了最广大人民衷心拥护和坚定支持,这是中
15  国共产党领导力和执政力的广大而深厚的基础.这次抗疫斗争伊始,党中央就号召全党,
16  让党旗在防控疫情斗争第一线高高飘扬,充分体现了中国共产党人的担当和风骨!在抗
17  疫斗争中,广大共产党员不忘初心、牢记使命,充分发挥先锋范范作用,25 000 多名优
18  秀分子在火线上宣誓入党.正是因为有中国共产党领导、有全国各族人民对中国共产党
19  的拥护和支持,中国才能创造出世所罕见的经济快速发展奇迹和社会长期稳定奇迹,我
20  们才能成功战洪水、防非典、抗地震、化危机、应变局,才能打赢这次抗疫斗争.历史
21  和现实都告诉我们,只要毫不动摇坚持和加强党的全面领导,不断增强党的政治领导力、
22  思想引领力、群众组织力、社会号召力,永远保持党同人民群众的血肉联系,我们就一
23  定能够形成强大合力,从容应对各种复杂局面和风险挑战.";
24          String s1 = "中国共产党";
25          String s2 = "人民";
26          String s3 = "抗疫";
27          System.out.printf("%s: 第一次出现位置: %d,最后一次
28  出现位置: %d,出现次数: %d\n",s1,txt.indexOf(s1),txt.lastIndexOf(s1),
29  countTimes(txt, s1));
30          System.out.printf("%s: 第一次出现位置: %d,最后一次出现位置: %d,
31  出现次数: %d\n",s2,txt.indexOf(s2),txt.lastIndexOf(s2),
32  countTimes(txt, s2));
33          System.out.printf("%s: 第一次出现位置: %d,最后一次出现位置: %d,
34  出现次数: %d\n",s3,txt.indexOf(s3),txt.lastIndexOf(s3),
35  countTimes(txt, s3));
36          int topN = 10;
37          TFIDFAnalyzer tfidfAnalyzer = new TFIDFAnalyzer();
38          List<Keyword> list = tfidfAnalyzer.analyze(txt, topN);
39          for (Keyword word: list) {
40          System.out.println(word.getName() + ": " + word.getTfidfvalue
41  ());
42          }
43      }
44  }
```

程序运行结果如下：

```
中国共产党：第一次出现位置：13,最后一次出现位置：253,出现次数：6
人民：第一次出现位置：39,最后一次出现位置：397,出现次数：8
抗疫：第一次出现位置：0,最后一次出现位置：327,出现次数：4
main dict load finished, time elapsed 1177 ms
model load finished, time elapsed 190 ms.
抗疫：0.0357
中国共产党：0.03
领导力：0.0254
人民：0.0233
斗争：0.0225
广大：0.0139
拥护：0.0118
奇迹：0.0116
防非典：0.0104
初心：0.0099
```

7.6 本章小结

本章介绍了 JDK 的常见类,主要包括 Collection 接口、List 接口、Set 接口及其实现类(ArrayList、LinkedList、HashSet、TreeSet 等),Map 接口及其实现类(HashMap、TreeMap),以中文繁简转换、汉字转拼音、文本转语音等类库为例,讲解了第三方类库的使用方法等内容。

经过本章的学习,读者应在编程中迅速掌握 Java 集合框架的主要接口、子接口及其实现类和第三方类库的应用等技巧,并且在利用 Java 解决问题的过程中对这些技巧融会贯通,在编程实践中能够灵活应用。

7.7 自测题

一、填空题

1. Java 集合类主要包括_____和_____两大类。前者及其实现类主要用来存放_____,而后者及其实现类用来存放_____。

2. 工具类_____与 Arrays 类相同,提供了操作_____及其子类的工具方法,如排序、二分法查找、洗牌、反向排序、填充、复制等。

3. 接口_____定义了一个有序的、元素可重复的集合的实现要求。主要有_____和_____、Vector 和 Stack 等实现类。

4. 接口_____是数学中的集合在 Java 中的实现,其中的元素具有无序性和唯一性(互异性)的特点。主要有_____和_____两种实现。

5. 接口 Map 的主要实现类有_____、Hashtable 和_____。

6. 假设要求密码必须由数字或字母组成,长度是 6~12 位,那么密码的正则表达式为：_____。手机号以数字 1 开始,第 2 位为 3、5、8 中任意一个数字,其他位是任意数字,长度是 11 位,那么手机号的正则表达式为：_____。

二、选择题

1. Given：

```
11   int i = (int)Math.random();
```

What is the value of i after line 11? （   ）

A. 0

B. 1

C. Compilation fails.

D. any positive integer between 0 and Integer.MAX_VALUE

E. any integer between Integer.MIN_VALUE and Integer.MAX_VALUE

2. Given：

```
020   String s = 1 + 9 + "Hello";
021   System.out.println(s);
```

What is the result? （   ）

A. 19Hello

B. 10Hello

C. Compilation fails.

D. An exception is thrown at runtime.

3. Which three are legal String declarations? (Choose three.)（   ）

A. String s＝null；

B. String s＝'null'；

C. String s＝(String)'abc'；

D. String s＝"This is a string"；

E. String s＝"This is a very\n long string"；

4. Given：

```
String a = "ABCD";
String b = a.toLowerCase();
b.replace('a', 'd');
b.replace('b', 'c');
System.out.println(b);
```

What is the result? （   ）

A. abcd

B. ABCD

C. dccd

D. dcba

E. Compilation fails.

F. An exception is thrown at runtime

三、程序运行题

1. 写出以下程序的运行结果。

```
01    public class LinkedListTest {
02        public static void main(String[] args) {
03            LinkedList < String > ll = new LinkedList < String >();
04            ll.add("bb");
05            ll.add("cc");
06            ll.addFirst("aa");
07            ll.addLast("dd");
08            ll.add(2, "ins");
09            System.out.println(ll.get(2));
10            ll.remove(0);
11            System.out.println(ll.get(2));
12        }
13    }
```

2. 写出以下程序的运行结果。

```
01    public class AreaCode {
02        public static void main(String[] args) {
03            HashMap < String,String > hh = new HashMap < String,String >();
04            hh.put("0310", "邯郸市");
05            hh.put("0311", "石家庄市");
06            hh.put("0312", "保定市");
07            hh.put("0313", "张家口市");
08            hh.put("0314", "承德市");
09            hh.remove("0311");
10            hh.put("0310", "Handan");
11            System.out.print(hh.size());
12            System.out.println(hh.get("0310"));
13        }
14    }
```

四、编程实践

1. 集合的并、交、差集运算(SetTest.java)。

编程要求：

(1) 建立两个集合 a={'a','b','c','1','2','3'},b={'e','f','1','2'}。

(2) 求集合 a,b 的并、交、差集。

编程提示：

(1) 用 HashSet < Character >集合实现。

(2) 用 protected Object clone()throws CloneNotSupportedException 实现集合的备份。

(3) 用方法 boolean addAll(Collection)、boolean removeAll(Collection)、boolean retainAll(Collection <?> c)分别实现集合的并、差、交集运算。

2. 用 LinkedList 类实现栈 Stack 并测试(MyStack.java)。

编程要求：

栈的特点：栈是一种操作受限的线性表,只能在栈顶插入元素,只能在栈顶删除元素,

7-5 集合的 并、交、 差集 运算

7-6 用 Linked-List 实现 栈 Stack

即先进后出（FirstInLastOut）。要求用 LinkedList 类实现栈这种数据结构，包括以下操作：

（1）public int length()

（2）void push(T o)

（3）T pop()

（4）public String toString()

编程提示：

（1）public void addFirst(E e)

（2）public E removeFirst()

3. 用 LinkedList 类实现队列 Queue 并测试（MyQueue.java）。

7-7 用 Linked-List 实现队列 Queue

编程要求：

队列的特点：队列是一种操作受限的线性表，只能在队尾插入元素，只能在队首删除元素，即先进先出（FirstInFirstOut）。要求用 LinkedList 类实现队列这种数据结构，包括以下操作：

（1）public int length()

（2）void add(E o)

（3）E remove()

编程提示：

（1）public void addLast(E e)

（2）public E removeFirst()

（3）public String toString()

4. 邮资组合程序（Stamp.java）。

编程要求：

7-8 邮资组合程序

某人有 5 张面额为 3 分和 4 张面额为 5 分的邮票，请编写一个程序，计算由这些邮票中的 1 张或若干张组合可以得到多少种不同的邮资，并分别按照邮资从小到大顺序显示和从大到小顺序显示。

编程提示：

（1）用双重循环得到邮资的排列组合可能。

（2）用 TreeSet() 实现邮资的升序（自然顺序）显示。

（3）使用 TreeSet() 构造方法，对需要添加到 set 集合中的元素实现 Comparable 接口进行排序。

5. 字符统计（CharCount.java）。

编程要求：通过键盘输入一个字符串，按字母顺序打印出每个字符及其出现次数。

编程提示：

（1）用 TreeMap < Character,Integer > 实现。

（2）循环遍历该字符串的每一个字符，如果 TreeMap 中已经存储该字符，则出现次数加 1，否则，存储该字符，出现次数计 1。

（3）TreeMap 已经覆盖 toString() 方法，直接用 System.out.println() 打印即可输出该 TreeMap 的内容。

第 8 章

Java I/O技术

名家观点

　　青年在成长和奋斗中,会收获成功和喜悦,也会面临困难和压力。要正确对待一时的成败得失,处优而不养尊,受挫而不短志,使顺境逆境都成为人生的财富而不是人生的包袱。

　　——习近平(2017年5月3日,习近平总书记在中国政法大学考察时的讲话)

　　捧着一颗心来,不带半根草去。

　　——陶行知(著名教育家)

　　一个人的价值,在于他贡献了什么,而不在于他获得了什么。

　　——爱因斯坦(1921年诺贝尔物理奖获得者,现代物理学的开创者)

本章学习目标

- 了解 Java I/O 技术的基本概念。
- 了解 InputStream、OutputStream、Reader、Writer 等类的应用。
- 掌握 File 类构造方法和常用方法的应用。
- 掌握字节输入输出流相关类应用并完成文件读写的编程。
- 掌握 DataInputStream 和 DataOutputStream 类应用并完成基本数据类型数据读写编程。
- 掌握 ObjectInputStream 和 ObjectOutputStream 类应用并完成引用数据类型数据读写(序列化与反序列化)编程。
- 掌握第三方类库 POI 的应用并完成 Excel 文件读写编程。

课程思政——索取和奉献,家国情怀

　　2007年度感动中国人物钱学森的颁奖词:在他心里,国为重,家为轻,科学最重,名利最轻。五年归国路,十年两弹成。开创祖国航天,他是先行人,披荆斩棘,把智慧锻造成阶梯,留给后来的攀登者。他是知识的宝藏,是科学的旗帜,是中华民族知识分子的典范。钱学森早已是家喻户晓的人物,他是"两弹一星"功勋奖章获得者,被誉为中国航天之父、中国导弹之父、中国自动化控制之父和火箭之王。这四个头衔中的任何一个,很多科学家穷其一生都无法获得。人们给予钱学森的最高评价是:正是由于钱学森的回国效力,让中国导弹、原子弹的发射向前推进了至少20年。

　　1985 年，邓稼先因核辐射病倒住院，期间好友杨振宁来到医院看望他。两人交谈过程中，杨振宁问邓稼先"两弹"研制成功，国家发了多少奖金。这个问题其他人也问过，邓稼先总是笑而不答。这次是好朋友询问，邓稼先如实告诉了他，"原子弹 10 元，氢弹 10 元。"能称得上民族脊梁的人，有一个共同的特点：他们不计代价，目标坚定，付出很多，得到很少。按照某些人的人生观、价值观和世界观，这不符合逻辑，非常不划算。显然在钱学森、邓稼先的身上信仰在起作用，家国情怀在起作用。

　　孟子云："天下之本在国，国之本在家，家之本在身。"家是国的基础，国是家的延伸。在中国人的精神谱系里，国家与家庭、社会与个人，都是密不可分的整体。"国家好，民族好，大家才会好"，"小家"同"大国"同声相应、同气相求、同命相依。正因为感念个人前途与国家命运的同频共振，所以我们主动融家庭情感与爱国情感为一体，从孝亲敬老、兴家乐业的义务走向济世救民、匡扶天下的担当。家国情怀宛若川流不息的江河，流淌着民族的精神道统，滋润着每个人的精神家园。

　　家庭是精神成长的沃土，家国情怀的逻辑起点在于家风的涵养、家教的养成。以正心诚意、修身齐家为基础，以治国平天下为旨归，把远大理想与个人抱负、家国情怀与人生追求熔融合一，是古人的宏愿，亦是今人传承家风和家教的本分。

8.1　Java I/O 技术简介

8-1　Java I/O 技术

　　在 Java 中，数据的输入和输出都是以流（Stream）的方式来处理。JDK 中与输入输出相关的包和类都集中存放在 java.io 包中。其中包含 5 个重要的基础类：InputStream、OutputStream、Reader、Writer 和 File。几乎所有与输入/输出（I/O）相关的类都继承了这 5 个类。利用这些类提供的方法，Java 可以方便地实现多种 I/O 操作和复杂的文件管理。

　　按流的方向可分为输入流和输出流。输入流是任何有能力产出数据的数据源，是从键盘、磁盘文件或网络等流向程序的数据流。输出流是任何有能力接收数据的接收端，是从程序流向显示器、打印机、磁盘文件、网络的数据流。注意，判断是输入流还是输出流，请以程序为参照物，否则会出现混乱。输入流和输出流示意图如图 8-1 所示。

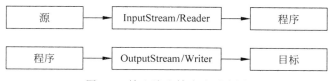

图 8-1　输入流和输出流示意图

　　【拓展知识 8-1】　输入和输出是广义的。凡是进入计算机（程序）的均为输入。凡是从计算机（程序）出去的均为输出。

　　Java 中的流按单位可分为字节流和字符流。按 Java 的命名惯例，凡是以 InputStream 结尾的类均为字节输入流，以 OutputStream 结尾的类均为字节输出流；凡是以 Reader 结尾的类均为字符输入流，以 Writer 结尾的类均为字符输出流。

　　Java 中最基本的流是字节流。Java 通过 InputStream、OutputStream 类及其子类提供了字节流的读写方法。为了方便处理双字节的 Unicode 字符,Java 通过 Reader、Writer 类及其子类提供了字符流的读写等操作。为了进一步提高效率,Java 还通过 BufferedReader、BufferedWriter 等类提供了带缓冲区的字符串读写操作。

在 JDK 1.4 以前,Java 的 I/O 操作集中在 java.io 这个包中,其中有基于字节流或字符流的阻塞(Blocking)API。I/O 流的好处是简单易用,缺点是效率较低。一些对性能要求较高的应用,尤其是服务器端应用,往往需要一个更为有效的方式来处理 I/O。从 JDK 1.4 开始,JDK 提供了 NIO(New I/O),这是一个基于缓冲区和块的非阻塞(Non Blocking)I/O 操作的 API。NIO 效率很高,但编程比较复杂。Java NIO 由以下几个核心部分组成:Channels、Buffers 和 Selectors。

8-2 常见 I/O 应用一

8.2 常见 I/O 应用编程一

8.2.1 File 类

File 类可以用来获取或处理与磁盘文件和文件夹相关的信息和操作,但不提供文件内容的存取功能。文件内容的存取功能一般由 FileInputStream、FileOutputStream、FileReader、FileWriter 等类实现。

File 类是对文件和文件夹的一种抽象表示(引用或指针)。File 类的对象可能指向一个存在的文件或文件夹,也可能指向一个不存在的文件或文件夹。

【拓展知识 8-2】 文件的定位。单机上的文件是通过磁盘+路径的方式来定位的。服务器(网络)资源是通过 URL 或 URI 来定位的。

查阅 JDK 帮助文档,掌握 File 类的常用构造方法和常用方法:

(1) public File(String pathname):用给定的路径构建 File 对象。

(2) public boolean exists():判断文件或文件夹是否存在。

(3) public boolean isDirectory():判断是否为文件夹。

(4) public long lastModified():返回文件最后被修改的时间,用毫秒数表示,可以被转换为日期类。

(5) public long length():返回文件的长度

(6) public File[] listFiles():返回该文件夹下所有的文件对象数组。

(7) public boolean mkdirs():一次建立多个文件夹。

(8) public boolean renameTo(File dest):文件或文件夹改名(可以移动)。

(9) public boolean delete():删除指定文件或文件夹。

【示例程序 8-1】 File 类应用示例(FileTest.java)。

功能描述:本程序演示了 File()构造方法和常用方法的应用,掌握获取指定文件的信息、给文件改名、删除文件、建立文件夹等操作。

```
01   public class FileTest {
02       public static void main(String[] args) throws Exception {
03           // 相对路径定位从项目文件夹开始
04           File f = new File("src\\chap06\\FileTest.java");
```

```
05          //获取指定文件的信息:是否为存在、是否文件夹、文件长度
06          System.out.println("f.exists() = " + f.exists());
07          System.out.println("f.isDirectory() = " + f.isDirectory());
08          System.out.println("f.length() = " + f.length());
09          //获取指定文件的文件名.扩展名、路径、路径\文件名.扩展名
10          System.out.println("f.getName() = " + f.getName());
11          System.out.println("f.getParent() = " + f.getParent());
12          System.out.println("f.getPath() = " + f.getPath());
13          //最后修改时间
14          long n = f.lastModified();
15          SimpleDateFormat sdf = new SimpleDateFormat("yyyy-MM-dd
16  HH:mm");
17          String s = sdf.format(new Date(n));
18          //绝对路径:盘符:\\文件名\\...\\
19          File f1 = new File("d:\\hb\\hd\\hdc");
20          // mkdirs()一次可以建立多个文件夹
21          f1.mkdirs();
22          File f2 = new File("d:\\hb\\hd\\hebeu");
23          // mkdir()一次只能建立一个文件夹
24          f2.mkdir();
25          // 利用 f3.renameTo(f4); 可以实现文件的移动
26          File f3 = new File("d:\\a.dat");
27          File f4 = new File("d:\\hb\\hd\\b.dat");
28          f3.createNewFile();
29          f3.renameTo(f4);
30      }
31  }
```

8.2.2 利用字节流完成文件的读写

FileInputStream 用于从本地文件系统中的一个文件读取字节数据。FileOutputStream：用于将数据写入文件字节输出流。

查阅 JDK 帮助文档,掌握 FileInputStream 类的常用构造方法和常用方法。

（1）public FileInputStream(File file)：以指定 File 对象为参数构造一个 FileInputStream 对象。

（2）public FileInputStream(String name)：以指定文件名为参数构造一个 FileInputStream 对象。

（3）public int read()：从文件输入流读入 1 字节的数据,如果到达文件结尾则返回 -1。

查阅 JDK 帮助文档,掌握 FileOutputStream 类的常用构造方法和常用方法。

（1）public FileOutputStream(File file)：以指定 File 对象为参数构造一个 FileOutputStream 对象。

（2）public FileOutputStream(File file,boolean append)：以指定 File 对象为参数构造一个 FileOutputStream 对象,append 取 true 时为追加,取 false 时为覆盖。

（3）public FileOutputStream(String name)：以指定文件名为参数构造一个 FileOutputStream 对象。

(4) public void write(int b)：向文件输出流写入 1 字节的数据。

【示例程序 8-2】 利用文件字节流实现文件的复制(FileByteCopy.java)。

功能描述：本程序利用 FileInputStream 和 FileOutputStream 实现了文件的复制。

```
01  public class FileByteCopy{
02    public static void main(String[] args) throws Exception{
03        // 建立文件输入字节流对象
04        FileInputStream fis = new FileInputStream
05  ("C:\\Windows\\winhlp32.exe");
06        // 建立文件输出字节流对象
07        FileOutputStream fos = new FileOutputStream("d:\\new.exe");
08        System.out.println("输入流剩余字节数：" + fis.available());
09        int b = 0;
10        // 1. 读1字节,写1字节,直到文件结尾 - 1,效率低,
11        while((b = fis.read())!= - 1) {
12            fos.write(b);
13        }
14        fis.close();
15        fos.close();
16        // 2.一次读取一个数组,1024 字节,效率高
17        FileInputStream fis1 = new FileInputStream
18  ("C:\\Windows\\winhlp32.exe");
19        FileOutputStream fos1 = new FileOutputStream("d:\\n.exe");
20        byte[] ba = new byte[1024];
21        while ((b = fis1.read(ba))!= - 1) {
22            fos1.write(ba,0,b - 1);
23        }
24        fis1.close();
25        fos1.close();
26    }
27  }
```

8.2.3　利用文件字符流完成文本文件的读写

FileReader 和 FileWriter 可用于从本地文本文件读取或写入字符数据,效率比字节流更高,支持 Unicode 编码,不易出现乱字符现象。

【示例程序 8-3】 利用文件字符流实现文件的复制(FileCharCopy.java)。

功能描述：本程序利用 FileReader 和 FileWriter 类实现了文件的复制。

```
01  public class FileCharCopy {
02    public static void main(String[] args) throws Exception {
03        FileReader fr = new FileReader("src\\chap08\\FileChar
04  Copy.java");
05        FileWriter fw = new FileWriter("d:\\FileCopy.java");
06        int ch = 0;
07        //1.一个字符一个字符读写,直到字符流结尾时返回 - 1,效率低,
```

```
08          while((ch = fr.read())!= -1){
09              fw.write((char)ch);
10          }
11          fr.close();
12          fw.close();
13          //2.一次读取一个字符数组,效率高
14          FileReader fr1 = new FileReader("src\\chap08\\FileCopy.java");
15          FileWriter fw1 = new FileWriter("d:\\FileCopy.java");
16          char[] ca = new char[1024];
17          int n = 0;
18          while((n = fr1.read(ca))!= -1){ //当到达字符流末尾时,返回 -1
19              fw1.write(ca,0,n-1);
20          }
21          fr1.close();
22          fw1.close();
23      }
24  }
```

8.2.4 利用 Scanner 和 PrintStream 完成文件的读写

以输入流、文件等作为参数来构建 Scanner 对象,然后就可以逐行逐字(根据正则表达式来分隔)来扫描输入流或文件中的整个文本,并对扫描后的结果做想要的处理。

PrintStream 在 OutputStream 基础之上提供了增强的功能,可以方便地输出各种类型数据的格式化表示形式。

查阅 JDK 帮助文档,掌握 Scanner 类中的常用构造方法和常用方法。

- public Scanner(File source)throws FileNotFoundException:用指定的文件构造一个 Scanner 对象。
- public boolean hasNextLine():如果有下一行,返回 true,否则返回 false。
- public String nextLine():扫描指针下移一行,返回该行的字符串。

查阅 JDK 帮助文档,掌握 PrintStream 类中的常用构造方法和常用方法。

- public PrintStream(File file):用指定的文件构造一个 PrintStream 对象。
- public PrintStream(String fileName):用指定的文件名构造一个 PrintStream 对象。
- public void println(String x):将给定的字符串输出。

【示例程序 8-4】 将九九乘法表输出到一个文本文件中(Nine2File.java)。

功能描述:本程序利用 PrintStream 实现了将九九乘法表输出到一个文本文件中。

```
01  public class Nine2File{
02      public static void main(String[] args) {
03          try {
04              //建立 PrintStream 对象,PrintStream(String fileName)
05              PrintStream ps = new PrintStream("d:\\Nine.txt");
06              //将九九乘法表同时输出到控制台和文件
07              for(int i = 1; i <= 9; i++){
```

```
08                    for(int j = 1; j < = i; j++){
09                        //System.out.printf("%d * %d = %2d\t",i,j,i * j);
10                        System.out.print(i + " * " + j + " = " + i * j + "\t");
11                        ps.printf("%d * %d = %2d\t",i,j,i * j);
12                    }
13                    System.out.println();
14                    ps.println();
15                }
16                ps.close();
17            } catch (FileNotFoundException e) {
18                e.printStackTrace();
19            }
20        }
21    }
```

【示例程序 8-5】 用 Scanner 和 PrintStream 类实现文件的复制(FileByteCopy.java)。

功能描述：本程序利用用 Scanner 和 PrintStream 中的方法实现了文件的复制。

```
01    public class FileByteCopyPS {
02        public static void main(String[] args) {
03            try {
04                //构造 Scanner 对象,Scanner(File source)
05                Scanner sc = new Scanner(new File("d:\\sg.txt"));
06                //构造 PrintStream 对象,PrintStream(String fileName)
07                PrintStream ps = new PrintStream("d:\\sgnew.txt");
08                while (sc.hasNext()) {
09                    String s = sc.nextLine();
10                    System.out.println(s);
11                    ps.println(s);
12                }
13                sc.close();
14                ps.close();
15
16            } catch (FileNotFoundException e) {
17                e.printStackTrace();
18            }
19        }
20    }
```

8-3　常见 I/O
应用二

8.3　常见 I/O 应用编程二

8.3.1　基本数据类型数据的读写

DataInputStream 类能够使 Java 应用程序以一种与机器无关的方式,直接从底层输入流读取 Java 的 8 种基本类型数据。DataOutputStream 类能够将 Java 基本类型数据写入到一个输出流,然后可以用 DataInputStream 输入流读取这些数据。

查阅 JDK 帮助文档，掌握 DataInputStream、DataOutputStream 类的常用构造方法和常用方法。

- public DataInputStream（InputStream in）：用指定的输入流构造一个 DataInputStream 对象。
- public final double readDouble() throws IOException：从 DataInputStream 对象中读取一个 double 值。
- public DataOutputStream（OutputStream out）：用指定的输出流构造一个 DataOutputStream 对象。
- public final void writeDouble(double v) throws IOException：将一个 double 值写入 DataOutputStream 对象中。

【示例程序 8-6】　DataInputStream 和 DataOutputStream 应用示例（DataStreamTest. java）。

功能描述：将 100 个随机生成的小数(0～1000)写入文件，要求以' '分隔。然后从该文件依次读出每一个小数，求出其中最大值、最小值、平均值并输出。

```
01  public class DataStreamTest {
02    public static void main(String[ ] args) throws IOException {
03      FileOutputStream fos = new FileOutputStream("d:\\test.dat");
04      DataOutputStream dos = new DataOutputStream(fos);
05      for(int i = 0; i < 100; i++) {
06        double d = Math.random() * 1000;
07        dos.writeDouble(d);
08        dos.writeChar('♯');
09      }
10      fos.close();
11      dos.close();
12      FileInputStream fis = new FileInputStream("d:\\test.dat")
13      DataInputStream dis = new DataInputStream(fis);
14      double max = 0;
15      double min = 1000;
16      double sum = 0;
17      for(int i = 0; i < 100; i++) {
18        double d = dis.readDouble();
19        char ch = dis.readChar();
20        sum += d;
21        if(d > max) {
22          max = d;
23        }
24        if(d < min) {
25          min = d;
26        }
27        System.out.println(d);
28      }
29    System.out.printf("max = %.2f,min = %.2f,avg = %.2f",max,min,sum/1000);
30    }
31  }
32
```

8.3.2 引用数据类型数据的读写

通常状况下,当 Java 程序运行结束时,JVM 内存中的相关对象将随之销毁。如果想将对象以某种方式保存下来,在程序的下次运行时再恢复该对象,可以通过对象的序列化和反序列化操作来实现。

(1)序列化指将内存中对象的相关信息(除 transient 以外的全部属性值)进行编码,然后写到外存的过程。注意:用 transient 修饰的对象变量将不会被序列化。

(2)反序列化的顺序正好与序列化过程相反,反序列化是将序列化后的对象信息从外存中读取,并重新解码、组装为对象的过程。Java 提供了 ObjectInputStream/ObjectOutputStream 类来实现序列化与反序列化。

只有实现了 java.io.Serializable 接口的类的对象才能被序列化和反序列化,否则会出现出错提示 java.io.NotSerializableException。

出于安全考虑,如果某些对象变量不想被序列化到外存,可以用 transient 关键字标记。被 transient 修饰的对象变量不参与序列化。

查阅 JDK 帮助文档,掌握 ObjectInputStream 类中的常用构造方法和常用方法。

(1)public ObjectInputStream(InputStream in):以 InputStream 对象为参数构造一个 Object 输入流对象。

(2)public final Object readObject():从对象输入流中读取一个对象的信息。

查阅 JDK 帮助文档,掌握 ObjectOutputStream 类中的常用构造方法和常用方法。

(1)public ObjectOutputStream(OutputStream out):以 OutputStream 对象为参数构造一个 ObjectOutputStream 对象。

(2)public final void writeObject(Object obj):将指定对象写入对象输出流中。

【示例程序 8-7】 ObjectInputStream 和 ObjectOutputStream 类应用示例(ObjectStreamTest.java)。

功能描述:Student 类有 4 个属性:sno、sname、password 和 sex。本程序生成 3 个 Student 对象,然后以 sno 为键,Student 对象为值,放入到 TreeMap 对象中。本程序演示了如何将 TreeMap 对象序列化到一个文件中,然后对其进行反序列化,重新组装成一个 TreeMap 对象。

```
01  //实现 Serializable 接口的类才能序列化,否则抛出异常 NotSerializableException
02  class Student implements Serializable {
03      private int sn;
04      private String sname;
05      //transient 修饰的对象变量不参与序列化
06      transient String password;
07      private char sex;
08      public Student() {
09      }
10      public Student(int sn, String sname,String password,char sex){
11          super();
12          this.sn = sn;
13          this.sname = sname;
```

```
14          this.password = password;
15          this.sex = sex;
16      }
17      @Override
18      public String toString() {
19          return "Student[" + sn + "," + sname + "," + password + "," + sex + "]";
20      }
21      public int getSn() {
22          return sn;
23      }
24      public void setSn(int sn) {
25          this.sn = sn;
26      }
27  }
28  public class ObjectStreamTest {
29      //序列化方法
30      public void saveObj() {
31          Student s1 = new Student(201901,"李蛋","123456",'男');
32          Student s2 = new Student(201902,"建国","123456",'男');
33          Student s3 = new Student(201903,"池子","123456",'男');
34          TreeMap < Integer,Student > tm = new
35  TreeMap < Integer,Student >();
36          tm.put(s1.getSn(),s1);
37          tm.put(s2.getSn(),s2);
38          tm.put(s3.getSn(),s3);
39          System.out.println(tm);
40          try {
41              FileOutputStream fo = new FileOutputStream("d:\\o.ser");
42              ObjectOutputStream so = new ObjectOutputStream(fo);
43              //将对象 tm 序列化到文件 d:\\o.ser
44              so.writeObject(tm);
45              so.close();
46          } catch (Exception e) {
47              System.err.println(e);
48          }
49      }
50      //反序列化方法
51      public void readObj() throws Exception {
52          TreeMap < Integer,Student > tm = new
53  TreeMap < Integer,Student >();
54          FileInputStream fi = new FileInputStream("d:\\o.ser");
55          ObjectInputStream si = new ObjectInputStream(fi);
56          //从 d:\\o.ser 中进行反序列化,重新组装成对象 stu
57          tm = (TreeMap < Integer,Student >)si.readObject();
58          si.close();
59          System.out.println(tm);
60      }
61      public static void main(String args[]) throws Exception {
62          ObjectStreamTest os = new ObjectStreamTest();
63          os.saveObj();
```

```
64          os.readObj();
65      }
66  }
```

8.3.3 利用 POI 读写 Excel

Apache POI 是 Apache 软件基金会的开放源码程序库。POI 提供通过 Java 语言对 Microsoft Office 文件进行读写的 API,支持 Office97-2007 文档格式(包括 XLSX、DOCX 和 PPTX)。下载地址 http://poi.apache.org/,其框架结构如下:

(1) HSSF:提供读写 Excel(97-2007)格式文件的功能。

(2) XSSF:提供读写 Excel 2007 OOXML 格式文件的功能。

(3) HWPF:提供读写 Word 格式文件的功能。

(4) HSLF:提供读写 PowerPoint 格式文件的功能。

(5) HDGF:提供读写 Visio 格式文件的功能。

【拓展知识 8-3】 Apache 软件基金会。Apache 软件基金会是专门为支持开源软件项目而办的一个非盈利性组织。Apache 旗下有许多影响深远的软件产品,如 Subversion、Ant、Commons、iBatis、Maven、Tomcat、Hadoop 等。

【示例程序 8-8】 用 POI HSSF 实现 Excel 文件的读写(ExcelRW.java)。

功能描述:本程序实现了读取一个 Excel 文件内容,并写到另一个 Excel 文件中。

(1) 下载 POI 组件:https://poi.apache.org/download.html♯POI-4.1.2。

(2) 将 POI 组件中的 JAR 包复制到 JavaProject 并添加到 buildpath。

(3) 创建一个 Excel 文件,如 student.xls(序号、姓名、出生日期、身高、身份证号)涵盖字符、数值、日期等数据类型,复制到工程中。

(4) 创建工作簿对象、工作表对象、行对象、单元格对象,循环读取单元格数据,然后写到目标文件的单元格中。

```
01  public class ExcelRW {
02      public static void main(String[] args) throws Exception {
03          FileInputStream fis = new
04  FileInputStream("src\\chap08\\Student.xls");
05          HSSFWorkbook wk1 = new HSSFWorkbook(fis);
06          HSSFWorkbook wk2 = new HSSFWorkbook();
07          FileOutputStream fos = new
08  FileOutputStream("d:\\Stud.xls");
09          // HSSFSheet sheet = wk1.getSheet("Sheet1");
10          HSSFSheet sheet = wk1.getSheetAt(0);
11          HSSFSheet sheet2 = wk2.createSheet("测试");
12          HSSFRow row = sheet.getRow(0);
13          HSSFRow row2 = sheet2.createRow(0);
14          int n = sheet.getPhysicalNumberOfRows();
15          String s1 = row.getCell(0).getStringCellValue();
16          HSSFCell c1 = row2.createCell(0);
17          c1.setCellValue(s1);
```

```
18          String s2 = row.getCell(1).getStringCellValue();
19          HSSFCell c2 = row2.createCell(1);
20          c2.setCellValue(s2);
21          String s3 = row.getCell(2).getStringCellValue();
22          HSSFCell c3 = row2.createCell(2);
23          c3.setCellValue(s3);
24          String s4 = row.getCell(3).getStringCellValue();
25          HSSFCell c4 = row2.createCell(3);
26          c4.setCellValue(s4);
27          String s5 = row.getCell(4).getStringCellValue();
28          HSSFCell c5 = row2.createCell(4);
29          c5.setCellValue(s5);
30          System.out.printf("%s\t%s\t%s\t%s\t%s\n", s1, s2, s3,
31   s4, s5);
32          System.out.println(n);
33          SimpleDateFormat sdf = new
34   SimpleDateFormat("yyyy-MM-dd");
35          CreationHelper createHelper = wk2.getCreationHelper();
36          for (int i = 1; i < n; i++) {
37              row = sheet.getRow(i);
38              row2 = sheet2.createRow(i);
39              double d1 = row.getCell(0).getNumericCellValue();
40              c1 = row2.createCell(0);
41              c1.setCellValue(d1);
42              String d2 = row.getCell(1).getStringCellValue();
43              c2 = row2.createCell(1);
44              c2.setCellValue(d2);
45              Date d3 = row.getCell(2).getDateCellValue();
46              c3 = row2.createCell(2);
47              CellStyle cellStyle = wk2.createCellStyle();
48          cellStyle.setDataFormat(createHelper.createDataFormat().
49   getFormat("yyyy-MM-dd"));
50              c3.setCellStyle(cellStyle);
51              c3.setCellValue(d3);
52              double d4 = row.getCell(3).getNumericCellValue();
53              c4 = row2.createCell(3);
54              c4.setCellValue(d4);
55              String d5 = row.getCell(4).getStringCellValue();
56              c5 = row2.createCell(4);
57              c5.setCellValue(d5);
58              System.out.printf("%.0f\t%s\t%s\t%.2f\t%s\n", d1,
59   d2, sdf.format(d3), d4, d5);
60          }
61          wk2.write(fos);
62      }
63  }
```

8.4 综合实例：WPS文档加密编程，国产软件之光

8.4.1 案例背景

20世纪80年代，被称为DOS时代，是一个软件行业蓬勃发展的时代，也是一个令人肃然起敬的时代。当时我国涌现了一大批技术"大牛"和经典软件，如王选开发的汉字激光照排技术、求伯君开发的金山WPS、史玉柱开发的汉卡系统、王永民开发的五笔字型输入法、鲍岳桥开发的UCDOS等。

1988年，"中国程序员第一人"求伯君用了整整14个月，在386计算机上敲了128万行汇编语言代码，写出了中国第一个中文字处理系统WPS。1989年，求伯君正式推出WPS1.0版，WPS迅速普及全国，在国内办公软件市场的占有率达90%。1992年，雷军加入了金山公司。1994年，微软公司进入中国，主动向金山公司抛出橄榄枝，希望与WPS在格式上兼容。WPS之后被微软的Office打败，金山公司由此进入"至暗时刻"。2005年，推倒重写的WPS Office受到业界高度认可，金山公司宣布WPS个人版免费使用。2011年，金山办公正式发布WPS Office移动端。

在WinTel时代，微软Office占尽优势。在移动互联时代，金山软件重回巅峰。2021年5月，金山办公CEO章庆元(WPS2005开发团队技术负责人)在采访中说："33年的发展历程里，WPS有相当一段时间在与微软竞争。一开始公司以为做好一个产品就能赢。但慢慢发现，中国软件和国外软件企业竞争，本质上不是产品的竞争，而是生态和标准的竞争。"以下几个数字可以说明WPS Office的市场影响力。

（1）WPS Office、金山文档等办公软件产品和服务，为全球220多个国家和地区的用户提供办公服务。WPS的海外市场占有率在PC端为40%，移动端为90%，月活用户超过1亿。

（2）每天全球有超过5亿个文件在WPS Office平台上被创建、编辑和分享。

（3）每月全球有超过3.1亿用户使用金山办公的产品进行创作。

（4）截至2021年底，WPS Office的海外用户已超过1.3亿。

8.4.2 知识准备

Free Spire. Doc for Java是一款专业的Java Word组件，开发人员使用它可以轻松地将Word文档的创建、读取、编辑、转换和打印等功能集成到自己的Java应用程序中。作为一款完全独立的组件，Spire. Doc for Java的运行环境无须安装Microsoft Office。该组件同时兼容大部分国产操作系统，能够在中标麒麟和中科方德等国产操作系统中正常运行。

Spire. Doc for Java能执行多种Word文档处理任务，包括生成、读取、转换和打印Word文档，插入图片，添加页眉和页脚，创建表格，添加表单域和邮件合并域，添加书签，添加文本和图片水印，设置背景颜色和背景图片，添加脚注和尾注，添加超链接、数字签名，加密和解密Word文档，添加批注，添加形状等。

【拓展知识8-4】 Spire. Office产品

成都冰蓝科技有限公司自主研发的产品包括Spire. Doc、Spire. XLS、Spire. PDF、Spire.

Presentation、Spire. Barcode 等系列 Spire. Office 产品。同时，Spire. Office 组件客户遍及全球 60 多个国家，使用率涵盖大多数的财富 500 强企业，帮助了大量公司的开发人员更容易、更好、更快、更富有成效地开发并向他们的客户提供值得信赖的应用程序。官方网址为 https://www.e-iceblue.cn。

8.4.3 编程实践

【示例程序 8-9】 WPS 文本文档加密并转 PDF 文档（WPS2PDF. java）。
功能描述：给定一个 WPS 文本文档，用指定密码加密，并转为 PDF 文档。

```
01  public class WPS2PDF {
02      public static void main( String[ ] args)throws Exception {
03          //通过流加载 WPS 文本文档
04          FileInputStream fis = new FileInputStream("d:\\习言习
05  语.wps");
06          Document doc = new Document();
07          doc.loadFromStream(fis,FileFormat.Doc);
08          //新建 ToPdfParameterList 实例
09          ToPdfParameterList toPdf = new ToPdfParameterList();
10          //为 PDF 文档设置打开密码和权限密码
11          toPdf.getPdfSecurity().encrypt("hdc","zyj",
12  PdfPermissionsFlags.Default,PdfEncryptionKeySize.Key_128_Bit
13          );
14          doc.saveToFile("d:\\习言习语.pdf",toPdf);
15      }
16  }
```

8.5 本章小结

本章介绍了 Java I/O 技术。首先介绍 java. io 包中最重要的 5 个基础类：InputStream、OutputStream、Reader、Writer 和 File 类，然后用程序示例介绍了 FileInputStream 和 FileOutputStream 类、Scanner 和 PrintStream 类、DataInputStream 和 DataOutputStream 类、ObjectInputStream 和 ObjectOutputStream 类，最后介绍了 POI 开源类库实现 Office 文档的读写基本方法。

经过本章的学习，读者应该逐渐熟悉 java. io 包的常用类和常用方法，初步掌握 Java I/O 编程技术，能解决常见的问题。

8.6 自测题

一、填空题

1. JDK 中与输入输出相关的包和类都集中存放在_____包中，其中最重要的 5 个类：_____、_____、_____、_____和_____。

2. 按 Java 的命名惯例，凡是以_____结尾的类为字节输入流，以_____结尾的类为字节输出流。凡是以_____结尾的类均为字符输入流,以_____结尾的类均为字符输出流。

3._____类是对文件和文件夹的一种抽象表示(引用或指针)。

4._____类直接从底层输入流读取 Java 基本类型数据,_____类能够将 Java 基本类型数据写入到一个底层输出流。

5. Java 通过_____类实现对象的序列化,通过_____类实现对象的反序列化。

6. 只有实现 java.io._____接口的类的对象才能被序列化和反序列化。用关键字_____修饰的对象变量将不会被序列化。

7._____是_____软件基金会的开放源码程序库,它提供通过 Java 语言对 Microsoft Office 文件进行读写的 API。

二、编程实践

1. 模拟 DOS 的 dir 命令(Dir.java)。

编程要求:要求使用 File 类的相关方法实现 DOS 命令 dir 的输出结果,输出的信息如图 8-2 所示。

图 8-2 要求输出的信息

编程提示:

(1) 使用 File 类的相关方法。

(2) 使用 SimpleDateFormat 类的相关方法。

2. 用四种方法实现文件的复制(FileCopy.java)。

编程要求:分别用字节流、字符流、带缓冲的字符流、Scanner 和 PrintStream 四种方法实现文件的复制操作。

编程提示:

(1) 使用 FileInputStream 和 FileOutputStream 类的相关方法。

(2) 使用 FileReader 和 FileWriter 类的相关方法。

(3) 使用 BufferedReader 和 BufferedWriter 类的相关方法。

(4) 使用 Scanner 和 PrintStream 类的相关方法。

3. 基本数据的文件读写(DataRWTest.java)。

编程要求:将[50,100)中 100 个随机生成的小数写入文件,要求以'♯'分隔。然后从该文件依次读出每个小数,求出其中最大值、最小值、平均值并输出。

编程提示:

(1)采用 RandomAccessFile 类的相关方法。

(2)采用 DataInputStream 和 DataOutputStream 类的相关方法。

4. 单词统计(WordCount. java)。

编程要求:给定英文文本文件,统计每个英文单词出现的次数,要求按字母顺序排列。

编程提示:

(1)用 TreeMap < String,Integer >实现。

(2)循环遍历该文本文件的每个字符串,如果 TreeMap 中已经存储该字符串,则出现次数加1,否则,存储该字符串,出现次数为1。

(3)用 String 类中的 public String[] split(String regex)实现。

8-4 单词统计

第9章

Java GUI编程技术

名家观点

"天地英雄气,千秋尚凛然。"一个有希望的民族不能没有英雄,一个有前途的国家不能没有先锋。包括抗战英雄在内的一切民族英雄,都是中华民族的脊梁,他们的事迹和精神都是激励我们前行的强大力量。

——习近平(2015年9月2日,习近平总书记在颁发"中国人民抗日战争胜利70周年"纪念章仪式上的讲话)

以用户为中心,其他一切纷至沓来。

——Google 信条

在计算机领域,美比其他领域都更重要,因为软件太复杂了。美是抵御复杂性的终极防御。

——大卫·格林特(David Gelernter)

本章学习目标

- 了解 Java 图形用户界面(Java GUI)编程技术的基本概念。
- 掌握 java.awt 包和 javax.swing 包中组件类、布局管理器类、其他类的构造方法、常用方法和事件处理机制,学会在编程中灵活应用。
- 掌握 Color 类和 Font 类,学会在编程中灵活应用。
- 掌握 WindowBuilder 插件的在线安装、基本功能、事件处理、生成代码的改造等基本技能。

课程思政——设计美学

设计美学是在现代设计理论和应用的基础上,结合美学与艺术研究的传统理论而发展起来的一门新兴学科。设计是一门以技术和艺术为基础并在应用中使二者相结合的边缘性学科。设计美学的基本构成要素:形式美、功能美、技术美和材料美。

软件设计=工程设计+艺术设计。

用户界面(User Interface,UI),是人机交互的重要部分,也是软件给使用者的第一印象,是软件设计的重要组成部分。所谓的用户体验大部分时候就是指软件界面的设计。

界面设计是为了满足软件专业化、标准化的需求而产生的,对软件的使用界面进行美化、优化、规范化的设计分支,包括：产品原型设计、UI视觉设计(UI风格和配色、UI视觉呈现、UI动画效果设计)、交互与用户体验设计等。具体到软件界面设计,大致包括软件启动界面设计、软件框架设计、按钮设计、面板设计、菜单设计、标签设计、图标设计、滚动条及状态栏设计、安装过程设计、包装及商品化设计等。

避近编码,易读性好的代码颜值最高。

9.1 Java GUI 编程技术简介

9-1 Java GUI 编程技术简介

Java 的 GUI 库最主要的有 3 种：AWT、swing 和 SWT/JFace。AWT 和 swing 是 Sun 随 JDK 一起发布的。

9.1.1 AWT

AWT(Abstract Window Toolkit,抽象窗口工具包)是最原始的 Java GUI 工具包。AWT 相关的类和接口集中存放在 java.awt 包中。AWT 提供了创建 GUI 的工具包,包括基础的组件、布局管理器、绘图、事件处理等。AWT 主要由 C 语言开发,灵活性差,运行时系统消耗资源多,属重量级的 Java 组件,很难做到美观,功能也比较简陋。

9.1.2 swing

针对 AWT 存在的问题,Sun 公司 1998 年对 AWT 进行了扩展,开发出了 swing 组件。swing 相关的类和接口集中存放在 javax.swing 包中。swing 组件包括了 AWT 中已经提供的 GUI 组件,同时包括一套高层次的轻量级 GUI 组件。swing 组件由纯 Java 代码实现,没有本地代码,不依赖操作系统的支持,采用可插入的外观。swing 继续使用了 AWT 的事件处理模型。常见的 swing 组件示例如图 9-1 所示。

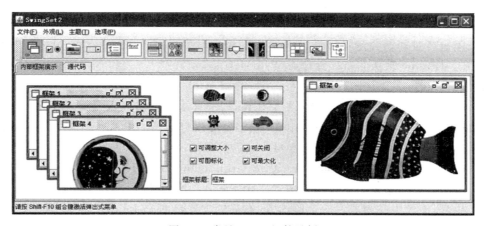

图 9-1　常见 swing 组件示例

9.1.3　GUI 设计工具

为简化 GUI 应用开发的难度,提高开发的效率,可以像在 Visual Studio 中一样通过拖曳控件来编写 GUI 程序,Visual Editor、Jigloo、Matisse Project、WindowBuilder Pro 等 Java GUI 可视化开发工具也相继被开发并推广。本节将采用 WindowBuilder 来进行 GUI 应用开发。

WindowBuilder 是一款免费的、开源的、非常好用的 swing/SWT 可视化开发工具插件。它是一个非常强大并且易于使用的双向 Java GUI 设计器。WindowBuilder 能够无缝集成到任何基于 Eclipse 的 Java 开发环境中。借助于其拖曳功能,开发者可以轻松添加众多组件并迅速创建复杂的窗口,同时可自动生成 Java 代码,简化开发应用程序的步骤。WindowBuilder Pro 生成的 GUI 代码可读性很强,并且开发者可以自由修改代码,保存后保持和界面同步更新。

9.2　Java GUI 相关类和接口

9-2　Java GUI
相关类
和接口

9.2.1　组件类

一个 Java 图形界面由各种不同类型的"元素"组成,如窗口、菜单栏、对话框、标签、按钮、文本框等,这些"元素"统一被称为组件(Component)。java.awt 包提供了 Component 抽象类,构成了 Java GUI 的基础,大部分 AWT 组件都是由该类派生出来的。

按照不同的功能,组件可分为顶层容器、中间容器、基本组件。基本组件不能被独立地显示出来,必须将其放在特定的对象——容器中才能被显示出来。每个容器类都和一个布局管理器相关联,以确定其中组件的布局。

1. 顶层容器

顶层容器属于窗口类组件,可以被独立显示。图形界面至少要有一个顶层容器。swing 顶层容器包括 JFrame、JApplet、JDialog、JWindow。

JFrame 类是最常用的顶层容器,带有窗口标题,可最大化、最小化、还原、改变窗口大小,当关闭窗口时并不会释放资源。JFrame 初始化时为不可见,可用 setVisible(true) 使其显示出来。JFrame 默认的布局管理器是 BorderLayout。

2. 中间容器

swing 的中间容器包括轻量级面板(JPanel)、带有滚动条的面板(JScrollPane)、分隔面板(JSplitPane)、选项卡面板(JTabbedPane)、多层面板(JLayeredPane)、工具栏(JToolBar)、菜单栏(JMenuBar)、弹出菜单(JPopupMenu)、内部窗口(JInternalFrame)等。

JPanel 是一种无边框的中间容器。因为 GridLayout、BorderLayout 中一个区域只能放置一个组件,所以通常要将多个组件放入一个 Panel 中间容器,再将这个 Panel 放入顶层容器或顶层容器中的中间容器。Panel 默认的布局管理器是 FlowLayout。

3. 基本组件

基本组件类是构成 GUI 的基本元素,具有坐标位置、大小、颜色等属性,可以获得焦点、接收或显示数据、响应事件。

AWT常见的组件包括：文本标签(Label)、按钮(Button)、画布(Canvas)、单行文本框(TextField)、多行文本框(TextArea)、复选框(Checkbox)、下拉式列表(Choice)、容器类(Container)、列表(List)、滚动条(Scrollbar)等。

绝大部分swing组件类的名称和对应AWT组件类的名称基本一致，只要在原来的AWT组件类名前添加"J"即可。Swing的常见组件包括：文本标签(JLabel)、按钮(JButton)、单行文本框(JTextField)、单行密码框(JPasswordField)、多行文本框(JTextArea)、单选按钮(JRadioButton)、复选按钮(JCheckbox)、下拉式列表框(JComboBox)、列表(JList)、滚动条(JScrollbar)、滑块(JSlider)、文件选择框(JFileChooser)、颜色选择框(JColorChooser)、表格(JTable)、树(JTree)、进度条(JProgressBar)等。

请识别图9-2所示的"用户注册窗口"中的组件。

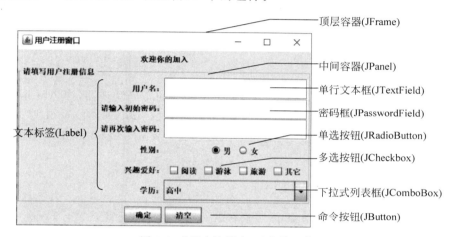

图9-2 "用户注册窗口"中的组件

9.2.2 布局管理器

AWT提供了FlowLayout、BorderLayout、GridLayout、CardLayout、GridBagLayout等布局管理器类来管理各种组件在容器中的放置状态。当一个容器被创建时如果没有被指定布局管理器，它们就采用默认的布局管理器。Panel的默认的布局管理器是FlowLayout。Window、Frame和Dialog默认的布局管理器是BorderLayout。AWT提供的常见布局管理器介绍如下。

1. 流式布局

流式布局(FlowLayout)是最简单的布局管理器。在FlowLayout中，不必指定每个控件放在哪，FlowLayout会根据添加控件的顺序依次从左向右放置控件，如果空间不够，组件满一行后自动换行。

2. 边界布局

边界布局(BorderLayout)将容器划分为NORTH、WEST、EAST、SOUTH、CENTER五个区域。将控件放入容器时，必须指定控件放置的区域。如图9-3所示，每个区域只能放一个控件，组件自动扩展大小以填满该区域。NORTH、SOUTH区域中的组件只能自动扩展宽度,高度不变;WEST、EAST 区域中的组件只扩展高度,宽度不变;CENTER 区域的组件高度、宽度均自动扩展。当容器上放置的组件少于五个,没有放置组件的区域将被相邻的区域占用。为了在一个区域中放置多个组件,可以先放一个中间容器 Panel,然后再放入组件。

3. 网格布局

网格布局(GridLayout)是将容器切割为棋盘一样 m 行 n 列的网格,如图 9-4 所示,每个网格只可以放置一个组件。添加到容器的组件从左向右、自上而下依次放置。

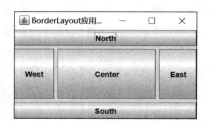

图 9-3　BorderLayout 布局　　　　　　图 9-4　GridLayout 布局

swing 在 AWT 布局管理器的基础上提供了更高级的布局管理器,如 AbsoluteLayout、BoxLayout、GroupLayout、SpringLayout、JGoodies FormLayout、MiGLayout 等。通过使用这些布局管理器,可以设计出更好、更适用的图形界面。WindowBuilder Pro 提供了以上布局管理器的支持。

9.2.3　Java 事件处理机制

Java 事件处理机制由事件源、事件对象和事件监听器 3 部分组成。

(1) 事件源。事件源指能产生 AWT 事件的各种 GUI 组件,如按钮、菜单等。

(2) 事件对象。事件对象指在 java.awt.event 包中定义的、Java 能够处理的事件,其命名均以 Event 结尾,与事件监听器(命名以 Listener 结尾)一一对应。

(3) 事件监听器。事件监听器负责监听和处理某种特定事件 XxxEvent。当一个类实现了 XxxListener 接口或继承了 XxxAdapter 抽象类后,就拥有了充当事件监听器的资格。

当用户在 GUI 组件上触发了一个事件后,AWT 就将事件对象封装后传递给事件监听器,事件监控器负责处理事件。一个事件源上可能发生多种事件,一个事件监听器可以监听不同事件源上的同一类事件。部分 AWT 事件、事件监听器和事件处理方法对应关系如表 9-1 所示。

表 9-1　AWT 事件、事件监听器和事件处理方法对应表

序号	AWT 事件	事件监听器	事件处理方法
1	ActionEvent	ActionListener	单击按钮、文本框内回车、单击菜单项(ActionPerformed)
2	KeyEvent	KeyListener	输入某个字符(keyTyped)、按下某个键(keyPressed)、释放某个键(keyReleased)
3	MouseMotionEvent	MouseMotionListener	鼠标拖动(mouseDragged)、鼠标移动(mouseMoved)

续表

序号	AWT 事件	事件监听器	事件处理方法
4	MouseEvent	MouseListener	鼠标单击（mouseClicked）、进入组件（mouseEntered）、离开组件（mouseExited）、按下左键（mousePressed）、释放左键（mouseReleased）
5	WindowEvent	WindowListener	窗口第一次可见（windowOpened）、正在关闭窗口（windowClosing）、窗口已经关闭（windowClosed）、窗口最小化（window Iconified）、窗口最大化（windowDeiconified）、窗口获得焦点（window Activated）、窗口失去焦点（windowDeactivated）
6	FocusEvent	FocusListener	组件获得焦点（focusGained）、失去焦点（focusLost）
7	TextEvent	TextListener	JTextfield 或 JTextArea 等对象的文本改变（textValueChanged）
8	ContainerEvent	ContainerListener	在容器中添加组件（componentAdded）、删除组件（componentRemoved）
9	ComponentEvent	ComponentListener	Component 的所有子类移动、改变大小、隐藏或显示

下面通过一个实例来说明事件处理流程（对一个按钮对象的单击事件进行监听）。

（1）建立事件监听器类。一个类实现了指定事件监听器接口，重写了其中的抽象方法，就拥有了事件监听器的资格。下面以 ActionEvent、ActionListener 为例：

```
class Handler implements ActionListener{
    public void actionPerformed(ActionEvent e){
        //处理事件代码
    }
}
```

（2）将事件源和事件监听器关联起来。

```
button.addActionListener(this);
```

（3）在事件处理方法中编写事件处理代码。

【示例程序 9-1】　常用 GUI 模板（GUIModel.java）。

功能描述：本程序利用 swing 组件实现了一个空的 GUI 窗口，如图 9-5 所示，设置了窗口大小、居中、布局、可视等属性，带 ActionEvent 事件处理机制，设置单击窗口关闭时响应 windowClosing 事件弹出确认框，JTextArea 一直出现水平和垂直滚动条。

```
01  public class GUIModel extends JFrame implements ActionListener,
02  WindowListener{
03      //定义基本组件
04      private JLabel jl = new JLabel("提示：");
```

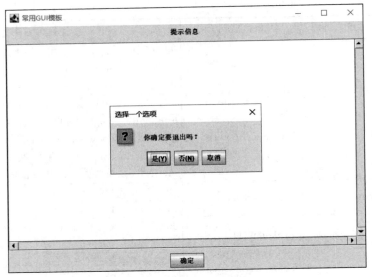

图 9-5 常用 GUI 模板界面

```
05      private JTextArea jta_test = new JTextArea("",500,300);
06      private JButton jb_ok = new JButton("确定");
07      //定义中间容器
08      JPanel jp_top = new JPanel();
09      JPanel jp_center = new JPanel();
10      JPanel jp_bottom = new JPanel();
11      public GUIModel(){
12          super("常用 GUI 模板");
13          init();
14      }
15      public void init(){
16          setSize(640,480);                       //设置窗口大小
17          setLocationRelativeTo(null);            //设置窗口居中
18          //设置单击窗口关闭时无效,响应 windowClosing 事件,弹出确认框
19  setDefaultCloseOperation(WindowConstants.DO_NOTHING_ON_CLOSE
20  );
21          //顶层容器 JFrame 默认布局为 BorderLayout
22          jp_top.add(jl);
23          jp_bottom.add(jb_ok);
24          //设置 JTextArea 的垂直和水平滚动条
25          JScrollPane jsp = new JScrollPane();
26          jsp.setViewportView(jta_test);
27      jsp.setHorizontalScrollBarPolicy(JScrollPane.HORIZONTAL_SCRO
28  LLBAR_ALWAYS);
29      jsp.setVerticalScrollBarPolicy(JScrollPane.VERTICAL_SCROLLBA
30  R_ALWAYS);
31          jp_center.add(jsp,BorderLayout.CENTER);
32          //将中间容器分别放入指定区域
33          add(jp_top,BorderLayout.NORTH);
```

```
34          add(jp_center,BorderLayout.CENTER);
35          add(jp_bottom,BorderLayout.SOUTH);
36          //将窗口事件和单击按钮事件和事件监听器关联
37          addWindowListener(this);
38          jb_ok.addActionListener(this);
39          setVisible(true);
40      }
41      public static void main(String[] args) {
42          GUIModel jt = new GUIModel();
43      }
44      @Override
45      public void actionPerformed(ActionEvent e) {
46          //ActionEvent 处理代码
47      }
48      @Override
49      public void windowOpened(WindowEvent e) {
50      }
51      @Override
52      public void windowClosing(WindowEvent e) {
53          int i = JOptionPane.showConfirmDialog(this,"你确定要退出?");
54          if(i == 0) {
55              System.exit(0);
56          }
57      }
58      @Override
59      public void windowClosed(WindowEvent e) {
60      }
61      @Override
62      public void windowIconified(WindowEvent e) {
63      }
64      @Override
65      public void windowDeiconified(WindowEvent e) {
66      }
67      @Override
68      public void windowActivated(WindowEvent e) {
69      }
70      @Override
71      public void windowDeactivated(WindowEvent e) {
72      }
73  }
```

9.2.4 Color 类和 Font 类

1. Color 类

Color 类用于封装 sRGB 颜色空间中的颜色。

Color 类的常用构造方法如下。

（1）public Color(float r,float g,float b)：用指定的红色分量 r、绿色分量 g、蓝色分量 b 的值构造一个 Color 对象，其中 r、g、b 均为 0～1.0 的一个小数。

（2）public Color(int r,int g,int b)：用指定的红色分量 r、绿色分量 g、蓝色分量 b 的值构造一个 Color 对象，其中 r、g、b 均为 0～255 的一个整数。

(3) public Color(int r,int g,int b,int alpha)：用指定的红色分量 r、绿色分量 g、蓝色分量 b 的值构造一个 Color 对象,其中 r、g、b 均为 0～255 的一个整数,alpha 为透明度。

Color 类的常用方法如下。

(1) public int getRed()：返回当前 Color 对象的红色分量(0～255)。

(2) public int getGreen()：返回当前 Color 对象的绿色分量(0～255)。

(3) public int getBlue()：返回当前 Color 对象的蓝色分量(0～255)。

(4) public int getAlpha()：返回当前 Color 对象 alpha 分量(0～255)。

【拓展知识 9-1】 RGB 模式是发光模式。通过光源三原色(红色 Red、绿色 Green 和蓝色 Blue)不同比例的叠加来获得不同的颜色。RGB 三原色值为 0 时是黑色,为 255 时是白色。

【拓展知识 9-2】 CMYK 模式是印刷模式。印刷油墨三原色(青色 Cyan、黄色 Yellow、品红 Magenta)理论上可以混合出黑色,但出于节约油墨和使黑色更纯等原因,特别专门加入黑色(Black)油墨。一般用计算机进行图像设计和编辑时采用 RGB 模式,交付印刷时要转换为 CYMK 模式,避免出现色差。

2. Font 类

Font 类即字体类,主要封装字体名称、字体大小、样式等信息,在后续编程实践中经常用到。

Font 类的常用构造方法如下：

public Font(String name,int style,int size)：根据指定的字体名称、样式和字体大小,构建一个 Font 对象。其中 name 取系统中已经安装的中英文字体名称;style 可取正常(Font. PLAIN=0)、加粗(Font. BOLD=1)、倾斜(Font. ITALIC=2)3 个值中的一个;size 字体大小以磅值为单位。

【拓展知识 9-3】 磅值。这里的磅是长度单位,1 磅相当于 1/72 英寸,1 英寸=25.4 毫米=2.54 厘米。

【拓展知识 9-4】 汉字之美。汉字是中国文化的宝贵财富。鲁迅说过：意美以感心,一也;音美以感耳,二也;形美以感目,三也。

【示例程序 9-2】 用户登录窗口(LoginGUI. java)。

功能描述：本程序利用 swing 组件实现一个登录窗口,其界面如图 9-6 所示,可实现事件处理。当用户名、密码为空时,该窗口给出相应提示,且光标定位到文本框中。当输入用户名为 zyj,密码为 123456 时,该窗口提示登录成功。单击"退出"按钮时弹出"确认"对话框,单击"确认"按钮后关闭窗口。

图 9-6 "登录窗口"界面

```
01    public class LoginGUI extends JFrame implements ActionListener {
02        // 定义 GUI 界面的各个组件
03        private JTextField jtf_username = new JTextField(30);
04        private JPasswordField jpf_pwd = new JPasswordField(30);
05        private JButton jb_exit = new JButton("退出");
06        private JButton jb_ok = new JButton("确认");
07        private JPanel jp_top = new JPanel();
08        private JPanel jp_center = new JPanel();
09        private JPanel jp_bottom = new JPanel();
10        public LoginGUI() {
11            super("登录窗口");
12            init();
13        }
14        public void init() {
15            //JFrame 默认布局为 BorderLayout
16            jp_top.add(new JLabel(" *** 系统欢迎你!"));
17            this.add(jp_top, BorderLayout.NORTH);
18            //中间区域
19            jp_center.add(new JLabel("用户名: "));
20            jp_center.add(jtf_username);
21            jp_center.add(new JLabel("密        码: "));
22            jp_center.add(jpf_pwd);
23            jp_center.setBorder(BorderFactory.createTitledBorder("请
24    填写登录信息"));
25            this.add(jp_center, BorderLayout.CENTER);
26            //底端区域
27            jp_bottom.add(jb_ok);
28            jp_bottom.add(jb_exit);
29            this.add(jp_bottom, BorderLayout.SOUTH);
30            //将按钮和事件监听器关联起来
31            jb_ok.addActionListener(this);
32            jb_exit.addActionListener(this);
33            //将顶端 Panel 加到 NORTH 区,将中间 Panel 加到 CENTER 区,将底端 Panel
34    //加到 SOUTH 区
35            this.setSize(340, 200);                    // 设置窗口大小
36            this.setLocationRelativeTo(null);          // 设置窗口居中
37            // 设置单击窗口关闭时为退出,默认
38            this.setDefaultCloseOperation(JFrame.EXIT_ON_CLOSE);
39            this.setVisible(true);
40        }
41        @Override
42        public void actionPerformed(ActionEvent e) {
43            //事件源为 jb_ok
44            if (e.getSource() == jb_ok) {
45                String name = this.jtf_username.getText().trim();
46                String psw = new String(jpf_pwd.getPassword()).trim();
47                if ("".equals(name) || "".equals(psw)) {
48                    if ("".equals(name)) {
49                        JOptionPane.showMessageDialog(this, "用户名为空,
```

```
50      请重新输入!");
51                  jtf_username. requestFocus(true);
52              }
53              if ("". equals(psw)) {
54                  JOptionPane. showMessageDialog(this, "密码为空,请
55      重新输入!");
56                  jpf_pwd. requestFocus(true);
57              }
58          } else {
59              if ("zyj". equals(name) && "123456". equals(psw)) {
60                  JOptionPane. showMessageDialog(this, "登录成功,热
61      烈欢迎!");
62              } else {
63                  JOptionPane. showMessageDialog(this, "用户名不存
64      在或密码错误!");
65              }
66          }
67      }
68      //事件源为 jb_exit
69      if (e.getSource() == jb_exit) {
70          int i = JOptionPane. showConfirmDialog(this, "你确认要退
71      出本系统吗?");
72          if (i == 0) {
73              System. exit(0);
74          }
75      }
76  }
77  public static void main(String[ ] args) {
78      LoginGUI jt = new LoginGUI();
79  }
80  }
```

9-3　颜色调整器

【示例程序 9-3】　使用 JSlider 控件实现颜色调整器(ColorAdjust. java)。

功能描述：本程序利用 swing 组件实现了一个颜色调整器,其界面如图 9-7 所示。当移动红、绿、蓝对应的 JSlider 组件滑块时,右侧按钮背景色随之变化。拖动 JSlider 组件滑块时产生 ChangeEvent 事件,用实现 ChangeListener 接口的类实例作事件监听器,在 stateChanged()方法中实现事件处理代码。

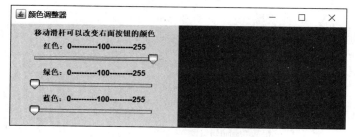

图 9-7　"颜色调整器"界面

```
01    public class ColorAdjust extends JFrame implements ChangeListener{
02        private JLabel js_prompt = new JLabel("移动滑杆可以改变按钮颜色");
03        private JLabel jl_r = new JLabel("红色: 0 ------- 100 ------ 255");
04        private JLabel jl_g = new JLabel("绿色: 0 ------- 100 ------ 255");
05        private JLabel jl_b = new JLabel("蓝色: 0 ------- 100 ------ 255");
06        private JSlider js_r = new JSlider(0,255,255);
07        private JSlider js_g = new JSlider(0,255,0);
08        private JSlider js_b = new JSlider(0,255,0);
09        private JPanel jp_left = new JPanel();
10        private JButton jb_color = new JButton();
11        public ColorAdjust(){
12            super("颜色调整器");
13            init();
14        }
15        public void init(){
16            //将容器设置为1行2列的GridLayout布局
17            this.setLayout(new GridLayout(1,2));
18            jp_left.add(js_prompt);
19            jp_left.add(jl_r);
20            jp_left.add(js_r);
21            jp_left.add(jl_g);
22            jp_left.add(js_g);
23            jp_left.add(jl_b);
24            jp_left.add(js_b);
25            //先放在第1行第1列
26            this.add(jp_left);
27            //按钮的背景颜色初始为红
28            jb_color.setBackground(Color.RED);
29            //再放在第1行第2列
30            add(jb_color);
31            //将滑杆与监听器关联起来
32            js_r.addChangeListener(this);
33            js_g.addChangeListener(this);
34            js_b.addChangeListener(this);
35            this.setSize(540,200);
36            this.setLocationRelativeTo(null);
37            this.setDefaultCloseOperation(JFrame.EXIT_ON_CLOSE);
38            this.setVisible(true);
39        }
40        @Override
41        public void stateChanged(ChangeEvent e) {
42            Color color = new Color(js_r.getValue(),js_g.getValue(),
43    js_b.getValue())
44            jb_color.setBackground(color);
45        }
46        public static void main(String[] args) {
47            new ColorAdjust();
48        }
49    }
```

9.2.5　表格组件 JTable

1. JTable 组件

JTable 是 swing 中最复杂的组件。利用 JTable 类,可以方便地用二维表格的形式展示和编辑数据。JTable 也是遵循 MVC 模式设计和实现的。模型(Model)使用的是实现 TableModel 接口的类。Java 提供了 AbstractTableModel 和 DefaultTableModel 供人们使用,也可以通过实现 TableModel 接口或者继承 AbstractTableModel 使用开发者自己的 Model。视图(View)指如何显示表格:表格大小、表线颜色、前景色和背景色、行高、列宽等。控制器(Controller)主要涉及表格的事件处理,如行选择事件、列选择事件、鼠标事件等。

JTable 类的构造方法如下。

(1) public JTable():构造一个默认的 JTable 对象,使用默认的数据模型、默认的列模型和默认的选择模型对其进行初始化。

(2) public JTable(TableModel dm, TableColumnModel cm):构造一个 JTable 对象,使用数据模型 dm、列模型 cm 和默认的选择模型对其进行初始化。

(3) public JTable(Vector rowData,Vector columnNames):构造一个 JTable 对象,二维表行数据使用 Vector rowData 中的值,列名数据使用 columnNames。

(4) public JTable(Object[][] rowData,Object[] columnNames):构造一个 JTable 对象,二维表行数据使用二维数组 rowData 中的值,其列名数据使用数组 columnNames 中的值。

JTable 类的常用方法如下。

(1) public TableModel getModel():返回提供本 JTable 对象的表数据模型。

(2) public int getSelectedRow():返回本二维表中第一个被选中行的行号(从 0 开始)。

(3) public void setRowSelectionInterval(int index0,int index1):选择本二维表中从 index0 到 index1 之间(包含两端)的所有行。

(4) public void setSelectionModel(ListSelectionModel newModel):设置本二维表对象的行选择模型为 newModel。

2. ListSelectionModel 接口

JTable 的行选择模型采用与 List 一致的 ListSelectionModel 接口,该接口中定义了以下常量:

(1) MULTIPLE_INTERVAL_SELECTION:可以选择一个或多个连续多行的范围。

(2) SINGLE_INTERVAL_SELECTION:只能选择一个连续多行的范围。

(3) SINGLE_SELECTION:一次只能选择一行。

3. AbstractTableModel 抽象类

AbstractTableModel 是一个抽象类,实现了大部分的 TableModel 抽象方法,但没有实现 getRowCount()、getColumnCount()、getValueAt() 这三个方法。通常用 DefaultTableModel 类代替。

4．DefaultTableModel 类

DefaultTableModel 实现了 TableModel 所有的抽象方法，并且提供了在二维表格中增加一行、删除一行或多行、获取或修改指定单元格中的数据等功能。

DefaultTableModel 类的构造方法如下。

（1）public DefaultTableModel()：构造一个 0 列 0 行的 DefaultTableModel 对象。

（2）public DefaultTableModel(Object[][] data，Object[] columnNames)：构造一个二维行数据为 data 数组，列名数组为 columnNames 的 DefaultTableModel 对象。

（3）public DefaultTableModel(Vector data，Vector columnNames)：构造一个二维行数据为 data 向量，列名数组为 columnNames 向量的 DefaultTableModel 对象。

DefaultTableModel 类的常用方法如下。

（1）public void setDataVector(Vector dataVector，Vector columnIdentifiers)：用新的行 Vector(dataVector)替换当前的 dataVector 实例变量。

（2）public void addRow(Object[] rowData)：添加一行到模型的结尾。

（3）public void removeRow(int row)：移除模型中 row 位置的行。

（4）public int getRowCount()：返回此数据表中的行数。

（5）public Object getValueAt(int row，int column)返回 row 行 column 列处单元格的属性值。

（6）public void setValueAt(Object aValue,int row,int column)：设置 column 列 row 行处单元格的对象值。

下面是 JTable 最简单的一个应用，自动设置每个单元格为可编辑，每列的数据类型都视为 String，相同宽度。如果想改变列宽、设置单元格为不可编辑、逻辑类型列显示为复选框、修改默认行列选择规则、排序和筛选、使用下拉式列表框作为编辑器、验证用户输入等需要进一步阅读 JDK 文档来修改程序。

【示例程序 9-4】　JTable 应用示例(JTableTest.java)。

功能描述：本程序演示了 JTable 组件的应用技巧：列名和列数据来自两个数组、设置表格字体、设置表格行高、单击列名排序、设置列宽、为 JTable 增加垂直滚动条、设置 JTable 行选择模型为一次只能选择一行等，其界面如图 9-8 所示。

图 9-8　"JTable 简单应用测试"界面

```
01    public class JTableTest extends JFrame{
02        String[] columnNames = {"姓名","性别","爱好","驾龄","婚否"};
03        Object[][] data = {
04                {"张三","男","篮球,电影",5,false},
05                {"李四","女","足球",4,true},
```

```
06              {"王小五","男","户外运动",10,false},
07              {"郑六","女","羽毛球",2,true},
08              {"钱掌柜","男","读书",1,false},
09              {"蛋蛋","男","书法",5,true}};
10      public JTableTest1() {
11          super("JTable 简单应用测试");
12          setSize(480, 150);
13          setLocationRelativeTo(null);
14          setDefaultCloseOperation(EXIT_ON_CLOSE);
15          setLayout(new BorderLayout());
16          //用指定行数组和列名数组去构造一个表格
17          JTable table = new JTable(data, columnNames);
18          //设置表头字体
19          table.getTableHeader().setFont(new Font("宋体
20  ",Font.BOLD,14));
21          //设置表格字体
22          table.setFont(new Font("宋体",Font.PLAIN,14));
23          //设置表格行高
24          table.setRowHeight(20);
25          //实现单击列名排序功能
26          TableRowSorter sorter = new
27  TableRowSorter(table.getModel());
28          table.setRowSorter(sorter);
29          //为 JTable 增加垂直滚动条
30          JScrollPane scrollPane = new JScrollPane(table);
31          table.setFillsViewportHeight(true);
32          //设置 JTable 行选择模型为一次只能选择一行
33      table.setSelectionMode(ListSelectionModel.SINGLE_SELECTION
34  );
35          //设置指定列的宽度
36          int[] ia = {80,40,200,40,80};
37          for(int i = 0; i < table.getColumnCount(); i++){
38
39      table.getColumnModel().getColumn(i).setPreferredWidth(ia[i
40  ]);
41
42      table.getColumnModel().getColumn(i).setMaxWidth(ia[i]);
43
44      table.getColumnModel().getColumn(i).setMinWidth(ia[i]);
45          }
46          add(scrollPane, BorderLayout.CENTER);
47          setVisible(true);
48      }
49      public static void main(String args[]) {
50          JTableTest1 win = new JTableTest1();
        }
    }
```

9.2.6 图表绘制类库 JFreeChart

JFreeChart 是一款基于 Java 的多功能图表类库,并且是完全开源的。JFreeChart 可以绘制饼状图、柱状图、散点图、时序图、甘特图等多种图表,生成的图表还能以 PNG 和 JPEG 格式作为图片输出,功能十分强大,能够满足绝大部分企业应用开发的需求。

在 Java Applicatoin 中用 JFreeChart 制作图表的主要步骤如下。

(1) 下载 JFreeChart 组件:最新版本对中文支持不好,可能出现乱码。下载网址为 https://sourceforge.net/projects/jfreechart/files/。在此可获得 JFreeChart 的相关 JAR 包:jfreechart-1.0.10.jar 和 jcommon-1.0.13.jar。

(2) 将 jfreechart-1.0.10.jar 和 jcommon-1.0.13.jar 复制到 Java Project 中并添加到 BuildPath,即可以开始 JFreeChart 应用编程。

(3) 双击运行 JFreeChart 演示程序 jfreechart-1.0.10-demo.jar,运行界面如图 9-9 所示。通过阅读相关源代码可以迅速掌握 JFreeChart 应用编程技巧。

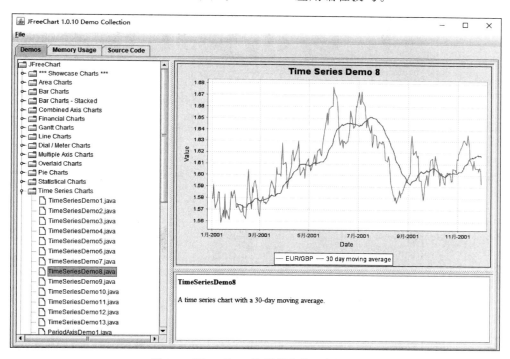

图 9-9 JFreeChart 演示程序的运行界面

这里只讨论在 Java Project 中应用 JFreeChart 时的注意事项。

(1) 图表样式的设置。由于 JFreeChart 组件的版本、操作系统平台、JDK 的设置等因素,在使用 JFreeChart 组件时可能会出现中文乱码的现象。在制图前,须创建主题样式并指定样式中的字体,可通过 ChartFactory 的 setChartTheme() 方法设置主题样式。

(2) JFreeChart 组件根据不同图表类型的要求提供相关的数据集,绘制图表的数据一般都来自数据库中表的查询结果。

(3) JFreeChart 组件绘制结果可以是图片,可以是 ChartFrame,也可以是 ChartPanel。

在 Java Project 开发过程建议采用 ChartFrame 或 ChartPanel，然后生成独立的 Frame 或 Panel 并加入 swing 界面中。

【示例程序 9-5】　用 JFreeChart 组件生成柱状图(JFreeChartTest.java)。

功能描述：本程序利用 JFreeChart 组件生成柱状图，在 Frame 中显示，同时在 D:\\生成 PNG 文件。其界面如图 9-10 所示。

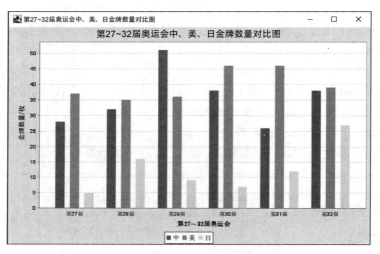

图 9-10　用 JFreeChart 组件生成柱状图

```
01    public class JFreeChartTest{
02      public static void main(String[] args) throws IOException  {
03          String title = "第 27～32 届奥运会中、美、日金牌数量对比图";
04          //设置数据集
05          DefaultCategoryDataset dataset = new
06    DefaultCategoryDataset();
07          dataset.setValue(28,"中","第 27 届");
08          dataset.setValue(37,"美","第 27 届");
09          dataset.setValue(5,"日","第 27 届");
10          dataset.setValue(32,"中","第 28 届");
11          dataset.setValue(35,"美","第 28 届");
12          dataset.setValue(16,"日","第 28 届");
13          dataset.setValue(51,"中","第 29 届");
14          dataset.setValue(36,"美","第 29 届");
15          dataset.setValue(9,"日","第 29 届");
16          dataset.setValue(38,"中","第 30 届");
17          dataset.setValue(46,"美","第 30 届");
18          dataset.setValue(7,"日","第 30 届");
19          dataset.setValue(26,"中","第 31 届");
20          dataset.setValue(46,"美","第 31 届");
21          dataset.setValue(12,"日","第 31 届");
22          dataset.setValue(38,"中","第 32 届");
23          dataset.setValue(39,"美","第 32 届");
24          dataset.setValue(27,"日","第 32 届");
```

```
25          //创建一个 JFreeChart,true 图例,true,false 存在 URL
26          JFreeChart chart = ChartFactory.createBarChart(title,"第
27 27～32 届奥运会","金牌数量",dataset,PlotOrientation.VERTICAL,true,
28 true,true);
29          chart.setTitle(new TextTitle(title,new Font("黑体
30 ",Font.BOLD,20)));
31          CategoryPlot plot = (CategoryPlot)chart.getPlot();        //获得图
32 标中间部分
33          CategoryAxis categoryAxis = plot.getDomainAxis();        //获得横坐
34 标
35          categoryAxis.setLabelFont(new Font("宋体
36 ",Font.BOLD,12));                                            //设置横坐标字体
37          ChartFrame chartFrame = new ChartFrame(title,chart);
38          chartFrame.setLocationRelativeTo(null);
39          //ChartFrame 继承 JFrame
40          chartFrame.pack();
41          chartFrame.setVisible(true);
42          FileOutputStream fos = new
43 FileOutputStream("d:\\pie.png");
44          ChartUtilities.writeChartAsPNG(fos, chart,600,400);
45          fos.flush();
46          fos.close();
47      }
    }
```

9.3 利用 WindowBuilder 插件进行 GUI 应用开发

9-4 利用
Window-
Builder
进行 GUI
应用开发

9.3.1 WindowBuilder 插件的下载和安装

部分 Eclipse 版本可能包含 WindowBuilder 插件,如果没有就需要单独安装。判断是否已安装 WindowBuilder 的方法:在 Eclipse 环境中选择 new→others 选项,查看其中是否有 WindowBuilder 选项,若有则代表已经安装了 WindowBuilder 插件,界面如图 9-11 所示。

在线安装的步骤如下。

(1) 在 http://www.eclipse.org/Projects 页面中查找 WindowBuilder 开源项目,其搜索结果如图 9-12 所示。

(2) 在 Update Site 中查找指定版本的 WindowBuilder 更新网址。WindowBuilder Pro 安装界面如图 9-13 所示。

(3) 在 Eclipse 中,选择 Help→Install New Software 选项,在弹出对话框中的 Work With 文本框中粘贴与正在使用的 Eclipse 对应版本的 WindowBuilder Pro 更新地址,选择要安装的插件后,单击 Finish 按钮,即开始下载插件,自动安装并重启 Eclipse 后生效。Eclipse 插件的在线安装界面如图 9-14 所示。

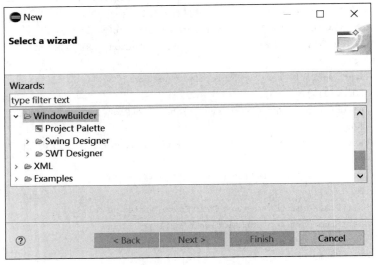

图 9-11   新建 WindowBuilder GUI 组件界面

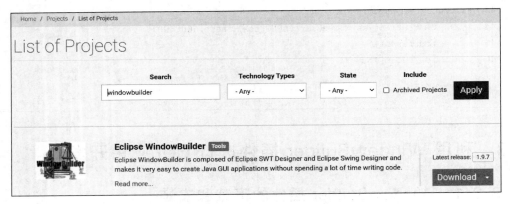

图 9-12   WindowBuilder 搜索结果界面

These instructions assume that you have already installed some flavor of Eclipse. If you have not, Eclipse can be downloaded from http://www.eclipse.org/downloads/. Instructions and system requirements for installing WindowBuilder can be found here.

Update Sites

Version	Download and Install		
	Update Site	Zipped Update Site	Marketplace
Latest (1.9.2)	link	link	⬇ Install
Gerrit	link	link	
Last Good Build	link	link	⬇ Install
1.9.2 (Permanent)	link	link	
1.9.1 (Permanent)	link	link	
1.9.0 (Permanent)	link	link	
Archives	link		

图 9-13   WindowBuilder Pro 安装界面

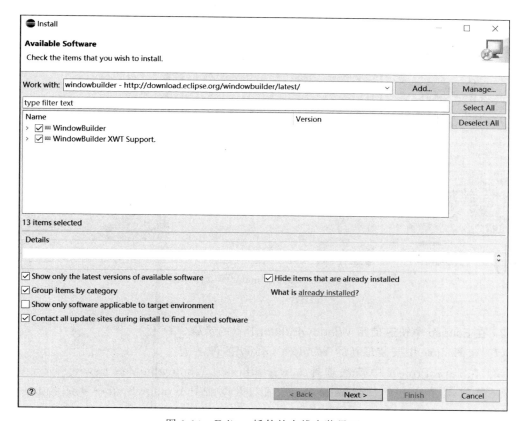

图 9-14　Eclipse 插件的在线安装界面

9.3.2　WindowBuilder 插件的基本使用

软件开发文档是软件开发者提供的最权威、最全面的学习资料,通过查阅文档,用户可以快速使用该软件。在开发过程中如有疑问,请在软件开发文档中查找答案。Eclipse 公开发布的插件用户手册的网址为 http://help.eclipse.org/mars/index.jsp,请在打开网页的左侧选择 WindowBuilder 进行查阅。

1. WindowBuilder 编辑器

WindowBuilder 编辑器由工具栏、Design 设计视图和 Source 源代码视图组成。

(1) 工具栏:提供经常使用访问的命令。

(2) Design 设计视图:主要的可视化布局区域,包括 Palette 面板、预览窗口、Structures 面板三部分。Palette 面板由 System、Containers、Layouts、Components 等部分组成。Structures 面板由组件树(以树的形式分层显示的所有组件之间的关联)和Properties 两部分组成。

(3) Source 源代码视图:编写代码或修改自动生成的代码。

WindowBuilder 编辑器界面主要由以下组件组成,如图 9-15 所示。

Source 和 Design 两个视图,支持修改源代码和修改设计界面同步刷新。请遵循先选后操作的基本顺序要求:在组件面板、Palette 或预览窗口中单击选择的组件,然后查看其

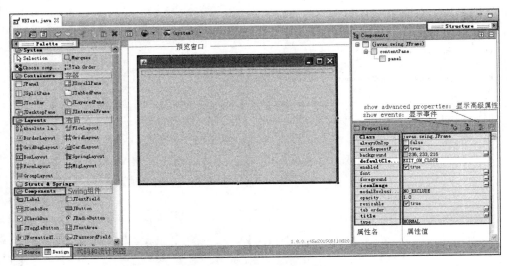

图 9-15　WindowBuilder 编辑器界面

属性。

2. 在 Eclipse 中快速使用 WindowBuilder Pro 的步骤

（1）在 Eclipse 中安装最新的 WindowBuilder 插件。

（2）在 Java Project 中依次选择 new→others→Windowbuilder→swing Designer→ JFrame 选项，将弹出一个 JFrame 窗口。或者打开以前用 WindowBuilder 生成的 JavaGUI 源代码。

（3）在设计视图中，通过为容器选择布局管理器、在窗口添加组件、为组件设置属性等操作来生成 Java GUI 界面。

（4）在代码视图中，为组件增加事件处理器以提供事件的处理行为。

（5）通过依次选择 Run As→Java Application 命令来测试写好的 GUI 程序。

9.3.3　WindowBuilder 事件处理

在 WindowBuilder 设计视图中，在容器或组件上右击，在弹出的快捷菜单中选择 Add event handler 命令，然后选择事件和处理方法，如图 9-16 所示，自动生成的代码采用匿名内部类的方式，如第 1~5 行代码所示。

```
01   jb_ok.addActionListener(new ActionListener() {
02       public void actionPerformed(ActionEvent e) {
03
04       }
05   });
06   …
```

swing 事件是在 AWT 事件的基础上，随着组件增加而增加的。swing 事件集中存放在 swing.event 中。事件和监听器接口是一一对应的，swing 事件和监听器列表如表 9-2 所示，详情请查阅 JDK 文档。

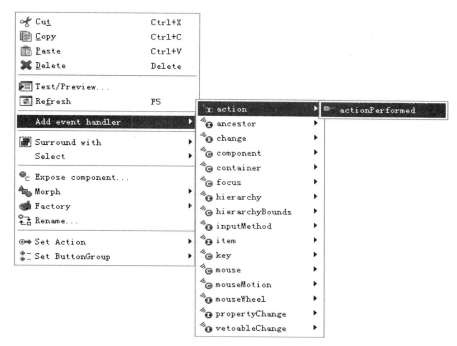

图 9-16 在 WindowBuilder 中为组件添加事件处理

表 9-2 swing 事件和监听器列表

序号	事 件	监听器接口
1	ActionEvent	ActionListener
2	AncestorEvent	AncestorListener
3	ChangeEvent	ChangeListener
4	ComponentEvent	ComponentListener
5	ContainerEvent	ContainerListener
6	FocusEvent	FocusListener
7	HierarchyEvent	HierarchyListener
8	InputMethodEvent	InputMethodListener
9	ItemEvent	ItemListener
10	KeyEvent	KeyListener
11	MouseEvent	MouseListener，MouseMotionListener
12	MouseWheelEvent	MouseWheelListener

9.3.4 WindowBuilder 生成代码改造

为方便程序阅读，使程序框架更为清晰，WindowBuilder 生成的 Java 源代码需要做如下改造。

1. 方法顺序的调整

自动生成的代码，如 main()方法移动到类的最后。

2. 将 WindowBuilder 生成的 GUI 代码独立成一个方法

WindowBuilder 生成的 GUI 代码非常复杂,可读性较差。为保证 GUI 代码和设计视图同步,一般禁止手工修改。因此,建议将全部 GUI 代码独立成一个方法 public void initUI( ),放到最后位置,并在构造方法中调用。这样做可将界面生成代码和其他业务逻辑代码分开,方便程序阅读和维护。

3. 所有涉及事件响应处理的组件由局部变量改为私有对象属性,以方便访问

WindowBuilder 在设计视图中添加的组件一般都是局部变量,这样在其他方法中就看不到该组件。在设计视图中选中该组件,然后在属性栏中单击 Convert local to field 图标即可,或在代码视图中手工修改,确保该组件能够在其他方法中访问。局部变量和对象属性之间的转换如图 9-17 所示。

图 9-17 局部变量和对象属性之间的转换

4. 事件处理代码的改造

为将事件处理代码和生成界面代码分开,增加程序可阅读性,建议将事件处理代码由匿名内部类方式(如第 1~5 行所示)改为本类作监听器方式(如第 7 行所示)。

```
01   jb_ok.addActionListener(new ActionListener() {
02      public void actionPerformed(ActionEvent e) {
03
04      }
05   });
06   …
07   jb_ok.addActionListener(this);
08   …
```

最后,形成的 GUI 代码框架如下:

```
01   public class WBTest extends JFrame implements ActionListener{
02      public WBTest () {
03         super("窗口标题");
04         initUI();
05      }
06      @Override
07      public void actionPerformed(ActionEvent e) {
08      }
09      // initUI 负责 GUI 界面初始化设置
10      public void initUI(){
```

```
11        //界面生成代码统一复制到此
12        setLocationRelativeTo(null);
13        setDefaultCloseOperation(EXIT_ON_CLOSE);
14        setLayout(new BorderLayout());
15        setVisible(true);
16    }
17    //用线程安全的方式呈现GUI界面
18    public static void main(String[] args) throws Exception {
19        swingUtilities.invokeLater(new Runnable() {
20            @Override
21            public void run() {
22                WBTest win = new WBTest();
23            }
24        });
25    }
26 }
```

5. 注意 WindowBuilder 生成的 Java 文件的打开方式

Java 源文件有自己默认的编辑器方式。正确的打开方式是在 Java 源文件上右击,在弹出的快捷菜单中选择 Open With→WindowBuilder Editor 命令,如图 9-18 所示。

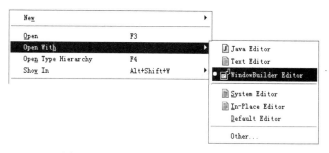

图 9-18　用 WindowBuilder 编辑器打开

9.4　综合实例：二维码应用编程,体验新冠疫情防控信息化

9.4.1　案例背景

二维码技术是一种全新的信息存储、传递和识别技术。二维码是一个多行、连续性、可变长、包含大量数据的符号标识。二维码特点如下。

(1) 二维码是高密度编码,信息含量大。每个二维码可以有 3～9 行,字符集包括 128 个字符,最大可存储 1850 个字符。

(2) 二维码具有数据检验和错误纠正功能,抗损性强,部分污损后仍能读出。

(3) 保密性高,可追踪性高,安全性强,备援性大。

(4) 成本低,易制作,持久耐用。

我国对二维码技术的研究开始于 1993 年。随着我国市场经济的不断完善和信息技术的迅速发展,对二维码的需求与日俱增。全国物品编码标准化技术委员会在消化国外相关技术资料的基础上,制定了两个二维码的国家标准——《二维条码 网格矩阵码》(GB/T 27766—2011)和《二维条码 紧密矩阵码》(GB/T 27767—2011),从而大大促进了我国具有自主知识产权的二维码技术的研发。

新冠疫情爆发之初,登记行程只能通过手工纸笔记录,显然成本极大、可行性差、效率极低。杭州第一个推出了"健康码"模式,利用手机就可以简单定位人的行程,高效便捷,随后迅速在国内普及,为战胜新冠疫情提供了坚实的支撑。目前,与新冠疫情防控相关的二维码应用有:健康码、通信大数据行程码和场所码。

9.4.2　知识准备

ZXing 是一个开源 Java 类库,用于解析多种格式的 1D/2D 条形码。目标是能够对 QR编码、Data Matrix、UPC 的 1D 条形码进行解码。

建议从 Maven 仓库下载需要的 JAR 包,优点是方便、快捷、全面。Maven 仓库地址为 http://search.maven.org/ 或 https://mvnrepository.com/。请从 Maven 仓库中下载 ZXing3.3.3。

建立 Java Project,新建文件夹 lib 用来存放第三方类库 JAR 文件,将 core-3.4.1.jar 和 javase-3.4.1.jar 复制到 lib 中并加入 Buildpath。

9.4.3　编程实践

【示例程序 9-6】　二维码应用程序(QrCodeUtils.java)。

功能描述:给定存储信息生成普通二维码;识别二维码,读取其中存储信息;给定图片,生成带图片的二维码。

```
01   public class QrCodeUtils {
02       //设置生成二维码图片的格式
03       private static final String format = "png";
04       /**
05        * 生成普通二维码
06        * @param content 二维码存储信息
07        * @return 成功返回生成文件路径,否则返回"";
08        */
09       public static String createQRcode(String content) {
10           //二维码图片文件
11           String
12   name = "d: /QR" + System.currentTimeMillis() + "." + format;
13           //设置额外参数
14           Map < EncodeHintType,Object > map = new HashMap <>();
15           //设置编码集
16           map.put(EncodeHintType.CHARACTER_SET,"utf - 8");
17           //容错率,指定容错等级,如二维码中使用的 ErrorCorrectionLevel
18           map.put(EncodeHintType.ERROR_CORRECTION,
19   ErrorCorrectionLevel.M);
```

```
20          //生成条码的时候使用,用于指定边距、单位像素
21          map.put(EncodeHintType.MARGIN,3);
22          MatrixToImageConfig matrixToImageConfig = new
23   MatrixToImageConfig(0xFF000001, 0xFFFFFFFF);
24          try {
25          //生成二维码:编码内容、编码方式、二维码格式、宽度、高度、额外参数等
26              BitMatrix encode = new
27   MultiFormatWriter().encode(content,BarcodeFormat.QR_CODE,300,
28   300,map);
29              MatrixToImageWriter.writeToPath(encode,format,new
30   File(name).toPath());
31          } catch (WriterException|IOException e) {
32              e.printStackTrace();
33          }
34          return name;
35      }
36      /**
37       * 识别二维码
38       */
39      public static void QRReader(String path){
40          try {
41              MultiFormatReader formatReader = new
42   MultiFormatReader();
43              //读取指定的二维码文件
44              BufferedImage bufferedImage = ImageIO.read(new
45   File(path));
46              BinaryBitmap binaryBitmap = new BinaryBitmap(new
47   HybridBinarizer(new
48   BufferedImageLuminanceSource(bufferedImage)));
49              //定义二维码参数
50              Map hints = new HashMap<>();
51              hints.put(EncodeHintType.CHARACTER_SET, "utf-8");
52              Result result =
53   formatReader.decode(binaryBitmap,hints);
54              //输出相关的二维码信息
55              System.out.println("解析结果: " + result.toString());
56              System.out.println("二维码格式类型:
57   " + result.getBarcodeFormat());
58              System.out.println("二维码文本内容:
59   " + result.getText());
60              bufferedImage.flush();
61          } catch (NotFoundException e) {
62              e.printStackTrace();
63          } catch (IOException e) {
64              e.printStackTrace();
65          }
66      }
67      /**
68       * 生成带 Logo 的二维码
```

```
69          *  @param logoPath Logo 图片路径
70          *  @param content 二维码存储信息
71          *  @return 成功返回 true,否则返回 false
72          */
73      public static String createQRcodeIMG(String logoPath, String
74  content) {
75          String name = "";
76          try {
77              name = createQRcode(content);
78              // 1.读取二维码图片,并构建绘图对象
79              BufferedImage image = ImageIO.read(new File(name));
80              Graphics2D g = image.createGraphics();
81              // 2.读取 Logo 图片
82              BufferedImage logo = ImageIO.read(new File(logoPath));
83              //开始绘制图片
84              int matrixWidth = image.getWidth();
85              int matrixHeigh = image.getHeight();
86              g.drawImage(logo,matrixWidth/5 * 2,matrixHeigh/5 * 2,
87  matrixWidth/5, matrixHeigh/5, null);                    //绘制
88              BasicStroke stroke = new
89  BasicStroke(5,BasicStroke.CAP_ROUND,BasicStroke.JOIN_ROUND);
90              g.setStroke(stroke);                           // 设置笔画对象
91              //指定弧度的圆角矩形
92              RoundRectangle2D.Float round = new
93  RoundRectangle2D.Float(matrixWidth/5 * 2, matrixHeigh/5 * 2,
94  matrixWidth/5, matrixHeigh/5,20,20);
95              g.setColor(Color.white);
96              g.draw(round);                                 // 绘制圆角矩形
97              //设置 Logo 有一道灰色边框
98              BasicStroke stroke2 = new
99  BasicStroke(1,BasicStroke.CAP_ROUND,BasicStroke.JOIN_ROUND);
100             g.setStroke(stroke2);                          // 设置笔画对象
101              RoundRectangle2D.Float round2 = new
102 RoundRectangle2D.Float(matrixWidth/5 * 2 + 2, matrixHeigh/5 * 2 + 2,
103 matrixWidth/5 - 4, matrixHeigh/5 - 4,20,20);
104             g.setColor(Color.RED);
105             g.draw(round2);                                // 绘制圆角矩形
106             g.dispose();
107             image.flush();
108             ImageIO.write(image,format,new File(name));
109         } catch (IOException e) {
110             e.printStackTrace();
111         }
112         return name;
113     }
114     public static void main(String[] args) {
115         String s1 = createQRcode("www.beijing2022.cn/");
116         System.out.println(s1);
117         String
```

```
        s2 = createQRcodeIMG("d: /logo.jpg","www.beijing2022.cn/");
            System.out.println(s2);
            QRReader(s2);
        }
    }
```

9.5　本章小结

本章介绍了 Java GUI 编程技术。在 AWT 编程部分,重点讲解了布局管理器、Java 事件处理机制、Color 类、Font 类;在 swing 编程部分,重点讲解了组件类;最后,介绍了利用 WindowBuilder 插件来简化 swing 编程的方法。

本章内容繁多,综合性强,有一定的难度。在讲解典型 swing 组件时,基本遵循了先简单介绍,再讲解构造方法和常用方法,最后给出应用示例的步骤。用 Java 代码去讲解组件的综合应用是最好的方法,认真研读示例程序,编写课后实训题目,多阅读 JDK 文档,是熟练掌握 Java GUI 编程技术的捷径。

9.6　自测题

一、填空题

1. Java 主要采用_____和_____来进行 GUI 编程。JDK 中与 GUI 编程相关的类和接口集中存放在_____和_____包。

2. GUI 组件(Component):构成 GUI 界面的基本元素,具有坐标位置、尺寸、字体、颜色等属性,能获得焦点、可被操作、可响应事件等。例如:在 swing 组件中,_____用来实现不可编辑信息,_____用来实现命令按钮,_____用来实现单行文本框,_____用来实现密码框,_____用来实现多行文本框等。

3. 顶层容器 JFrame 的布局管理器默认为_____,中间容器 JPanel 的布局管理器默认为_____。

4. AWT 提供的常见布局管理器有_____、_____、_____、_____、GridBagLayout 五种。

5. BorderLayout 将容器划分为_____、_____、_____、_____、_____ 5 个区域。

6. 单击按钮、文本框内回车、单击菜单项等动作会产生_____事件,该事件的监听器需要实现_____接口,事件处理代码写在_____方法中。

7. swing 文本组件主要有 3 种:_____、_____、_____。

二、编程实践

1. 从身份证号中提取身份证信息(IDInfoGUI.java)。

编程要求:

(1) 编写 GUI 应用程序,界面如图 9-19 所示。

图 9-19 "输出身份证信息"界面

(2) 功能：输入 17 位身份证号，输出所在行政区划、出生年月日(格式：1980 年 10 月 10 日)、生日星期、性别、年龄、检验码等信息。

拓展要求：

(1) 验证身份证前 17 位全部是数字的正则表达式："\d{17}"。

(2) 当输入身份证号时，用正则表达式进行验证：位数不足 17 位、前 17 位不全是数字等情况，验证不通过，显示错误信息提示对话框，光标定准，要求用户重新输入。

(3) JScrollPane 不能直接加入组件，应使用"jsp_center. getViewport(). add(jta_center);"。

(4) 使用 Properties 可以简化对文本文件中键值对的读写。

(5) 光标定位在 JTextField 组件中，可以用 requestFocus()方法。

(6) 2020 年 12 月中华人民共和国县以上行政区划代码见网页：http://www.mca. gov. cn/article/sj/xzqh/2020/20201201. html,下载可形成文本文件，每行编辑成"行政区划代码=单位名称"的格式。

2. CUI 界面速算 24 点游戏(Point24GUI. java)。

编程要求：

(1) 界面要求如图 9-20 所示。

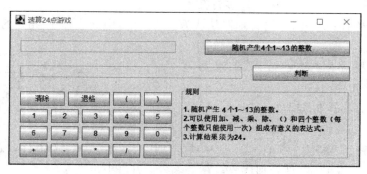

图 9-20 速算 24 点游戏界面

(2) 游戏规则：随机产生 4 个 1~13 的整数；可以使用加、减、乘、除、()和 4 个整数组成有意义的算术表达式(4 个整数只能使用一次)；计算结果须为 24。

(3) AviatorScript 编程指南(5.0)的网址为 http://www.mca. gov. cn/article/sj/x2qh/2020/20201201. html。

（4）在 Eclipse 下可以使用 WindowBuilder 以提高效率。

3. 利用 JTable 实现用户信息的增加、修改、删除、显示、排序等功能（UserManager. java）。

编程要求：

（1）实现用户简单信息管理（用户编号、用户名称和备注）：显示、增加、修改、删除、排序等功能，其界面如图 9-21 所示。

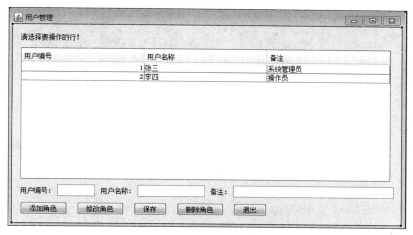

图 9-21　JTable 实现用户增删改查功能（简单）

（2）程序运行进入浏览模式（mode＝0）："添加角色""删除角色""修改角色"按钮有效，"保存"按钮无效。

（3）单击"添加角色"按钮进入增加模式（mode＝1）："添加角色""删除角色""修改角色"按钮无效，"保存"按钮有效。用户信息全部清空，输入用户信息后，单击"保存"按钮保存用户信息，刷新二维表格。

（4）单击"修改角色"按钮进入修改模式（mode＝2）："添加角色""删除角色""修改角色"按钮无效，"保存"按钮有效。修改用户信息后，单击"保存"按钮保存用户信息，刷新二维表格。

（5）单击"删除角色"按钮，弹出"确认"对话框，选择"是"按钮将删除当前行。刷新二维表格，选择"否"或"取消"按钮，关闭对话框，不做处理。

（6）单击表头，表格自动按该列升序/降序排序。

（7）表格最多选择一行。

编程提示：

（1）用户信息管理图形界面要求在 Eclipse 环境下用 WindowBuilder 实现。

（2）关于 Table 和 DefaultTableModel 相关内容请参考 9.2.5 节。

（3）String[] columnNames＝{"用户编号","用户名称","备注"}；

（4）Object[][] rowData＝{{1,"张三","系统管理员"},{2,"李四","操作员"},{3,"王小五","部门经理"},{4,"郑六","总经理"},{5,"张三","待定"}}；

扩展要求：实现用户复杂信息（用户编号、姓名、性别、身高、学位、出生日期）管理，含：显示、增加、修改、删除、排序等功能，其界面要求如图 9-22 所示。

图 9-22　JTable 实现用户增删改查功能(复杂)

4. 扫雷游戏的 Java 实现(MineSweeper.java)。

编程要求:

(1) 游戏界面要求如图 9-23 所示。

9-5　扫雷游
　　戏的
　　Java
　　实现

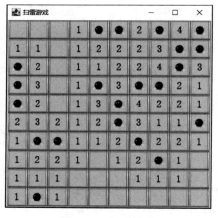

图 9-23　扫雷游戏

(2) 程序开始运行,先随机布 N 个雷,并计算每个块周围的雷数。初始状态下每个块的图标都是空白。单击某个块,如果是雷,则爆炸,随后显示全部块的实际情况,游戏结束。如果不是雷,则图标为该块周围雷的个数,雷的个数为 0 时该块的图标是空白,继续游戏,右击该块可以将该块标记为雷。

编程提示:

(1) Block 类代表一个块,有 3 个属性:name(如果是雷赋值@,否则赋值周围雷的个数),isMine(true/false)和 num(周围雷的个数)。

(2) 采用 GridLayout 布局。

（3）分别用两个二维数组来存储块和按钮。用双重循环生成 JButton 和 Block,减少重复代码。

（4）按钮图标的设置。

```
01  Block[][] ba = new Block[10][10];
02  JButton[][] jb_a = new JButton[10][10];
03  Icon mine = new mageIcon(MineSweeper.class.getResource("mine.png"));
04  Icon blank = new ImageIcon(MineSweeper.class.getResource("0.png"));
05  Icon normal = new
06  ImageIcon(MineSweeper.class.getResource("normal.png"));
```

5. 计算器的模拟实现(Calculator.java)。

编程要求：

（1）界面要求如图 9-24 所示。

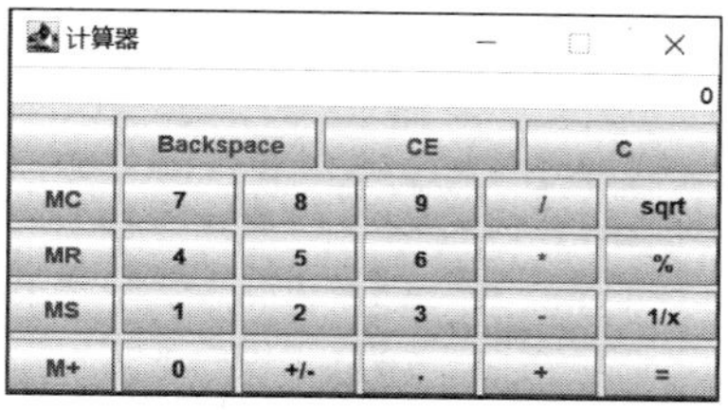

图 9-24 计算器界面

（2）Backspace：退格键。

（3）CE：Clear Enter,清除。

（4）M＋,M－,MR,MC 是一套将存储数字进行运算的组合键。M＋就是将当前显示的数值先存储然后进行加法计算,比如要算 12＊2＋5＊3 的结果,可以依次输入 12＊2＝,M＋,5＊3＝,M＋,这样就可以把两个乘积相加,再按下 MR,就可以读出相加结果。M－就是将当前显示的数值先存储然后进行减法计算,比如要算 12＊2－5＊3 的结果,可以依次输入 12＊2＝,M＋,5＊3＝,M－,这样就可以将前一乘积减去后一乘积,再按下 MR,就可以读出相减结果。MC(Memory Clear)的功能就是清除所有存储的数值,让一切重新开始。

（1）单目运算＋/－,1/x,sqrt,％等。

（2）双目运算符＋,－,＊,/。

6. Dir 命令的 GUI 界面实现(DirGUI.java)。

编程要求：

（1）界面要求如图 9-25 所示。

（2）程序运行默认显示文件夹 C:\的内容。

（3）单击"打开文件夹"命令按钮可以选择文件夹以获得文件路径。

编程提示：表格内容的更新可以采用如下语句：

```
table.setModel(new DefaultTableModel(rows,columnNames));
```

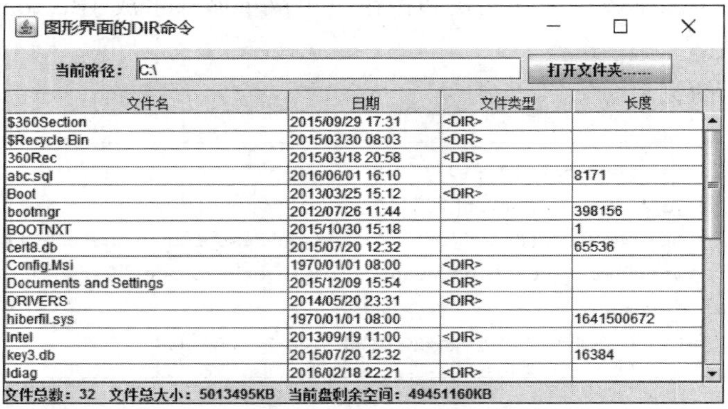

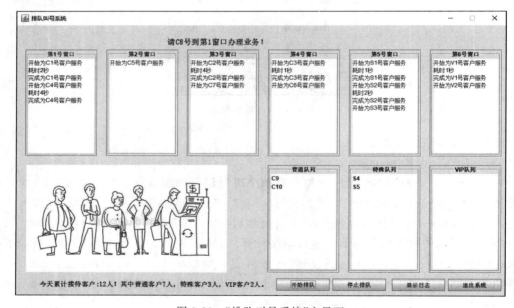

图 9-25　Dir 命令的 GUI 界面实现

9-6　排队叫号系统界面实现

7. 实现排队叫号系统的主界面(MainGui.java)。

编程要求：界面要求如图 9-26 所示。

图 9-26　"排队叫号系统"主界面

第**10**章

Java多线程技术

名家观点

广大青年要忠于祖国、忠于人民；要立鸿鹄志、做奋斗者；要求真学问、练真本领；要知行合一、做实干家；要有社会主义建设者和接班人的使命担当。

——习近平（2018年5月2日，习近平总书记在北京大学师生座谈会上的讲话）

行是知之始，知是行之成。

——陶行知（著名教育家）

放下人云亦云的浮躁与作秀，用点实在精神了解社会，了解生活，了解谁才是这个世界脊梁。百年以来，我们中国人说得多，做得少；批评得多，建设得少；指责别人的多，自己力行的少。希望有些年轻人能看懂这样的文字，悟通这样的感觉，沉下心来，做点实事。

——任正非（华为技术有限公司主要创始人兼总裁）

本章学习目标

- 了解什么是程序、进程和线程。
- 掌握 Thread 类及其构造方法和常用方法，线程的优先级、线程的状态和切换。
- 掌握如何通过继承 Thread 和实现 Runnable 接口实现线程，并在编程中实现。
- 掌握如何用 synchronized 实现线程的互斥，并在编程中实现。
- 掌握如何用信号量机制实现线程的同步，并在编程中实现。

课程思政——时间管理

人的大脑如同 CPU，思维速度和存储空间是确定的。事情相当于线程，并发而繁杂。如何提高处理事情的效率呢？

如果每天都有 86 400 元进入你的银行户头，要求你必须当天用光，你会如何运用这笔钱？每个人每天都可以得到 86 400 秒，你如何管理时间，如何充分有效地利用时间呢？

子在川上曰："逝者如斯夫，不舍昼夜。"时间如白驹过隙，转瞬即逝。我们一次又一次被自己的懒惰、自己的拖延、自己的缺乏行动打败，而那些所谓的"计划安排"都被束之高阁。如何有效配置我们的时间呢？时间管理优先矩阵是一种新型的时间管理理论，它把任务按其紧迫性和重要性分成四类，形成时间管理的优先矩阵，如图 10-1 所示。

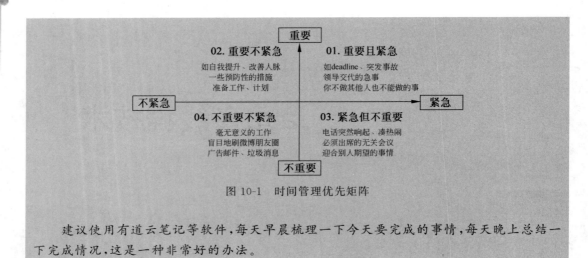

图 10-1　时间管理优先矩阵

　　建议使用有道云笔记等软件,每天早晨梳理一下今天要完成的事情,每天晚上总结一下完成情况,这是一种非常好的办法。

　　经过 30 多年的发展,作为计算核心的 CPU 的单位面积上集成的晶体管数目、主频速度已经接近物理极限。目前,单核处理器正在向多核处理器方向实现跨越式发展,这为分布式计算、并行处理、集群计算、P2P、分布式数据库等应用提供了硬件上的支持和准备。多核处理器确实可以提升计算机的运算速度和性能,但其多核处理性能的发挥依赖于多线程软件的支持。

　　【拓展知识 10-1】　计算机第一定律——摩尔定律。摩尔定律是指集成电路芯片上可容纳的晶体管数目每隔 18 个月便会增加一倍,性能也将提升一倍。

10.1　程序、进程和线程

10-1　程序、
进程和
线程

　　程序(Program)是能完成预定功能的静态的指令序列。

　　为提高操作系统的并行性和资源利用率,人们提出了进程(Process)的概念。简单地说,进程是程序的一次执行,它是动态的。进程是操作系统资源分配和处理器调度的基本单位,拥有独立的代码、内部数据和程序运行状态(进程上下文、一组寄存器的值)。因此,频繁的进程状态切换必然消耗大量的系统资源。

　　为解决此问题,人们又提出了线程(Thread)的概念。将资源分配和处理器调度的基本单位分离,进程只是资源分配的基本单位,线程是处理器调度的基本单位。一个进程可包含一个或以上的线程,同一进程中的多个线程共享该进程中的全部系统资源。

　　线程(Thread)是进程中一个单一顺序的控制流。线程只包含程序计数器、栈指针和堆栈,不包含进程地址空间的代码和数据,因此线程被称为轻质进程(Light Weight Process)。

　　Java 是第一个在语言级支持多线程并发编程的语言。多线程可以使程序反应更快,交互性更强,执行效率更高。

　　什么时候选择线程编程?如果一段代码要执行较长的时间(循环执行)且计算量不太密集(如监控程序),则适合选用,否则没有意义。

　　在单核 CPU 计算机系统中,引入进程和线程概念后,实现了程序宏观上的并发执行,但微观上程序仍是串行执行的,如图 10-2 所示。

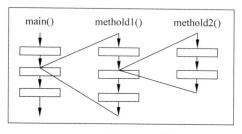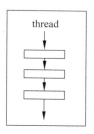

图 10-2　程序的串行执行

在多核 CPU 的计算机系统中，可以实现真正意义上的程序的并行执行，如图 10-3 所示。

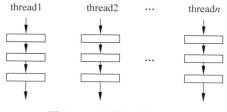

图 10-3　程序的并行执行

10.2　如何实现线程

10-2　如何实现线程

10.2.1　线程相关的类和接口

1. Thread 类

Thread 类在 java.lang 包中。

Thread 类的常用构造方法如下：

```
(1) public Thread(Runnable target)
(2) public Thread(String name)
```

Thread 类有 3 个有关线程优先级的常量：

```
(1) Thread.MIN_PRIORITY = 1;
(2) Thread.MAX_PRIORITY = 10;
(3) Thread.NORM_PRIORITY = 5;
```

Thread 类的常用方法如下。

（1）public static Thread currentThread()：返回对当前正在执行的线程对象的引用。

（2）public final String getName()：返回该线程的名称，在默认情况下，主线程名称为 main，用户启动的线程名称为 Thread-0、Thread-1…

（3）public final int getPriority()：返回线程的优先级。主线程的默认优先级是 5，其他线程的优先级默认与父线程相同,可以通过 getPriority( )、setPriority( )来获得或设置线程对象的优先级。

(4) public static void sleep(long millis) throws InterruptedException:在指定的毫秒数内让当前正在执行的线程休眠(暂停执行)。

2. Runnable 接口

Runnable 接口在 java. lang 包中,定义如下:

```
public interface Runnable
```

Runnable 接口中只包含一个抽象方法——void run( ),线程执行代码应该写在此方法中。run( )不能返回数据,也不能抛出异常。

【拓展知识 10-2】 火星探路者持续不断重启的原因分析。

火星探路者 Mars PathFinder 到达火星后,持续不断地重启。事故分析结论是:MarsPathFinder 使用了实时系统 wxworks,该 wxworks 的线程调度策略是优先级抢占(preemptive priority scheduling)。由于系统设计失误,造成优先级反转(priority inversion)问题,即优先级高的线程等待优先级低的线程。系统的看门狗(Watchdog)时钟发现某些线程长时间没有被调度,自动重启系统。

在 Java 中,可以通过继承 Thread 类或实现 Runnable 接口来实现线程的编程。

【示例程序 10-1】 main 主线程应用示例(MainThreadTest. java)。

功能描述:本程序每隔 2s 输出一次主线程信息、名称、优先级,循环输出 100 次。

```
01   public class MainThreadTest {
02     public static void main(String[ ] args) throws Exception {
03       for (int i = 0; i < 100; i++) {
04         System. out. println(Thread. currentThread( ). toString( ));
05         System. out. println(Thread. currentThread( ). getName( ));
06         System. out. print(Thread. currentThread( ). getPriority( ));
07         Thread. currentThread( ). sleep(2000);
08       }
09     }
10   }
```

控制台输出如下:

```
Thread[main,5,main]
Main
5
…
```

通过查看 Java 源码或 JDK 文档,可以知道 Thread 对象的 toString( )方法返回的是:Thread[线程名,优先级,线程组]。

【示例程序 10-2】 用 Thread 和 Runnable 两种方式来实现线程应用示例。(ThreadRunnableTest. java)。

　　功能描述：本程序用 Thread 方式实现了 Alpha 线程（每隔 3s 输出一个随机大写字母），用 Runnable 方式来实现 Digit 线程（每隔 6s 输出一个随机数字），在 ThreadRunnableTest 类的主方法中依次启动了一个 Alpha 线程和一个 Digit 线程进行测试。

```
01  //通过创建 Thread 类的子类的方式来实现
02  class Alpha extends Thread {
03      public void run() {
04          char ch = '';
05          try {
06              for (int i = 0; i < 100; i++) {
07                  ch = (char)('A' + (int)(Math.random() * 26));
08                  System.out.printf("%20c\n", ch);
09                  sleep(3000);            // this 可省略
10              }
11          } catch (InterruptedException e) {
12              e.printStackTrace();
13          }
14      }
15  }
16  // 通过实现 Runnable 接口的类的方式来实现
17  class Digit implements Runnable {
18      @Override
19      public void run() {
20          char ch = '';
21          try {
22              for (int i = 0; i < 50; i++) {
23                  ch = (char)('0' + (int)(Math.random() * 10));
24                  System.out.printf("%-20c\n", ch);
25                  // 为什么和 09 行的处理方式不同
26                  Thread.currentThread().sleep(6000);
27              }
28          } catch (InterruptedException e) {
29              e.printStackTrace();
30          }
31      }
32  }
32  public class ThreadRunnableTest {
33      public static void main(String[] args) {
34          Alpha t1 = new Alpha();
35          // t1.run();
36          // 线程必须通过 start()来启动,对象名.run()是方法调用
37          t1.start();
38          // public Thread(Runnable target)
39          Digit d = new Digit();
40          Thread t2 = new Thread(d);
```

```
41          t2.start();
42      }
43  }
```

10.2.2　线程的状态

在 Java 中,线程可以处于下列 5 种状态之一,状态转换方式如图 10-4 所示。在给定时间点上,一个线程只能处于其中一种状态。

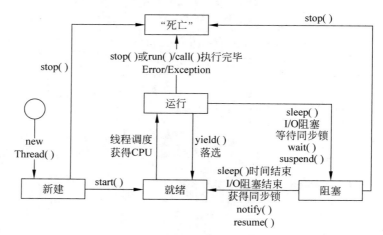

图 10-4　线程状态转换方式

（1）新建状态（New）：用 new Thread（）等方法创建了线程对象后,尚未启动,线程处于新建状态。

（2）就绪状态（Runnable）：调用线程对象的 start（）方法启动线程后,线程处于就绪状态。

（3）运行状态（Running）：JVM 按照线程调度策略选中就绪队列中的一个线程,使其进入运行状态。

（4）阻塞状态（Blocked、Waiting、Timed_Waiting）：处于运行状态的线程可能由于发生等待事件而放弃 CPU 进入阻塞状态。阻塞状态分为 Blocked、Waiting、Timed_Waiting 三种,详细请阅读 JDK 文档。

（5）"死亡"状态（Terminated）：已终止的线程状态,线程已经结束执行。

10.3　线程的互斥与同步

10-3　线程的
互斥与
同步

临界区（CriticalArea）是多个线程访问共享变量的代码段。在线程并发执行时,应保持对临界区的串行访问,否则可能导致与时间相关的错误。

【拓展知识 10-3】　无人机编队表演。

无人机编队飞行表演,打造空中未来数字经济新玩法。以天为幕,以城为景,以文化为魂,以创意为魄。目前可以实现高精度厘米级实时动态定位,加密局域网通信,0.5m 间距分批起飞,紧密机间距,3D立体仿生舞步,完美配合音乐、灯光节奏,最多可支持6000架无人机同时起飞,模拟动态仿生设计编程。无人机编队表演应用了哪些技术手段? 又是如何实现的呢?

10.3.1　用synchronized实现线程的互斥

在Java语言中,为保证共享数据操作的完整性,引入了互斥锁的概念。Java中每个类的对象都有一个唯一的互斥锁。通过synchronized关键字来设置一个代码块或方法的互斥访问。注意:synchronized翻译过来是同步,但是此处实际指的是互斥。

synchronized关键字的两种使用方式如下。

(1)用在一段代码(语句块)前。只有获取锁的线程可以执行该语句块,由于一个时间只有一个线程可以获取到锁,其他想获取锁的线程只能进入等待该锁的队列。

(2)用在方法声明中,表示整个方法为同步方法。

【示例程序 10-3】 用synchronized实现线程安全的堆栈应用示例(MySynchronizedStack.java)。

功能描述:本程序用数组实现了一个线程安全的堆栈,将互斥方法实现pop()方法,用互斥语句块实现了push()方法,最后进行了测试。

```
01  public class MySynchronizedStack {
02      private char[] ca = new char[10];
03      private int point = 0;
04      public int size(){
05          return point;
06      }
07      //互斥方法,保证一个时间能只有一个线程在执行该方法,其他想执行该方法的
08      //线程进入阻塞状态
09      public synchronized char pop(){
10          if(this.size()> 0){
11              point -- ;
12              return ca[point];
13          }else{
14              return '0';
15          }
16      }
17      public void push(char c){
18      //互斥语句块,粒度更小,保证一个时间能只有一个线程在执行该语句块,
19      //其他想执行该语句块的线程进入阻塞状态
20          synchronized(this){
21              if(this.size()< 10){
22                  ca[point] = c;
23                  point++;
24              }
25          }
26      }
27      public static void main(String[] args) {
28          MySynchronizedStack stack = new MySynchronizedStack();
```

```
29          stack.push('a');
30      }
31  }
```

10.3.2 用信号量机制实现线程的同步

从 JDK 1.5 开始,JDK 开始提供 Concurrency 并发库。Concurrency 提供了一个功能强大的、高性能、高扩展、线程安全的开发库,方便程序员开发多线程的类和应用程序。Concurrency 处于 java.util.concurrent 包,主要包括同步器、执行器、并发集合、Fork/Join 框架、atomic、locks 等内容。

荷兰学者 Dijkstra 于 1965 年提出的信号量机制(Semaphore)是一种非常经典、卓有成效的进程同步工具。Semaphore 通常用于限制可以访问某些资源的线程数量。线程想访问共享资源,必须先获得许可证(许可证数减 1),否则处于等待状态。系统通过计数器控制线程对共享资源的访问。

Semaphore 的常用构造方法如下。

Semaphore(int permits):构造一个拥有 permits 许可证的 Semaphore 对象。

Semaphore 的常用方法如下。

(1) public void acquire():从本信号量获取一个许可证,并在获取该许可证前一直将线程阻塞。获取了一个许可证后线程继续运行,并将可用的许可数减 1。

(2) public void acquire(int num):从本信号量获取 num 个许可证,在提供这些许可证前一直将线程阻塞。

(3) public void release():释放一个许可证给信号量,可用许可证数加 1。按照一定的调试算法从等待队列中唤醒一个等待线程。

(4) public void release(int permits):释放指定数目的许可证给信号量。

【示例程序 10-4】 用信息量机制实现线程的同步(Walk.java)

(1) Left 类实现了左腿线程。

```
01  public class Left extends Thread{
02      Semaphore l;
03      Semaphore r;
04      public Left() {
05      }
06      public Left(Semaphore l,Semaphore r) {
07          this.l = l;
08          this.r = r;
09      }
10      @Override
11      public void run() {
12          try {
13              while(true) {
14                  l.acquire();
15                  System.out.println(" ----- 左 ----- ");
16                  sleep(1000);
```

```
17              r.release();
18          }
19      } catch (InterruptedException e) {
20          e.printStackTrace();
21      }
22  }
23 }
```

（2）Right 类实现了右腿线程。

```
01  public class Right implements Runnable {
02      Semaphore l;
03      Semaphore r;
04      public Right() {
05      }
06      public Right(Semaphore l, Semaphore r) {
07          this.l = l;
08          this.r = r;
09      }
10      @Override
11      public void run() {
12          try {
13              while(true) {
14                  r.acquire();
15                  System.out.println("\t\t----- 右 ----- ");
16                  Thread.currentThread().sleep(500);
17                  l.release();
18              }
19          } catch (InterruptedException e) {
20              e.printStackTrace();
21          }
22      }
23 }
```

（3）Walk 类启动左腿和右腿两个线程并实现同步。

```
01  public class Walk {
02      public static void main(String[] args) {
03          Semaphore l = new Semaphore(1);
04          Semaphore r = new Semaphore(0);
05          Left left = new Left(l, r);
06          left.start();
07          Right right = new Right(l, r);
08          //public Thread(Runnable target)
09          Thread rr = new Thread(right);
10          rr.start();
11      }
12 }
```

10.3.3　Fork/Join 框架

Fork/Join 框架是 Java 7 提供的一个用于并行执行任务的框架。Fork/Join 框架采用"分而治之"策略：把一个大任务分割成若干子任务，递归分割直到子任务足够小。最终将每个子任务的计算结果汇总后，得到最终结果。

Fork/Join 框架的优势：可以真正实现并行计算，特别适合基于多核处理器的并行编程。

Fork/Join 框架的主要类列举如下。

（1）ForkJoinTask＜V＞：描述任务的抽象类。

（2）ForkJoinPool：管理 ForkJoinTask 的线程池。

（3）RecursiveAction：ForkJoinTask 子类，描述无返回值的任务。

（4）RecursiveTask＜V＞：ForkJoinTask 子类，描述有返回值的任务。

【示例程序 10-5】　用 Fork/Join 框架实现并行计算的应用示例（FKTest.java）。

功能描述：本程序用 Fork/Join 框架实现把一个大的计算任务分而划之，如计算 1～100 000 000 所有整数的和，递归划分为一个个小的计算任务，如负责计算 1000 个数。

```
01  public class FKTest {
02      public static void main(String[ ] args) throws Exception{
03          ForkJoinPool fjp = new ForkJoinPool();
04          Future < Long > result = fjp.submit(new NTTask(1,100000000));
05          System.out.println(result.get());
06      }
07  }
08  class NTTask extends RecursiveTask < Long >{
09      public static final int THREADHOLD = 10000;
10      private int begin;
11      private int end;
12      public NTTask(int begin, int end){
13          this.begin = begin;
14          this.end = end;
15      }
16      @Override
17      protected Long compute() {
18          long sum = 0;
19          if((end - begin)< = 1000){
20              for(int i = begin; i < = end; i++){
21                  sum = sum + i;
22              }
23          }else{
24              int mid = begin + (end - begin)/2;
25              NTTask left = new NTTask(begin,mid);
26              left.fork();
27              NTTask right = new NTTask(mid,end);
28              right.fork();
29              long l = left.join();
```

```
30              long r = right.join();
31              return l + r;
32          }
33      return sum;
34      }
35  }
```

10.4　综合实例：倒计时牌编程，致敬北京冬奥

10-4　倒计时
牌编程

10.4.1　案例背景

2013年11月3日，中国奥委会正式致函国际奥委会申办2022年冬奥会。2015年7月31日，在马来西亚首都吉隆坡举行的第128届国际奥委会全体会议上，北京以44票获得举办权，北京也就此成为全球唯一一座双奥之城（既举办夏季奥运会又举办冬奥会的城市）。

国家体育总局、中华全国体育总会和中国奥委会在贺词中表示"中国举办冬奥会，将在世界五分之一的人口中更好地传播奥林匹克团结、友谊、和平的宗旨和理念，将推动全国人民以不同方式投身冰雪运动及相关产业，并将为健康中国、国际奥林匹克运动作出新贡献"。

所有比赛结束后，挪威代表团以16金的优异战绩领跑北京冬奥会金牌榜，并成为史上单届冬奥会获得金牌数最多的代表团。中国体育代表团共收获9金、4银、2铜，位列奖牌榜第三，金牌数和奖牌数均创历史新高。

10.4.2　编程实践

学完线程以后，读者可以综合运用Java GUI编程技术和多线程技术完成北京冬奥会倒计时牌的程序设计。

【示例程序10-6】　北京冬奥会倒计时牌的程序设计（CountDownTimer.java）。

功能描述：每秒刷新一次，即显示"离北京冬奥会2022年2月4日开幕还有：？天？时？分？秒"，并显示北京冬奥会Logo。效果如图10-5所示。

图10-5　示例程序10-6运行效果

```
01    public class CountDownTimer extends JFrame{
02        private JPanel jp_top = new JPanel();
03        private JLabel jl_dw = new JLabel("离北京冬奥会 2022 年 2 月 4 日开幕
04    还有：");
05        private JLabel jl_time = new JLabel("00 天 00 时 00 分 00 秒");
06        private JLabel jl_logo = new JLabel();
07        Calendar cal = Calendar.getInstance();
08        long end = 0;
09        MyClock mc = new MyClock();
10        public CountDownTimer3() {
11            super("倒计时器");
12            init();
13        }
14        public void init() {
15            Font font = new Font("黑体", Font.BOLD, 18);
16            jl_time.setFont(font);
17            jl_dw.setFont(font);
18            jl_time.setHorizontalAlignment(SwingConstants.CENTER);
19            jl_dw.setHorizontalAlignment(SwingConstants.CENTER);
20            jp_top.setLayout(new GridLayout(2,1));
21            jp_top.add(jl_dw);
22            jp_top.add(jl_time);
23            this.add(jp_top,BorderLayout.NORTH);
24            this.add(jl_logo,BorderLayout.CENTER);
25            ImageIcon ii = new
26    ImageIcon(CountDownTimer.class.getResource ("logo.jpg"));
27            ii.setImage(ii.getImage().getScaledInstance(400,400,
28    Image.SCALE_DEFAULT));
29            Image image = ii.getImage();
30            jl_logo.setIcon(ii);
31            setDefaultCloseOperation(WindowConstants.EXIT_ON_CLOSE);
32            setSize(400, 450);
33            setLocationRelativeTo(null);
34            setVisible(true);
35            cal.set(2022,1,4);
36            Calendar now = Calendar.getInstance();
37            end = (cal.getTimeInMillis() – now.getTimeInMillis())/1000;
38            mc.start();
39        }
40        class MyClock extends Thread {
41            public void run() {
42                NumberFormat nf = NumberFormat.getInstance();
43                nf.setMinimumIntegerDigits(2);
44                try {
45                    while (true) {
46                        Thread.currentThread().sleep(1000);
47                        end = end – 1;
48                        long d = end/24/60/60;
49                        long s1 = end % (24 * 60 * 60);
50                        long h = s1/60/60;
51                        long s2 = s1 % (60 * 60);
52                        long m = s2/60;
```

```
53                      long s = s2 % 60;
54                      jl_time.setText(nf.format(d) + "天
55  " + nf.format(h) + "时 " + nf.format(m) + "分 " + nf.format(s) + "秒 ");
56                  }
57              } catch (InterruptedException e1) {
58                  e1.printStackTrace();
59              }
60          }
61      }
62      public static void main(String[] args) {
63          CountDownTimer3 ct = new CountDownTimer3();
64      }
65  }
```

10.5　本章小结

　　本章主要介绍了如何利用 Java 多线程编程技术解决实际问题。首先介绍了线程的概念和线程相关的类、接口、方法,然后通过编程示例对如何实现线程、如何对线程的状态进行控制、如何实现多个线程之间的同步和互斥等问题进行了详细的介绍。

　　将 I/O 技术、Java GUI 编程技术、Java 多线程技术等结合起来,就可以解决现实生活许多的应用问题和难题。

10.6　自测题

一、填空题

1. Thread 类位于_____包下。

2. 在 Java 中,创建线程的方法有两种:通过创建_____类的子类来实现,通过实现接口_____来实现。

3. Thread 类有 3 个线程优先级的常量:Thread. MIN_PRIORITY = _____;Thread. MAX_PRIORITY = _____; Thread. NORM_PRIORITY = _____。

4. _____ 关键字可以用作方法修饰符,使该方法成为互斥方法;也可用在一段代码(语句块)前实现代码的互斥调用。

5. 用 Object 类中的_____()和_____()方法,和 synchronized 关键字联合使用可以实现线程的同步。

二、编程实践

1. 线程同步的实现(MainSubTest.java)。

　　编程要求:子线程循环 10 次,接着主线程循环 3 次,接着又回到子线程 10 次,接着再回到主线程 3,如此循环 10 次。

2. 倒计时器(MainSubTest.java)。

　　编程要求:界面如图 10-6 所示。输入倒计时分钟数,单击"开始倒计时"按钮,即开始按秒递减。

图 10-6　倒计时器

3. 请用信号量机制实现停车场管理(ParkTest.java)。

10-5　停车场
　　　管理

编程要求：某停车场拥有 10 个车位,每辆车(线程)进入停车场后车位数减 1,进停车场停车 1～10s,当车辆开出停车场后,车位数加 1。车位数为 0 时没有停车位,车辆排队等候,有车开出时唤醒等待车位的车辆。

编程提示：

(1) 信号量机制的 Java 实现请参考 10.3.2 节。

(2) 停车场：构造一个拥有 permits 许可证的 Semaphore 对象。

(3) 把车辆写成一个线程。动作：用 acquire()访问从信号量申请一个许可证,车辆在获取到许可证前等待；进入停车场,停车用 sleep 随机时间模拟,驶出停车场,归还许可证,用 signal()唤醒等待进入的车辆。

(4) 用线程池模拟每隔几秒产生一辆车。

```
01    …
02    ScheduledExecutorService pool = Executors.newScheduledThreadPool(1);
03    //从第 0s 开始每隔 2s 产生一个 Vehicle 线程
04    pool.scheduleAtFixedRate(new Vehicle(),0,2,TimeUnit.SECONDS);
05    …
06    public Vehicle implements Runnable{
07        @Override
08        public void run() {
09            …
10        }
11    }
```

4. 多线程分别求和,然后汇总(SumTest.java)。

编程要求：编写 10 个线程,第 1 个线程从 0 加到 9999,第 2 个线程从 10 000 加到 19 999,以此类推,第 10 个线程从 90 000 加到 99 999。最后,将 10 个线程的计算结果相加。

编程提示：

(1) 使用线程池创建线程。

(2) 创建可以返回数据的线程。

5. 小球病毒的模拟(SmallBall.java)。

编程要求：

(1) 界面要求如图 10-7 所示。

(2) 运动轨迹：小球碰到边界就改变方向弹回来,每 10ms 运动一次。

(3) 初始界面：“开始”按钮有效,“停止”“恢复”按钮无效。

(4) “开始”按钮：单击后小球开始运动,“开始”按钮无效,“停止”“恢复”按钮有效。

(5) “停止”按钮：单击后小球暂停运动,“开始”按钮无效,“停止”按钮无效,“恢复”按

图 10-7 "小球病毒模拟"界面

钮有效。

（6）"恢复"按钮：单击"恢复"按钮后小球继续运动，"开始"按钮无效，"停止"按钮有效，"恢复"按钮无效。

编程提示：

（1）线程的启动、暂停、继续功能的实现。可以直接采用 java. lang. Object 中 start( )、suspend( )、resume( )方法。由于 suspend( )、resume( )方法已经过时，不再推荐使用，可以改为 wait( )和 notity( )方法实现。

（2）小球的运动轨迹的控制与实现，请参考以下程序片段：

```
01    Graphics g = jp_win.getGraphics();
02    int x = 10, y = 15;
03    //计算画球时 X 轴、Y 轴的最大坐标
04    int x_max = 440 - BALLSIZE;
05    int y_max = 260 - BALLSIZE;
06    //球移动的增量
07    int x_increase = 5;
08    int y_increase = 5;
09    while(true){
10    //将上一次画的球擦掉
11    g.setColor(Color.WHITE);
12    g.fillOval(x, y, BALLSIZE, BALLSIZE);
13    //画球
14    g.setColor(BALLCOLOR);
15    x = x + x_increase;
16    y = y + y_increase;
17    g.fillOval(x, y, BALLSIZE, BALLSIZE);
18    //判断球是否到达了边界,若到达了则转向
19    if(x <= 10 || x >= x_max) x_increase = - x_increase;
20    if(y <= 15 || y >= y_max) y_increase = - y_increase;
30    try {
31        Thread.sleep(10);
32    }catch(Exception e){
33    }
```

第11章

Java网络编程技术

名家观点

未来万事万物都将处于在线状态。

——王坚(云计算技术专家,中国工程院院士,阿里云创始人)

千万不要放纵自己,给自己找借口。对自己严格一点儿,时间长了,自律便成为一种习惯,一种生活方式,你的人格和智慧也因此变得更加完美。

——李开复(创新工场创始人,入选"中国改革开放海归 40 年 40 人")

本章学习目标

- 了解计算机网络发展史。
- 理解计算机网络基本概念。
- 学会利用 TCP Socket 技术编写基本程序。
- 学会利用 UDP Socket 技术编写基本程序。

课程思政——5G 时代与互联网 3.0

1G、2G、3G、4G、5G 分别指第一、二、三、四、五代移动通信系统(G 是 Generation 的缩写)。

(1)1G 时代被称为语音时代,采用模拟通信技术,用户只能打电话。

(2)2G 时代就是文本时代,具备高度的保密性和更大的系统容量,用户可以打电话、发短信、浏览网页,甚至玩游戏。

(3)3G 时代被称为图片时代,提升了传输数据的速度。3G 手机能快速处理图像、音乐、视频等媒体,提供电子商务、视频通话等多种信息服务。微博、微信等应用开始兴起。

(4)4G 时代被称为视频时代,具备速度快、通信质量高、费用便宜等特点,几乎满足了所有用户对于无线服务的所有需求,例如各种视频 App 和视频直播;微信、支付宝等快捷支付方式,很大程度的弱化了钱包的作用。

(5)5G 时代被称为物联网时代,传输速度更快,网络更加稳定。5G 是多种新型无线接入技术和现有演进技术集成后的解决方案的总称,是真正意义上的通信技术与互联网的融合。业界普遍认为 5G 将会强力推动 VR、无人驾驶汽车等物联网技术发展。

1994 年 4 月 20 日,中国全功能接入国际互联网。中国互联网迅猛发展,全方位渗透中国的各个领域,以开阔的思维视角,颠覆式的技术革新,实现了跨越式的发展,互联无限,硕果累累。目前,有学者提出中国互联网发展经过了以下 3 个时代。

(1) 互联网 1.0 时代(1995—2011 年):个人计算机(PC)互联网阶段。互联网的构建基础是内容,在 PC 互联网阶段,内容的最佳载体就是网站,搜索引擎——百度成为最大赢家。

(2) 互联网 2.0 时代(2010 年起),移动互联网时代。随着 3G 通信技术的发展和智能手机的普及,内容的载体由网站升级为 App,微信取代百度成为移动互联网的入口。

(3) 互联网 3.0 时代(2013 年至未来 10 年):商业社交互联网时代——社交＋支付。熟人社交平台成为一个基础设施平台,在中国是微信,国外则是 Meta。公众号和小程序让 B 端企业可以轻松搭建轻型 App,发布产品和内容。微信支付则打通支付实现闭环。微信从一个熟人社交平台成为下一代移动端的操作系统。

11.1　网络的发展

网络可以使不同物理位置上的计算机(智能设备)达到资源共享和通信的目的。互联网始于 1969 年美国的阿帕网。以 TCP/IP 的启用为标志,互联网横空出世。目前,具有高速率、低时延和大连接的第五代通信技术(5G)正在普及。互联网已经过了 PC 互联网、移动互联网、物联网等发展阶段。

11.1.1　几个重要概念

TCP/IP 网络参考模型包括应用层、传输层、网络层、链路层、物理层 5 个层次。大多数基于 Internet 的应用协议被看作 TCP/IP 网络的最上层即应用层,如 FTP、HTTP、SMTP、POP3、TELNET 等。

(1) 协议(Protocol)是为计算机网络中进行数据交换而建立的规则、标准或者说是约定的集合。

(2) TCP/IP 是指传输控制协议 TCP 和网间协议 IP。TCP/IP 是 Internet 近百个协议中的主要协议,定义了计算机和外设进行通信所使用的规则,是事实上的工业标准。

(3) IP 地址:IPv4(32bits)用来标识计算机、交换机、路由器等网络设备的网络地址。由小数点分成 4 个部分,每部分取值:0～255。为解决 IP 资源耗尽的问题,提出了 IPv6(128bits)方案,其地址数量号称可以为全世界的每一粒沙子编上一个地址。

(4) 域名(Domain):为方便记忆和使用,用户采用域名来访问网络。IP 地址和域名是一一对应的。域名和 IP 地址之间的转换由域名服务器(Domain Name Server,DNS)来完成。

(5) 端口号(Port):分为物理端口和逻辑端口。物理端口指计算机设备上的串行端口、并行端口、USB、网络接口等。逻辑端口一般用来在一台计算机设备上标识不同的网络服务程序。逻辑端口号采用 16 位二进制编码(0～65 535)。其中 0～1023 为系统保留端口,如 FTP 文件传输端口 21、Telnet 远程登录端口 23、HTTP 浏览网页服务端口 80 等。用户开发的网络应用程序应该使用 1024 以后的端口号,从而避免端口号已被另一个应用或系统所用。常见网络程序的端口号：QQ 默认端口 8000，Oracle 数据库默认端口 1521、MySQL 数据库默认端口 3306 等。

【拓展知识 11-1】 IPv4 时代的根服务器。

互联网的根服务器管理全球 IPv4 网络的 DNS 服务，全球有 13 台，其中一台为主根服务器在美国。还有 12 台辅助根服务器，其中 9 台在美国，2 台在欧洲，分别位于英国和雅典；1 台在亚洲的日本。中国是没有根服务器的，因为互联网的发源地在美国，所以在 IPv4 时代，根服务器的管理和授权由美国管理。

【拓展知识 11-2】 IPv6 时代的根服务器。

雪人计划是由中国领衔发起的，是基于 IPv6 的根服务器测试和运营实验项目，用来打破现有的根服务器困局，为 IPv6 提供根服务器解决方案；在全球已经部署了 25 台 IPv6 根服务器，其中中国部署了 4 台，1 台主根服务器，3 台辅根服务器，打破了中国没有根服务器的局面。

11.1.2 B/S 与 C/S

C/S 架构(Client/Server，客户/服务器)通过将计算任务合理分配到 Client 端和 Server 端，降低了系统的通信开销，可以充分利用两端硬件环境的优势。

B/S 架构(Browser/Server，浏览器/服务器)是随着 Internet 的发展，在 C/S 基础上的改进。B/S 架构下，Client 统一由浏览器取代，相当于轻量级客户端，主要事务逻辑在服务器端实现。B/S 架构成为当今应用软件的首选体系结构。

下面介绍的 TCP 和 UDP 编程都属于 C/S 架构，既要编写服务器端程序，又要编写客户端程序。

11.1.3 URI 与 URL

URI(Uniform Resource Identifier，统一资源标识符)用来唯一地标识一个网络资源。URI 可以是绝对路径，也可以是相对路径。

URL(Uniform Resource Locator，统一资源定位器)是 URI 命名机制的一个子集。URL 指明如何定位这个资源，URL 只能是绝对路径。

URL 的语法格式如下：

```
Schema://host:port/path
```

(1) Schema：表示 Internet 资源类型(即协议)，如 http://表示采用 http 协议访问 www 服务器，ftp://表示用 FTP 协议访问 FTP 服务器，其余协议类似。

(2) host：表示服务器地址，即域名或 IP 地址。

(3) port：表示程序端口号。

(4) path：表示服务器上某资源的位置。

典型 URL 如：http://auto.sohu.com/20160214/n437035941.shtml。

11.1.4 TCP 与 UDP

TCP(Tranfer Control Protocol，传输控制协议)是一种面向连接的可以保证数据可靠传输的协议。通过 TCP,可以在网络设备之间建立一条虚拟的连接线路进行数据通信。两台网络设备或计算机通过 TCP 进行通信时要经过如下三次握手。

(1) 希望与服务器端建立联系的客户端向服务器发送数据报。

(2) 服务器端在收到客户端的数据报要进行确认,并向客户端发送数据报。

(3) 客户端在收到服务器端发出的数据报后,向服务器端发送确认的信息。

三次握手完成以后,服务器端和客户端之间就建立一条虚拟的通信线路,可以进行数据通信。

TCP 的可靠传输是依赖于对数据报添加序列号及响应应答的方式实现的。接收端响应数据报丢失或超时都会导致服务器端重新发送数据报,这样的机制保证了数据的可靠传输。

使用 TCP 进行网络数据传输是编写网络应用程序的前提。很多更高层的应用级协议,如 HTTP、FTP 等都是建立在 TCP 基础之上。

UDP(User Datagram Protocol,用户数据报协议)是一种无连接的协议,提供不可靠信息传输服务。在正式通信前不必与对方先建立连接,不管对方状态就直接发送。每个 UDP 数据报都包含一个完整的传输信息,包括源地址、源端口、目的地址、目的端口、帧序号、数据帧等。UDP 在网络上以任何可能的路径传往目的地,因此能否到达目的地,到达目的地的时间以及内容的正确性都是不能被保证的。因此,UDP 适用于网络环境良好、对可靠性要求不太高、发送广播数据报不关心接收端是否收到等应用环境,如 QQ、广播等软件。

打个比方,TCP 相当于手机通话,面向连接,稳定可靠,适合传输大量数据。UDP 相当于收发短信和邮件,不需要连接,不提供可靠传输、流控制、错误恢复等机制,没有收到确认和重传机制,但是速度快,效率高。

11.2 TCP Socket 编程

Java 语言对 TCP、UDP 提供了良好的封装和支持。Java 网络编程相关的类、接口和异常集中存放在 java.net 包中。

使用 TCP 进行网络编程时,一般有一个提供服务的服务器端程序和若干个接收服务的客户端程序。服务器端程序循环监控某个端口,接收客户端程序的请求并做出响应。客户端程序请求连接服务器端程序,建立连接后发出请求并接收服务器端程序的响应。

Socket 又称为套接字,Java 应用程序通常通过套接字向网络发出请求或应答网络请求。ServerSocket 类实现服务器端 Socket,Socket 类实现客户端 Socket。建立连接后,服务器端和客户端都会产生一个 Socket 实例。Socket 之间是平等的、双向连通的。服务器端或客户端可以用 OutputStream 的方式向 Socket 中写入数据,另外一端就可以从 Socket 中以 InputStream 的方式读取数据,从而实现通信,具体示意如图 11-1 所示。

在 Java 中,ServerSocket 和 Socket 类都集中存放在 java.net 包中。ServerSocket 类接收其他通信实体的连接请求,ServerSocket 类的对象用于监听来自客户端的 Socket 连接,如果没有连接,它将一直处于等待状态。

ServerSocket 类的构造方法如下。

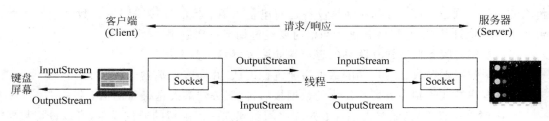

图 11-1　服务器端和客户端的数据传输示意图

public ServerSocket(int port)：创建一个绑定到本机 prot 端口的 ServerSocket 对象。

ServerSocket 类的常用方法如下。

(1) public Socket accept()：侦听服务器端口并接收客户端的连接申请,连接后返回一个 Socket 对象,否则阻塞。

(2) public void close()：关闭此 ServerSocket 对象,与该 ServerSocket 相关联的通道将被关闭。

客户端的 Socket 发送连接请求,一旦与服务器端建立连接,就可以通过 Socket 对象取得输入和输出流对象,然后通过流进行数据的读写。一个 Socket 由一个 IP 地址和一个端口号唯一确定。

Socket 类的构造方法如下。

(1) public Socket(InetAddress address,int port)：这种方式一次只能为一个客户端提供服务,效率低下。

(2) public Socket(String host,int port)：构建一个 Socket 对象,并和指定主机和端口的服务器端程序建立连接。

Socket 类的常用方法如下。

(1) public InputStream getInputStream()：获取当前 Socket 的输入流。

(2) public OutputStream getOutputStream()：获取当前 Socket 的输出流。

(3) public InetAddress getLocalAddress()：获取当前 Socket 绑定的本地地址。

(4) public int getLocalPort()：返回当前 Socket 绑定到的本地端口。

(5) public int getPort()：返回当前 Socket 连接到的远程端口。

(6) public SocketAddress getRemoteSocketAddress()：返回当前 Socket 连接服务器端的 IP 地址。

(7) public void close()：关闭当前 Socket。

11.2.1　单线程 Socket 编程

服务器程序在主线程中循环接收客户端程序的连接并与之通信。这样的服务是串行的,一次只能为一个客户端程序提供服务。

11-1　单线程 Socket 编程

【示例程序 11-1】　单线程服务器端 Socket 示例程序(SingleServerSocket.java)。

功能描述：本程序演示服务器端 Socket 编程,循环接收客户端程序的连接：如果有客户端连接服务器,就返回一个 Socket,然后给该客户端发送一个"同志们好!",并接收客户端发过来的"首长好!"。如果没有客户端连接,就阻塞等待。

```
01  public class SingleServerSocket {
02    public static void main(String[] args) throws Exception {
03      System.out.println("服务器端程序启动...");
04      // 服务器端程序监听 8080 端口
05      ServerSocket ss = new ServerSocket(8080);
06      while (true) {
07        Socket socket = ss.accept();
08        // 无客户端访问,阻塞等待
09        // 有客户端访问 8080 端口,返回 Socket 对象(客户端的 IP 地址和端口号)
10        String sip = socket.getLocalAddress().toString();        //服务器端 IP
11        int sport = socket.getLocalPort();                        //服务器端端口 8080
12        String cip = socket.getRemoteSocketAddress().toString();
13        //客户端 IP 地址
14        int cport = socket.getPort();                            //客户端端口
15        PrintStream ps = new
16  PrintStream(socket.getOutputStream());
17        ps.println("同志们好!");
18        Scanner sc = new Scanner(socket.getInputStream());
19        System.out.println("客户端" + cip + ": " + cport + "说: " + sc.
20  nextLine());
21      }
22    }
23  }
```

【示例程序 11-2】 单线程客户端 Socket 示例程序(SingleSocket.java)。

功能描述:本程序演示客户端 Socket 编程:连接到 127.0.0.1:8080 的服务器端程序,并接收服务器端发过来的字符串"同志们好",给服务器端程序发送一个字符串"首长好!",然后退出。

```
01  public class SingleSocket{
02    public static void main(String[] args) throws Exception{
03      //连接到 127.0.0.1: 8080 的服务器端程序
04      Socket socket = new Socket("127.0.0.1",8080);
05      InputStream is = socket.getInputStream();
06      Scanner sc = new Scanner(is);
07      String s = sc.nextLine();
08      System.out.println("服务器端说: " + s);
09      PrintStream ps = new PrintStream(socket.getOutputStream());
10      ps.println("首长好!");
11      ps.flush();
12      ps.close();
13    }
14  }
```

11.2.2 多线程 Socket 编程

上节中服务器端接收一个客户端的请求结束后才能接收下一个客户端的请求,即串行服务。显然这样的实现是低效率的,无法满足客户端对服务器程序的要求。处理办法:对于每个客户端的连接请求,服务器启动一个单独的线程专门和该客户端通信,服务器继续接

收其他客户端的连接请求,而不是阻塞等待,从而提高服务器程序对客户端的响应效率。服务器端同时和多个客户端的数据传输具体示意如图 11-2 所示。

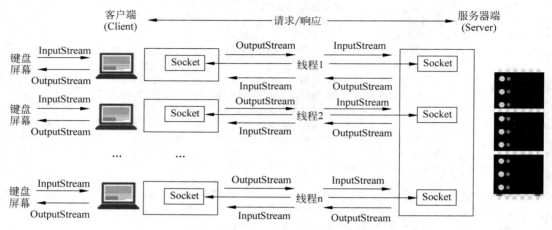

图 11-2　服务器端和多个客户端的数据传输示意图

【**示例程序 11-3**】　基于多线程的服务器端示例程序(MultiThreadServer.java)。

功能描述:本程序在 11.2.1 节的基础上进行了改进,对于每个客户端的连接请求,服务器都启动一个单独的线程专门和该客户端通信。收到客户端发送过来的字符串后显示,然后回复客户端收到了该字符串,直到客户端输入 Exit。

```
01   public class MultiThreadServer {
02     public static void main(String[] args) {
03       ServerSocket s = null;
04       try {
05         s = new ServerSocket(8000);
06         System.out.println("服务已经开启……");
07         while (true) {
08           Socket socket = s.accept();
09           String addr =
10   socket.getInetAddress().getHostAddress() + ": " + socket.getPort();
11           System.out.println("客户 " + addr + "访问!");
12           // 启动一个专门接收指定 Socket 的客户端信息的线程
13           new ServerReaderThread(socket,addr).start();
14         }
15       } catch (Exception e) {
16         e.printStackTrace();
17       }
18     }
19   }
20   // 接收指定 Socket 的客户端信息的线程
21   class ServerReaderThread extends Thread {
22     Socket socket;
23     String addr;
24     Scanner sc;
```

```
25        PrintStream ps;
26        public ServerReaderThread(Socket socket,String addr) {
27            this.socket = socket;
28            this.addr = addr;
29        }
30        public void run() {
31            try {
32                sc = new Scanner(socket.getInputStream());
33                ps = new PrintStream(socket.getOutputStream());
34                while (true) {
35                    String str = sc.nextLine();
36                    System.out.println(addr + "说: " + str);
37                    ps.println(str);
38                    ps.flush();
39                    if ("exit".equalsIgnoreCase(str)) {
40                        break;
41                    }
42                }
43            } catch (IOException e1) {
44                e1.printStackTrace();
45            }
46        }
47    }
```

【示例程序 11-4】　基于多线程的客户端程序应用示例（MultiThreadClient.java）。

功能描述：本程序将键盘输入的字符串发向服务器端，并接收服务器返回的信息，直到输入 Exit 为止。

```
01    public class MultiThreadClient {
02        public static void main(String[] args) throws Exception {
03            Socket socket = new Socket("127.0.0.1", 8000);
04            PrintWriter pm = new PrintWriter(socket.getOutputStream());
05            Scanner sc1 = new Scanner(socket.getInputStream());
06            Scanner sc = new Scanner(System.in);
07            while (true) {
08                System.out.print("请输入字符串(Exit 退出): ");
09                String s = sc.nextLine();
10                pm.println(s);
11                pm.flush();
12                String s1 = sc1.nextLine();
13                System.out.println("收到服务器: " + s1);
14                if ("exit".equalsIgnoreCase(s)) {
15                    break;
16                }
17            }
18        }
19    }
```

先运行服务器端程序,然后运行两个客户端程序进行测试。

注意:调用 PrintStream 类的 println()方法输出信息后,须再调用 flush()方法,否则数据仍在缓存中,不会发出。

11.2.3 服务器和客户端通信

11-2 服务器和客户端 Socket 通信编程

【**示例程序 11-5**】 服务器给客户端发送多种信息示例程序(ServerSOF.java)。

功能描述:本程序演示服务器给客户端发送 String、接收客户端 String、给客户端发送 Object(HashSet)、给客户端发送 File 4 种应用。

```
01  public class ServerSOF {
02      public static void main(String[] args) {
03          try {
04              ServerSocket ss = new ServerSocket(5556);
05              System.out.println("开始服务...");
06              while (true) {
07                  Socket s = ss.accept();
08                  System.out.println(s.getRemoteSocketAddress());
09                  //public PrintStream(OutputStream out)
10                  OutputStream os = s.getOutputStream();
11                  InputStream is = s.getInputStream();
12                  //1. 向客户端发送 String
13                  PrintStream ps = new PrintStream(os);
14                  ps.println("同志们好!");
15                  //2. 接收客户端 String
16                  Scanner sc = new Scanner(is);
17                  String str = sc.nextLine();
18      System.out.println(s.getRemoteSocketAddress() + ": " + str);
19                  //3. 向客户端发送 Object: HashSet
20                  HashSet < Character > hs = new HashSet < Character >();
21                  hs.add('A');
22                  hs.add('B');
23                  hs.add('C');
24                  ObjectOutputStream oos = new ObjectOutputStream(os);
25                  oos.writeObject(hs);
26                  //4. 向客户端发送 File
27                  FileInputStream fis = new
28      FileInputStream("C:\\zyj\\JDK1.6CN.chm");
29                  int b = 0;
30                  byte[] ba = new byte[1024];
31                  while((b = fis.read(ba))!= - 1) {
32                      os.write(ba, 0, b);
33                      System.out.println(b);
34                  }
35              }
36          } catch (IOException e) {
37              e.printStackTrace();
38          }
39      }
40  }
```

【示例程序 11-6】　客户端接收服务器多种信息示例程序(ClientSOF.java)。

　　功能描述：本程序演示客户端接收服务器 String、给服务器端发送 String、接收服务器端发送过来的 Object(HashSet)、接收服务器发送过来的 File 4 种应用。

```
01  public class ClientSOF {
02      public static void main(String[] args) {
03          try {
04              Socket socket = new Socket("127.0.0.1",5556);
05              InputStream is = socket.getInputStream();
06              OutputStream os = socket.getOutputStream();
07              //1.接收服务器发过来的 String
08              Scanner sc = new Scanner(is);
09              String s = sc.nextLine();
10              System.out.println("Sever: " + s);
11              //2.向服务器发送 String
12              PrintStream ps = new PrintStream(os);
13              ps.println("首长好!");
14              //3.接收服务器发过来的 Object: HashSet
15              ObjectInputStream ois = new ObjectInputStream(is);
16              HashSet < Character >
17  hs = (HashSet < Character >)ois.readObject();
18              System.out.println("Server: " + hs);
19              //4.接收服务器发过来的 File
20              FileOutputStream fos = new
21  FileOutputStream("d:\\zyj.chm");
22              byte[] ba = new byte[1024];
23              int b = 0;
24              while((b = is.read(ba))!= -1) {
25                  System.out.println(b);
26                  fos.write(ba, 0, b);
27              }
28              fos.close();
29          } catch (IOException e) {
30              e.printStackTrace();
31          } catch (ClassNotFoundException e) {
32              e.printStackTrace();
33          }
34      }
35  }
```

11.3　UDP Socket 编程

　　Java 在包 java.net 中提供了两个类 DatagramSocket 和 DatagramPacket，用来支持数据报通信的编程。

1. DatagramSocket 类

　　DatagramSocket(数据报套接字)用于在 Java 程序之间建立传送数据报的通信连接，DatagramSocket 表示用来发送和接收数据报的 Socket。数据报套接字是包投递服务的发送点或接收点。

DatagramSocket 类的构造方法如下。

(1) public DatagramSocket()：用一个空闲端口构造一个 DatagramSocket 对象。

(2) public DatagramSocket(int prot)：用指定端口构造一个 DatagramSocket 对象。

DatagramSocket 类的常用方法如下。

(1) public void send(DatagramPacket p)：从当前套接字发送数据报包。DatagramPacket 对象中包含了以下信息：要发送的数据、数据长度、远程主机的 IP 地址和远程主机的端口号。

(2) public void receive(DatagramPacket p)：该方法用于将接收到的数据填充到 DatagramPacket 的缓冲区中，接收到数据之前一直处于阻塞状态。数据报包对象也包含发送方的 IP 地址和发送方机器上的端口号。

(3) public void close()：关闭当前数据报套接字。

2. DatagramPacket 类

无论发送 UDP 包还是接收 UDP 包，都要通过 DatagramPacket 类的对象。如果是要发送的数据报包，则 DatagramPacket 对象中必须包含待发送的数据以及数据报要到达的 IP 地址和端口号。如果是在接收 UDP 数据报包，则需要创建一个 DatagramPacket 对象，以便存放接收到的数据及其相关信息。通常，无论是发送数据还是要接收数据都将使用 byte[]来充当缓冲区。

DatagramPacket 类的构造方法如下。

(1) public DatagramPacket(byte buf[],int length)：构造一个用 byte 数组来接收 length 长度的数据的 DatagramPacket 实例。

(2) public DatagramPacket(byte[] buf,int offset,int length)：构造一个用 byte 数组(从 offset 位置开始存放)来接收 length 长度的数据的 DatagramPacket 实例。

(3) public DatagramPacket(byte buf[], int length, InetAddress addr, int port)：构造一个将长度为 length 的数据报发送到指定主机上的指定端口号中去的 DatagramPacket 实例，取数据时从 0 开始。

(4) public DatagramPacket(byte[] buf, int offset, int length, InetAddress address, int port)：构造一个将长度为 length 的数据报发送到指定主机上的指定端口号中去的 DatagramPacket 实例，取数据时从 buf[offset]开始。

DatagramPacket 类的常用方法如下。

(1) public InetAddress getAddress()：如果发送数据报，则取的是本机地址；如果是接收包，则取的是发送端的主机地址。

(2) public int getPort()：返回某台远程主机的端口号，如果发送数据报，则取的是本机地址；如果是接收包，则取的是发送端的主机地址。

(3) public byte[] getData()：返回数据缓冲区。

(4) public int getLength()：返回将要发送或接收到的数据的长度。

(5) public void setData(byte[] buf,int offset,int length)：为此数据报设置数据缓冲区。此方法设置包的数据、长度和偏移量。

【示例程序 11-7】 UDP 发送端的程序实现(UDPChatSend.java)。

功能描述：本程序循环从键盘上输入字符串并发送到本机的 3000 端口上，直到输入

exit 为止。

```
01  public class UDPChatSend {
02      public static void main(String[] args) throws Exception{
03          //发送数据报,端口号指定或不指定都行
04          DatagramSocket ds = new DatagramSocket();
05          Scanner sc = new Scanner(System.in);
06          System.out.print("请输入要发送本机 3000 端口的数据：");
07          String str = sc.nextLine();
08          DatagramPacket dp = null;
09          while(!str.equals("exit")){
10              dp = new DatagramPacket(str.getBytes(),str.getBytes
11  ().length,InetAddress.getByName("localhost"),3000);
12              ds.send(dp);
13              System.out.print("请输入要发送本机 3000 端口的数据：");
14              str = sc.nextLine();
15          }
16          ds.close();
17      }
18  }
```

【示例程序 11-8】 UDP 接收端编程示例（UDPChatReceive.java）。

功能描述：本程序循环接收发送到本机的 3000 端口上的数据，直到接收到 exit 为止。

```
01  public class UDPChatReceive {
02      public static void main(String[] args) throws Exception{
03          DatagramSocket ds = new DatagramSocket(3000);
04          byte[] buf = new byte[1024];
05          //构建长度为 1024 的缓冲区,用于接收数据
06          DatagramPacket dp = new DatagramPacket(buf,buf.length);
07          while(true){
08              ds.receive(dp);
09              String s = new String(dp.getData(),0,dp.getLength());
10              System.out.printf("从 % s: % d 接收的数
11  据: % s\n",dp.getAddress().getHostAddress(),dp.getPort(),s);
12              if(s.equals("exit")){
13                  break;
14              }
15          }
16      }
17  }
```

11.4   综合实例：爬取豆瓣数据，欣赏高分影片

11.4.1   案例背景

豆瓣（Douban）是一个社区网站，创立于 2005 年 3 月 6 日，主要提供关于书籍、电影、音

乐等作品的信息,其作品描述和评论都由用户提供(User Generated Content,UGC),是Web 2.0网站中较有特色的一个。

下面介绍如何爬取豆瓣网站电影版块中的热门电影信息。

11.4.2　知识准备

1. JSON

JSON(JavaScript Object Notation,JavaScript 对象表示法)是存储和交换文本信息的语法,类似于 XML,是一种轻量级的数据交换格式,比 XML 更小、更快、更易解析。JSON有两种表示结构:对象和数组。

(1) 对象结构用"{}"括起来,中间是以","分开的键值对。

(2) 数组结构用"[]"括起来,中间是以","分开的值列表。

(3) 嵌套的 JSON 数据,对象可以嵌套。

一个简单的 JSON 示例如下:

```
01  {
02      "sites": [
03      {   "name":"北京 2022 年冬奥会和冬残奥会组织委员会网站",
04  "url":"www.beijing2022.cn/" },
05      { "name":"邯郸学院" , "url":"www.hdc.edu.cn" },
06      {   "name":"Oralce 甲骨文" , "url":"www.oracle.com" }
07      ]
08  }
```

2. Gson 组件

Gson 是 Google 开发的用来在 Java 对象和 JSON 数据之间进行映射转换的开源免费Java 类库。Gson 提供三种处理 JSON 的方法:流媒体 API(读取和写入 JSON 内容)、JSON 内存树模型、JSON 和 Java 对象的数据绑定。

建议从 Maven 仓库下载需要的 JAR 包,该操作的优点是方便、快捷、全面。Maven 仓库的网址为 http://search.maven.org/或 https://mvnrepository.com/。请从 Maven 仓库中下载 gson-2.9.0.jar。

3. 获取豆瓣最近热门电影数据接口

在 Chrome 浏览器中打开豆瓣电影的网址(https://movie.douban.com/)。执行浏览器右上角的"自定义及控制"→"更多控制"→"开发者工具"命令,打开"开发者工具"窗口,选择"网络"→Fetch/XHR 选项,在左侧单击"豆瓣高分",可以在右侧"载荷"选项卡中看到URL 请求的参数为 type=moive&tag=豆瓣高分 &page_limit=50&path_start=0,如图 11-3 所示。注意:URL 中不允许出现汉字等特殊字符,经过 URL 转义可能变为形如"%E8"的乱码。

在"标头"选项卡中复制请求网址并粘贴到浏览器地址栏中,其显示如图 11-4 所示。请求网址为 https://movie.douban.com/j/search_subjects?type=movie&tag=%E8%B1%86%E7%93%A3%E9%AB%98%E5%88%86&page_limit=50&page_start=0。

图 11-3　"开发者工具"窗口

图 11-4　返回的 JSON 数据页面

11.4.3　编程实践

（1）建立 Java Project，新建文件夹 lib 用来存放第三方类库 JAR 文件，将 gson-2.9.0. jar 复制到 lib 中并加入 Buildpath。

（2）通过 URL 获取 JSON 数据，为方便查看 JSON 数据的结构，可以将 JSON 字符串格式化，网址为 http://tools. jb51. net/code/jsonformat，方便建立对应的 Java 对象。将图 11-4 中返回的 JSON 数据复制粘贴到图 11-5 所示的待处理 JSON 代码中，单击"格式化"按钮。

【示例程序 11-9】　JSON 数据对应的 POJO 类（JSonData.java）

功能描述：根据格式化的 JSON 数据建立对应的 JSonData 类，用内部类 Data 实现对象的嵌套。提示：JSON 对象对应 Java 中的 POLO，JSON 数组对应 Java 中的 List，不关心的属性可以忽略，如 FAutoCountryConfirmAdd。

```
01  public class JSonData {
02      private List < MovieInfo > subjects;
```

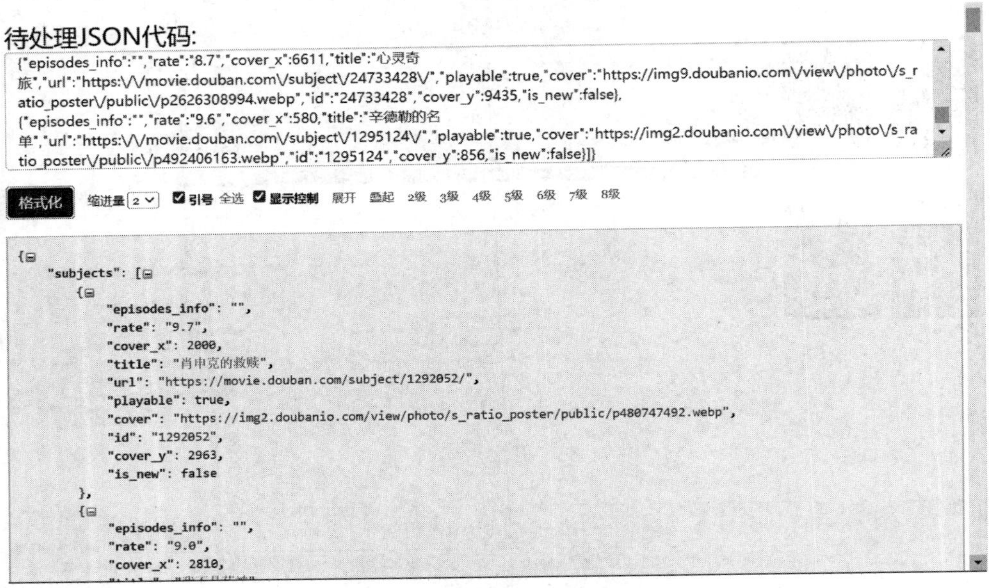

待处理JSON代码:

{"episodes_info":"","rate":"8.7","cover_x":6611,"title":"心灵奇
旅","url":"https:\/\/movie.douban.com\/subject\/24733428\/","playable":true,"cover":"https://img9.doubanio.com\/view\/photo\/s_r
atio_poster\/public\/p2626308994.webp","id":"24733428","cover_y":9435,"is_new":false},
{"episodes_info":"","rate":"9.6","cover_x":580,"title":"辛德勒的名
单","url":"https:\/\/movie.douban.com\/subject\/1295124\/","playable":true,"cover":"https://img2.doubanio.com\/view\/photo\/s_ra
tio_poster\/public\/p492406163.webp","id":"1295124","cover_y":856,"is_new":false}]}

格式化　缩进量 2 ▾　☑引号 全选 ☑显示控制　展开 叠起 2级 3级 4级 5级 6级 7级 8级

{
    "subjects": [
        {
            "episodes_info": "",
            "rate": "9.7",
            "cover_x": 2000,
            "title": "肖申克的救赎",
            "url": "https://movie.douban.com/subject/1292052/",
            "playable": true,
            "cover": "https://img2.doubanio.com/view/photo/s_ratio_poster/public/p480747492.webp",
            "id": "1292052",
            "cover_y": 2963,
            "is_new": false
        },
        {
            "episodes_info": "",
            "rate": "9.0",
            "cover_x": 2810,

图 11-5　JSON 字符串格式化页面

```
03        public JSonData() {
04            super();
05        }
06        public JSonData(List < MovieInfo > subjects) {
07            super();
08            this.subjects = subjects;
09        }
10        public List < MovieInfo > getSubjects() {
11            return subjects;
12        }
13        public void setSubjects(List < MovieInfo > subjects) {
14            this.subjects = subjects;
15        }
16    }
```

【示例程序 11-10】 影片信息类(MovieInfo.java)

功能描述:根据格式化的 JSON 数据建立对应的 MovieInfo 类,包括豆瓣评分、ID、影片名称、链接地址等用户关心的属性,覆盖 toString 方法。

```
01    public class MovieInfo {
02        private int id;                    //id
03        private double rate;               // 豆瓣评分
04        private String title;              //影片名称
05        private String url;                //链接地址
06        public MovieInfo() {
07            super();
```

```
08          }
09      public MovieInfo(double rate, String title, String url, int id)
10  {
11              super();
12              this.rate = rate;
13              this.title = title;
14              this.url = url;
15              this.id = id;
16          }
17      @Override
18      public String toString() {
19              return String.format("% - 10d\t% - 24s\t% - 10f\t% - 40s\n",
20              id, title, rate, url);
30          }
31  }
```

【示例程序 11-11】 JSON 数据转字符串程序(JSon2Java.java)

功能描述：需要解决 https 访问 URL 时服务器返回 HTTP response code：403 for URL 错误的问题；获取 JSON 数据；转换为字符串；用 Gson 组件将字符串转换为 Java 对象，然后输出。

```
01  public class JSon2Java {
02      static HostnameVerifier hv = new HostnameVerifier(){
03          public boolean verify(String urlHost, SSLSession session) {
04              System.out.println("Warning:" + urlHost + " " +
05              session.getPeerHost());
06              return true;
07          }
08      };
09      public static String getFromURL(String url) {
10          HttpURLConnection conn = null;
11          try {
12              URL validationUrl = new URL(url);
13              trustAllHttpsCertificates();
14              HttpsURLConnection.setDefaultHostnameVerifier(hv);
15              conn = (HttpURLConnection)
16              validationUrl.openConnection();
17              //设置 User - Agent,解决服务器返回的 HTTP 403 错误
18              conn.setRequestProperty("User - Agent",
19  "Mozilla/4.76");
20              InputStream is = conn.getInputStream();
30              Scanner sc = new Scanner(is);
31              StringBuffer content = new StringBuffer();
32              while(sc.hasNext()) {
33                  content.append(sc.nextLine());
34              }
35              String str = content.toString();
36              return str;
```

```java
37          } catch ( IOException e) {
38              System.out.println(e.getMessage());
39              return null;
40          } catch ( Exception e1){
41              System.out.println(e1.getMessage());
42              return null;
43          }finally {
44              if (conn != null) {
45                  conn.disconnect();
46              }
47          }
48      }
49      public static void trustAllHttpsCertificates() throws
50  Exception {
51          TrustManager[] trustAllCerts = new TrustManager[1];
52          TrustManager tm = new miTM();
53          trustAllCerts[0] = tm;
54          SSLContext sc = SSLContext.getInstance("SSL");
55          sc.init(null,trustAllCerts,null);
56          HttpsURLConnection.setDefaultSSLSocketFactory
57  (sc.getSocketFactory());
58      }
59      static class miTM implements TrustManager,X509TrustManager {
60          public X509Certificate[] getAcceptedIssuers() {
61              return null;
62          }
63          public boolean isServerTrusted(X509Certificate[] certs) {
64              return true;
65          }
66          public boolean isClientTrusted(X509Certificate[] certs) {
67              return true;
68          }
69          public void checkServerTrusted(X509Certificate[] certs,
70  String authType)
71                  throws CertificateException {
72              return;
73          }
74          public void checkClientTrusted(X509Certificate[] certs,
75  String authType)
76                  throws CertificateException {
77              return;
78          }
79      }
80      public static void main(String[] args) throws Exception {
81          String
82  url = "https://movie.douban.com/j/search_subjects?type = movie&tag
83  = %E8%B1%86%E7%93%A3%E9%AB%98%E5%88%86&page_limit = 50&page_start
84  = 0";
85          String str = getFromURL(url);
86          Gson gson = new Gson();
```

```
        JSonData jsd = gson.fromJson(str,JSonData.class);
        List<MovieInfo> list = jsd.getSubjects();
        System.out.printf("%-10S\t%-30s\t%-10S\t%-40s\n","id",
"影片名称","豆瓣评分","URL");

        System.out.println("------------------------------------------------
-------------------------------------------------------------");
        for(MovieInfo mov:list) {
            System.out.print(mov);
        }
    }
}
```

控制台的输出结果如图 11-6 所示。

ID	影片名称	豆瓣评分	URL
1292052	肖申克的救赎	9.700000	https://movie.douban.com/subject/1292052/
26752088	我不是药神	9.000000	https://movie.douban.com/subject/26752088/
35265438	天使降临到我身边：珍贵的朋友	8.200000	https://movie.douban.com/subject/35265438/
35721684	万事皆可	8.200000	https://movie.douban.com/subject/35721684/
1291561	千与千寻	9.400000	https://movie.douban.com/subject/1291561/
25662329	疯狂动物城	9.200000	https://movie.douban.com/subject/25662329/
1292722	泰坦尼克号	9.500000	https://movie.douban.com/subject/1292722/
1292720	阿甘正传	9.500000	https://movie.douban.com/subject/1292720/
27060077	绿皮书	8.900000	https://movie.douban.com/subject/27060077/
1295644	这个杀手不太冷	9.400000	https://movie.douban.com/subject/1295644/
20495023	寻梦环游记	9.100000	https://movie.douban.com/subject/20495023/
1889243	星际穿越	9.400000	https://movie.douban.com/subject/1889243/
1292064	楚门的世界	9.400000	https://movie.douban.com/subject/1292064/
26794435	哪吒之魔童降世	8.400000	https://movie.douban.com/subject/26794435/
1291546	霸王别姬	9.600000	https://movie.douban.com/subject/1291546/
3319755	怦然心动	9.100000	https://movie.douban.com/subject/3319755/
26387939	摔跤吧！爸爸	9.000000	https://movie.douban.com/subject/26387939/
3541415	盗梦空间	9.400000	https://movie.douban.com/subject/3541415/
26683290	你的名字。	8.500000	https://movie.douban.com/subject/26683290/
3793023	三傻大闹宝莱坞	9.200000	https://movie.douban.com/subject/3793023/
3742360	让子弹飞	9.000000	https://movie.douban.com/subject/3742360/
1292001	海上钢琴师	9.300000	https://movie.douban.com/subject/1292001/
1849031	当幸福来敲门	9.200000	https://movie.douban.com/subject/1849031/
30166972	少年的你	8.200000	https://movie.douban.com/subject/30166972/
1295038	哈利·波特与魔法石	9.200000	https://movie.douban.com/subject/1295038/
1292213	大话西游之大圣娶亲	9.200000	https://movie.douban.com/subject/1292213/
27010768	寄生虫	8.800000	https://movie.douban.com/subject/27010768/
1652587	阿凡达	8.800000	https://movie.douban.com/subject/1652587/
1291543	功夫	8.800000	https://movie.douban.com/subject/1291543/
1307914	无间道	9.300000	https://movie.douban.com/subject/1307914/
3011091	忠犬八公的故事	9.400000	https://movie.douban.com/subject/3011091/
4920389	头号玩家	8.700000	https://movie.douban.com/subject/4920389/
25986180	釜山行	8.600000	https://movie.douban.com/subject/25986180/
2129039	飞屋环游记	9.100000	https://movie.douban.com/subject/2129039/
1291549	放牛班的春天	9.300000	https://movie.douban.com/subject/1291549/

图 11-6 控制台的输出结果

11.5 本章小结

本章介绍了 Java 网络编程的相关知识，主要包括：计算机网络基础知识、TCP Socket 编程、UDP Socket 编程等内容。

Java GUI 编程技术、Java 网络编程技术、Java I/O 技术、Java 多线程技术和第 12 章一起构成了开发 Java 应用的完整解决方案。本章内容综合性强，知识较为抽象。对于初学者来说，本章是 Java 高级编程部分的集大成者，是学习的重点和难点。

11.6 自测题

一、填空题

1. 在 Java 中，与网络编程相关的类和接口一般都放在________包中。

2. _____ 是一种面向连接的可以保证数据可靠传输的协议。

3. _____ 是一种无连接的协议,提供不可靠的信息传输服务。

4. 在 Java 中,_____用于表示一个互联网协议地址(封装 IP 地址和域名)。

5. 一个 Socket 由一个_____和一个_____号唯一确定。

6. 在计算机中,逻辑端口号用_____位二进制数表示,端口号的范围为从 0 到_____。

二、编程实践

1. 输出指定网址的 IP 地址和主机名(OracleInetAddress. java)。

编程要求:

(1) 利用 InetAddress 类提供的相关方法实现。

(2) 甲骨文公司网址:http://www.oracle.com,IP 地址为 137.254.16.101。

2. 显示 HTML 和源码的简单浏览器(MyBrowser. java)。

编程要求:

(1) 界面要求如图 11-7 所示。

图 11-7 HTML 源码显示

(2) 输入一个网址,单击 GO 按钮后在文本区域显示该网页的源码和内容。

编程提示:

(1) public URL(String spec):用指定网址构建一个 URL 对象。

(2) public URLConnection openConnection():从 URL 对象上打开一个 URL 连接。

(3) public InputStream getInputStream():获取该 URL 连接对象上的一个输入流。可以通过该方法读取 HTML 文件中的字符串。

(4) public void setText(String t):将从 HTML 文件中获取的字符串设置到 JTextArea 对象中。

(5) public void setPage(URL page):用 JEditorPane 类的方法实现 HTML 文件的显示。

3. 编写一个 GUI 界面的 Socket 聊天室(SocketChatGUIS. java、SocketChatGUIC. java)。

编程要求:

(1) 聊天室服务器和客户端程序的 GUI 界面要求如图 11-8 所示。

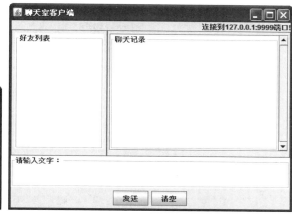

图 11-8 Socket 聊天室服务器和客户端程序的 GUI 界面

（2）用 Socket 编程实现服务器端和客户端程序的编写。

（3）服务器端负责好友列表的刷新。

4．编写一个可以在服务器和客户端选择图片文件，并互相发送图片文件的 GUI 界面程序（ServerPicture.java 和 ClientPicture.java）。

编程要求：

（1）图片发送接收界面要求如图 11-9 所示。

图 11-9 图片发送、接收界面

（2）用 Socket 编程实现。

（3）在服务器端选择图片，单击"发送"按钮，就会将图片发送到客户端。

（4）客户端界面和功能与服务器端基本相同。

5．编写一个 GUI 界面的 UDP 聊天室（UDPChatGUI.java）。

编程要求：

（1）界面要求如图 11-10 所示。

（2）用 UDP 编程实现。注意 UDP 没有服务器端和客户端的区别。

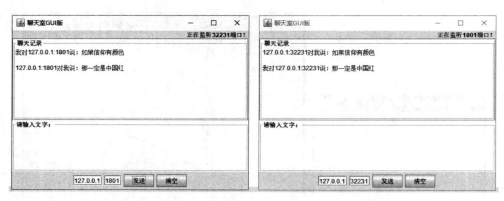

图 11-10　UDP 聊天室 GUI 的界面

第12章
JDBC编程技术

名家观点

谁拥有最好的大数据基础设施,谁能产生和占有最多、最全的数据,谁有最高、最快、最好的数据分析能力,谁能最有效地利用与开发数据的价值,谁就将成为科技革命的策源地。

——张杰(中国科学院院士)

传统数据库会像马车一样被淘汰。

——李飞飞(阿里巴巴集团副总裁,阿里云智能数据库事业部总负责人)

本章学习目标

- 掌握关系数据库基本知识。
- MySQL 数据库的下载、安装和配置。
- MySQL 数据库管理工具的安装和使用。
- SQL 语句。
- JDBC 编程。

课程思政——关键核心技术

近年来,中国科技正在澎湃动力作用下向前奔跑,并逐渐进入到跟跑、并跑、领跑"三跑并存"的阶段。我们在充满信心的同时,还应保持清醒和理性。与发达国家相比,中国不少领域的关键核心技术受制于人,亟待集中力量奋力攻关。真正的核心技术是靠钱买不过来的。《科技日报》总结出了35项被外国卡脖子的关键核心技术,列举如下。

①光刻机;②芯片;③操作系统;④触觉传感器;⑤真空蒸镀机;⑥手机射频器件;⑦航空发动机短舱;⑧iCLIP 技术;⑨重型燃气轮机;⑩激光雷达;⑪适航标准;⑫高端电容电阻;⑬核心工业软件;⑭ITO 靶材;⑮核心算法;⑯航空钢材;⑰铣刀;⑱高端轴承钢;⑲高压柱塞泵;⑳航空设计软件;㉑光刻胶;㉒高压共轨系统;㉓透射式电镜;㉔掘进机主轴承;㉕微球;㉖水下连接器;㉗高端焊接电源;㉘锂电池隔膜;㉙燃料电池关键材料;㉚医学影像设备元器件;㉛数据库管理系统;㉜环氧树脂;㉝超精密抛光工艺;㉞高强度不锈钢;㉟扫描电镜。

阿里巴巴首席架构师王坚的"去IOE"计划(以廉价PC服务器替代IBM小型机,以基于开源的自研数据库OceanBase替代Oracle数据库,同时不再用EMC高端存储设备。)。2020年5月19日在TPC-C测试中,OceanBase＋阿里云跑出了Oracle创造纪录的23倍。35项被外国卡脖子的技术,有一项可以去除了。

据百度统计流量研究院的数据显示,截至2020年12月,Windows系统在中国桌面操作系统市场占据89.79％的市场份额,苹果macOS系统占比为6.22％。服务器系统则是Linux为基础,手机等移动设备上是苹果iOS及谷歌Android。

鸿蒙(Harmony OS)是华为自主研发的,面向普通消费者智能终端的操作系统。欧拉(Open Euler)是华为自主研发的服务器操作系统,能够满足客户从传统IT基础设施到云计算服务的需求。仓颉是华为针对鸿蒙和欧拉两个系统开发一款全新的自研编程语言,将于2022年推出。仓颉将鸿蒙和欧拉在应用开发生态上进行打通。

12.1　关系数据库

12.1.1　数据库基本知识

目前,数据库市场的主流是关系数据库。数据库的基本概念如下。

(1) 数据库(Database)指的是以一定方式储存在存储器中、能为多个用户共享、冗余度小、与应用程序彼此独立的数据集合。主流的关系数据库有Oracle、IBM DB2、Microsoft SQLServer、Sybase、MySQL等。一个数据库通常包含一个或多个表。

(2) 表(Table):数据库中用来存储数据的对象,是有结构的数据的集合。使用前须先定义表的结构(表中每一列的数据类型、长度、能否为空、是否唯一等)、主键、外键等信息。定义了表结构,就能向表中输入数据。

(3) 记录/行(Record/Row):一个记录代表一条完整的信息,由多个字段值组成。

(4) 主键(Primary Key):主键必须唯一地标识数据库表中的每行数据,所以主键必须唯一且不能为空。每个表有且只有一个主键。

(5) 外键(Foreign Key):一个表中的外键指向另一个表中的主键,用于连接两个表。

【拓展知识12-1】　1976年,IBM公司科学家科德博士发表了一篇题为《大型共享数据库的关系数据模型》的论文,奠定了现代数据库的理论基础。

12.1.2　数据库编程接口

所有数据库厂商都提供API操作接口,以方便软件开发人员连接数据库,完成对数据库中数据的存取等操作。常用数据库编程接口有ODBC(RDO、ADO)、JDBC等,现分别介绍如下。

1. 开放数据库连接

Microsoft公司的开放数据库连接(Open DataBase Connectivity,ODBC)是目前使用非

常广泛的、访问关系数据库的编程接口 API。ODBC 采用 C 语言编写。几乎所有主流的数据库都提供了对 ODBC 的支持。ODBC 负责将应用程序发送来的结构化查询语言（SQL）语句传递给各种数据库驱动程序处理，再将处理结果送回应用程序。用 ODBC 连接数据库如图 12-1 所示。

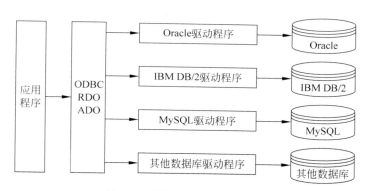

图 12-1　用 ODBC 连接数据库

在 Windows 系统中依次单击"开始"→"控制面板"→"管理工具"→"数据源（ODBC）"命令可以查看本机所支持的 ODBC 数据源，界面如图 12-2 所示。

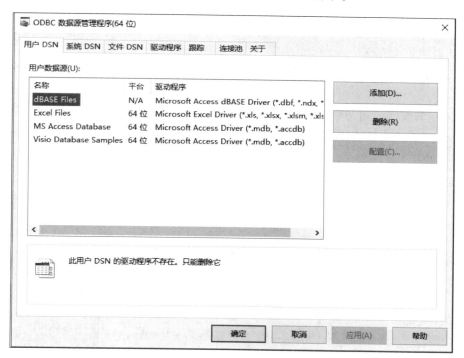

图 12-2　ODBC 数据源管理程序

常用的 RDO、ADO 技术其实也是基于 ODBC 技术的数据库连接技术。

2. Java 数据库连接

因为 ODBC 使用 C 语言接口，ODBC 不适合直接在 Java 编程中使用。Java 数据库连接(Java DataBase Connectivity, JDBC)由一组用 Java 编程语言编写的类和接口组成。JDBC 为数据库开发人员提供了一个标准的 API,使他们能够用纯 Java API 来编写数据库应用程序。用 JDBC 连接数据库示意图如图 12-3 所示。

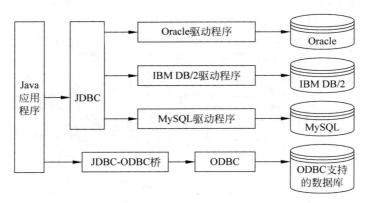

图 12-3　用 JDBC 连接数据库

JDBC 的功能如下:

(1) 与特定的数据库进行连接。

(2) 向数据库发送 SQL 语句,实现对数据库的特定操作。

(3) 对数据库返回的结果进行处理。

12.2　MySQL 数据库的使用

MySQL 的发明公司为瑞典 MySQL AB 公司。由于 MySQL 性能高、可靠性好、成本低等原因,MySQL 成为最流行的开源数据库。2008 年,AB 公司被 Sun 公司收购。2009 年,Sun 公司被 Oracle 公司收购。本书推荐使用免费的 MySQL 社区版。

【拓展知识 12-2】　2019 年,阿里巴巴公司自研的数据库 OceanBase 在被誉为"数据库领域世界杯"的 TPC-C 基准测试中成功登顶,打破了由美国 Oracle 公司保持 9 年之久的记录。

12.2.1　MySQL 安装版的下载、安装与配置

MySQL Community Server 8.0.29(社区版)的下载地址为 https://dev.mysql.com/downloads/mysql/。下载页面如图 12-4 和图 12-5 所示。

(1) Installer 版本(推荐):适合初学者。注意,在 Windows 10 操作系统中安装 MySQL 数据库有两个依赖项,需要提前安装:Microsoft. NET Framework 4.5 和 Microsoft Visual C++2019。

(2) ZIP Archive 版本:mysql-8.0.26-winx64.zip。需要以管理员身份进入命令行进行手动安装和配置。详见 12.2.2 节。

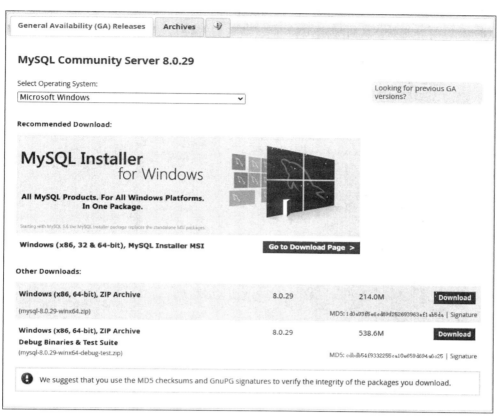

图 12-4　MySQL 社区版下载界面

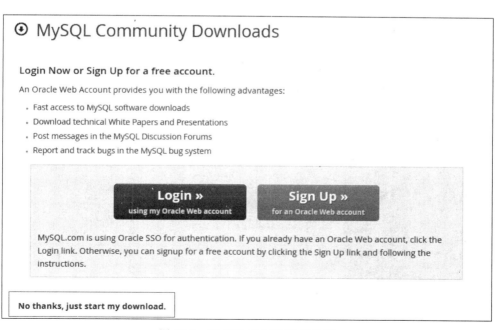

图 12-5　MySQL 社区版下载界面

下载后得到文件 mysql-installer-community-8.0.26.0.msi。双击该文件可启动 MySQL 安装向导界面,根据提示可一步一步完成安装。MySQL 的安装界面如图 12-6 所示。

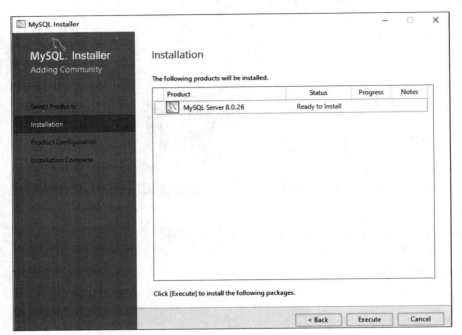

图 12-6　MySQL 安装界面

MySQL 类型和网络设置界面如图 12-7 所示。

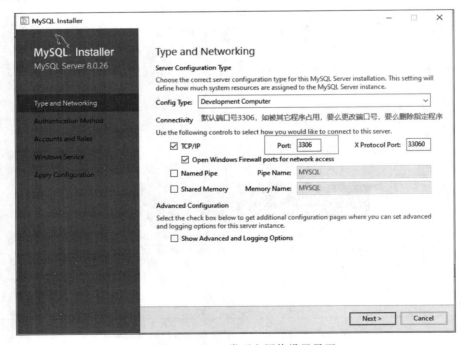

图 12-7　MySQL 类型和网络设置界面

MySQL 账户和角色设置界面如图 12-8 所示。

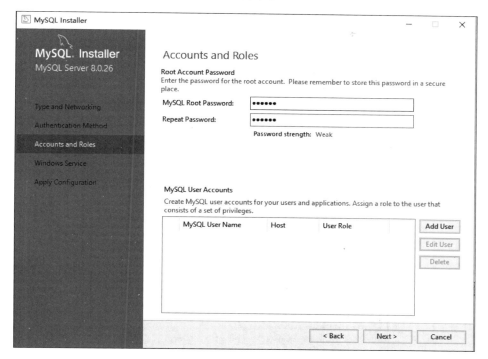

图 12-8 MySQL 账户和角色设置界面

MySQL Window 服务的设置和启动如图 12-9 所示。

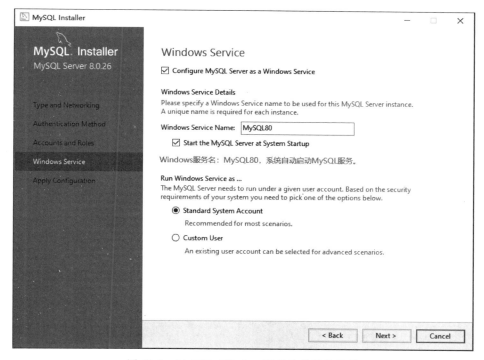

图 12-9 MySQL Window 服务的设置和启动

安装结束可以依次单击"开始"→"程序"→MySQL Installer→Community 等命令以启动安装器再次对 MySQL 数据库服务器进行 Add、Modify、Update、Remove 等操作。

MySQL 在 Windows 操作系统默认的安装路径：C:\Program Files\MySQL\MySQL Server 8.0，其中 bin 文件夹中存放有 MySQL 常用命令和管理工具。

（1）mysql.exe：MySQL 自带命令行管理工具。

（2）mysqld.exe：服务器管理工具，一般用于 MySQL 安装、卸载和初始化。

12-1 MySQL
压缩版
的下载、
安装和
配置

12.2.2 MySQL 压缩版的下载、安装和配置

（1）将 mysql-8.0.26-winx64.zip 解压缩到硬盘上，依次选择"我的电脑"→"属性"→"高级环境设置"→"环境变量"等命令可设置环境变量，如图 12-10 所示。

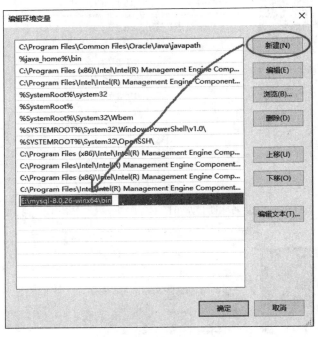

图 12-10 设置环境变量

（2）在 E:\mysql-8.0.26-winx64 中建立文本文件 my.ini，对文件右击，在弹出的快捷菜单中选择"编辑"命令，将如下文本框中的内容复制到 my.ini 中。

```
01   # 服务器端设置参数
02   [mysqld]
03   # MySQL 数据库的端口,默认的端口是 3306
04   port = 3306
05   # MySQL 的安装路径
06   basedir = E:\mysql - 8.0.26 - winx64
07   # MySQL 数据文件的存储位置
08   datadir = E:\mysql - 8.0.26 - winx64\data
09   # 允许最大连接数
```

```
10    max_connections = 200
11    ♯ 服务器端默认的字符集
12    character - set - server = utf8mb4
13    ♯ 创建新表时默认的存储引擎
14    default - storage - engine = INNODB
15    ♯ 客户端设置参数
16    [mysql]
17    default - character - set = utf8mb4
18    ♯ MySQL 客户端连接服务器端时默认的端口
19    port = 3306
20    [client]
21    ♯ 客户端默认的字符集
22    default - character - set = utf8mb4
23    port = 3308
24    user = root
25    password = 123456
26    default - character - set = utf8
```

（3）以管理员身份运行 cmd，如图 12-11 所示。

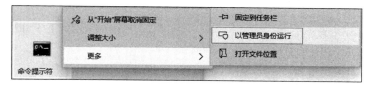

图 12-11　以管理员身份运行 cmd

（4）初始化 MySQL，生成 root 用户的初始随机密码。输入如下命令：

```
E:\mysql - 8.0.26 - winx64\bin > mysqld -- initialize -- console
```

（5）初始化，-insecure 表示忽略安全性，root 用户的初始密码为空。输入如下命令：

```
E:\mysql - 8.0.26 - winx64\bin > mysqld mysqld -- initialize - insecure
```

（6）安装 MySQL 服务。输入如下命令：

```
E:\mysql - 8.0.26 - winx64\bin > Mysqld -- install
```

（7）删除 MySQL 服务。输入如下命令：

```
E:\mysql - 8.0.26 - winx64\bin > sc delete mysql
```

（8）启动 MySQL 服务。结果如图 12-12 所示。

```
E:\mysql - 8.0.26 - winx64\bin > net start
```

图 12-12　启动 MySQL 服务

（9）修改 root 用户的密码。输入如下命令：

```
E:\mysql-8.0.26-winx64\bin> sc delete mysql
```

输入上面产生的随机密码，进入 MySQL 提示符：

```
mysql> ALTER USER root@localhost IDENTIFIED BY '123456';
将不好记的随机密码改为自己的密码,如 123456:
ALTER USER root@localhost IDENTIFIED with mysql_native_password by '123456';
```

12.2.3　MySQL 数据库管理工具

MySQL 数据库的管理可以通过 3 种方式：通过命令行管理工具 mysql 和 mysqladmin；通过 Web 方式；通过 MySQL 图形化管理工具。

MySQL 本身自带命令行管理工具、图形管理工具 MySQL WorkBench。MySQL 自带的命令行管理工具对使用者要求较高，用户体验较差。MySQL WorkBench 在功能性和易用性方面比不上第三方开发的管理工具。

推荐使用的 MySQL 图形化管理工具有 Navicat、HeidiSQL、phpMyAdmin、SQLYog 等，建议从功能易用性、是否收费、运行效率、是否有中文界面等方面综合选择。下面以免费的 HeidiSQL 为例介绍数据库的管理。

1. 下载和安装

下载地址为 www.heidisql.com/installers/HeidiSQL_11.3.0.6295_Setup.exe。下载后可直接运行 exe 文件，根据提示安装。

12-2　HeidiSQL 的安装与使用

2. 新建连接

打开 HeidiSQL 在会话管理器中的窗口中输入主机名/IP 地址、用户、密码、端口、数据库等信息，可以单击"打开"按钮即可进入 MySQL 数据库管理主界面，如图 12-13 所示。

HeidiSQL 主界面包括菜单栏、工具栏、数据库树、编辑器、状态栏等内容，如图 12-14 所示。

图 12-13　HeidiSQL 会话管理器

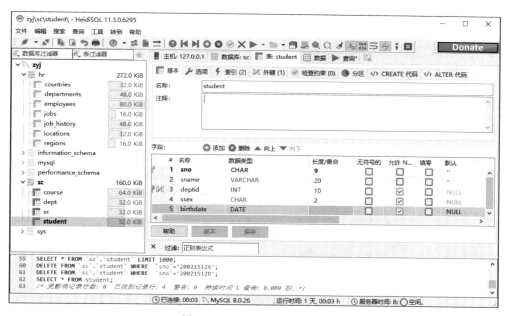

图 12-14　HeidiSQL 主界面

3. 基本操作

（1）数据库操作：数据库新建、删除、修改等。

（2）表操作：在数据库中新建表、修改表、删除表、清除表中的数据等。

（3）数据操作：插入行、删除行、修改数据等操作。

（4）查询操作：输入 SQL 语句执行。SQL 脚本：导出数据库为 SQL 脚本、运行 SQL

脚本等。SQL 脚本是可以自动执行 SQL 语句的文本文件。本书提供了 sc. sql 和 hr. sql 两个数据库的 SQL 脚本文件。在 MySQL 管理工具中导入 SQL 脚本可以实现自动建立数据库、表结构、导入数据等操作。

12.2.4　SQL 语句

SQL 是用于执行查询的语法,SQL 语言还包含用于更新数据(update)、插入记录(insert into)和删除记录(delete)的语法。

SQL 的学习教程推荐使用全部免费的 Web 技术教程网站——W3School,网址为www. w3school. com. cn/sql/index. asp。

示例数据库可以采用 sc 和 hr。示例数据库 sc 中有 4 个表:学生表、学院表、学生选课表和课程表。sc 数据库的表结构如图 12-15 所示。

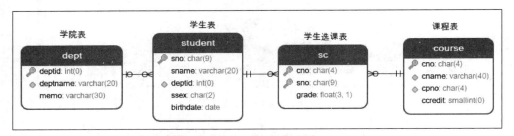

图 12-15　sc 数据库结构

在 MySQL 客户端下调试运行以下简单 SQL 语句。

1) 显示 student 表中所有记录(选择)

```
SELECT * FROM STUDENT;
```

2) 显示所有女生的信息,查询结果按学号升序排序(排序)

```
SELECT * FROM STUDENT WHERE SSEX = '女' ORDER BY SNO
```

3) 显示所有学生的学号、姓名、性别(投影)

```
SELECT SNO,SNAME,SSEX FROM STUDENT
```

4) 在 student 表中插入一条记录(插入)

```
INSERT INTO STUDENT VALUES(202101001,'测试',4,'男','2002 - 10 - 22')
```

5) 将 student 表中学号为 202101001 的学生的性别修改为女(修改)

```
UPDATE STUDENT SET SSEX = '女' WHERE SNO = '202101001'
```

6）将 student 表中学号为 202101001 的学生删除（删除）

```
DELETE FROM STUDENT WHERE SNO = '202101001'
```

7）查询所有学生的姓名、课程名称、成绩等信息。（三个表通过外键连接）

```
SELECT SNAME, CNAME, SC. GRADE
FROM STUDENT S, SC, COURSE C
WHERE S. SNO = SC. SNO AND SC. CNO = C. CNO
```

示例数据库 hr 有 7 个表：employees 职工表、departments 部门表、Locations 地址表、countries 国家表、regions 区域表、jobs 职位表和 job_history 工作经历表。hr 数据库的表结构如图 12-16 所示。

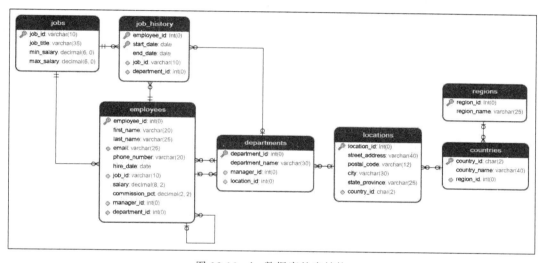

图 12-16　hr 数据库的表结构

请在 MySQL 客户端下调试运行以下复杂 SQL 查询语句。

1）查询部门名称为 SHIPPING 的员工的编号、姓名及所从事的工作

```
SELECT E. EMPLOYEE_ID, E. FIRST_NAME, J. JOB_TITLE
FROM EMPLOYEES E, DEPARTMENTS D, JOBS J
WHERE E. DEPARTMENT_ID = D. DEPARTMENT_ID AND D. DEPARTMENT_NAME  = 'SHIPPING' AND E. JOB_ID = J.
JOB_ID
```

2）显示经理是 KING 的员工姓名和工资

```
SELECT FIRST_NAME, SALARY FROM EMPLOYEES
WHERE MANAGER_ID = (SELECT EMPLOYEE_ID FROM EMPLOYEES WHERE LAST_NAME = 'KING')
```

3）工资最高的员工姓名和工资

```
SELECT FIRST_NAME,SALARY FROM EMPLOYEES
WHERE SALARY = (SELECT MAX(SALARY) FROM EMPLOYEES)
```

4）查询员工的编号、姓名和部门名称，包括没有员工的部门

```
SELECT E.EMPLOYEE_ID,E.FIRST_NAME,D.DEPARTMENT_NAME
FROM EMPLOYEES E RIGHT JOIN DEPARTMENTS D
ON E.DEPARTMENT_ID = D.DEPARTMENT_ID
```

5）查询员工的编号、姓名和部门名称，包括不属于任何部门的员工

```
SELECT E.EMPLOYEE_ID,E.FIRST_NAME,D.DEPARTMENT_NAME
FROM EMPLOYEES E LEFT JOIN DEPARTMENTS D
ON E.DEPARTMENT_ID = D.DEPARTMENT_ID
```

6）查询所有工资大于等于 6000 元的员工姓名及其直接领导人的姓名、工资。要求查询结果中在员工和直接领导人之间加入字符串“WORKS FOR”

```
SELECT E1.FIRST_NAME,'WORKS FOR',E2.FIRST_NAME,E2.SALARY
FROM EMPLOYEES E1,EMPLOYEES E2
WHERE E1.MANAGER_ID = E2.EMPLOYEE_ID AND E1.SALARY > = 6000
```

7）查询部门名称为 SHIPPING 的员工的编号、姓名及其所从事的工作

```
SELECT E.EMPLOYEE_ID,E.FIRST_NAME,E.LAST_NAME,E.JOB_ID
FROM DEPARTMENTS D,EMPLOYEES E
WHERE D.DEPARTMENT_NAME = 'SHIPPING' AND E.DEPARTMENT_ID = D.DEPARTMENT_ID
```

12.3   JDBC 编程

12.3.1   JDBC API 介绍

JDK 中提供的 JDBC API 主要包含在 java.sql 包和 javax.sql 包中。JDBC 编程主要涉及 DriverManager、Driver、Connection、Statement、ResultSet、PreparedStatement 等类或接口。详情请阅读 JDK 文档。

12.3.2   通过 JDBC 访问 MySQL 数据库

JDBC 编程访问 MySQL 的注意事项如下。

（1）在 MySQL 中建立测试数据库。

建议通过导入 sc.sql 迅速建立测试数据库，也可以手工建立测试数据库 sc。表 student

的结构如图 12-17 所示,在数据表中输入 3 条以上数据。

#	名称	数据类型	长度/集合	无符号的	允许 NULL	填零	默认	注释
1	sno	CHAR	9	☐	☐	☐	''	学号,主键
2	sname	VARCHAR	20	☐	☐	☐	''	姓名
3	deptid	INT	10	☐	☑	☐	NULL	学院编码,外键
4	ssex	CHAR	2	☐	☑	☐	NULL	性别
5	birthdate	DATE		☐	☑	☐	NULL	出生日期

图 12-17 student 表结构

（2）下载 JDBC 驱动程序。

从 Internet 下载 MySQL 的 JDBC 驱动程序。MySQL 8.0.26 要求 JDBC 驱动程序为 mysql-connector-java-8.0.26-bin.jar,而非原来 mysql-connector-java-5.0.4-bin.jar。将 JAR 文件复制到项目内,然后添加到 BuildPath 中。

（3）加载驱动程序。

通过 Class.forName(JDBC 驱动程序名)来创建驱动程序的实例,并注册到 JDBC 驱动程序管理器。

```
Class.forName("com.mysql.jdbc.Driver"); //已经不推荐使用
Class.forName("com.mysql.cj.jdbc.Driver");
```

（4）建立 Connection 对象以连接数据库。

```
String url = "jdbc: mysql://localhost: 3306/sc";
Connection conn = DriverManager.getConnection(url,user,password);
```

（5）通过 Connection 对象的 close()方法关闭数据库连接。

12.3.3 用 Statement 实现静态 SQL 语句编程

【示例程序 12-1】 MySQL 数据库编程 Statement 测试(MySqlStatementTest.java)。

功能描述:本程序演示了 JDBC 访问数据库的步骤,用 Statement 对象向数据库发送 SQL 语句,并对返回结果进行处理。

（1）查询 student 表中所有数据。

```
SELECT * from student
```

（2）在 student 表插入记录。

```
INSERT INTO student VALUES(202101001,'测试',4,'男','2002 - 10 - 22')
```

（3）将学号为'202101001'的记录性别修改为女。

```
UPDATE student SET ssex = '女' WHERE sno = '202101001'
```

12-3 静态
SQL
语句
编程

（4）删除学号为'202101001'的记录。

```
DELETE from student WHERE sno = '202101001'
```

注意：建议在 Heidi 查询窗口中将调试通过的 SQL 语句复制到 IDE 环境的 Java 源程序中。Java 源程序中 SQL 语句包含的字符串的双引号改为单引号。

```
01  public class MySqlStatementTest {
02    public static void main(String[] args) throws Exception {
03        //1.加载 JDBC 驱动程序
04        Class.forName("com.mysql.cj.jdbc.Driver");
05        //2.与数据库 sc 建立连接
06        String url = "jdbc: mysql://localhost: 3306/sc";
07        Connection
08  conn = DriverManager.getConnection(url,"root","123456");
09        //3.创建 Statement 对象
10        Statement stmt = conn.createStatement();
11        String sql = "select * from student";
12        //4.执行 sql 语句并处理结果
13        ResultSet rs = stmt.executeQuery(sql);
14        while(rs.next()) {
15            //getString(int index): 代表取第 index 列,从 1 开始
16            //getString(String fieldName): 代表取指定列名 fieldName
17      System.out.printf("%s\t%s\t",rs.getString(1),rs.getString("
18  sname"));
19      System.out.printf("%d\t%s\n",rs.getInt(3),rs.getDate("birth
20  date"));
21        }
22        sql = "INSERT INTO student VALUES(202101001,'测试',4,'男
23  ','2002 - 10 - 22')";
24        int i = stmt.executeUpdate(sql);
25        if(i == 1) {
26            System.out.println("插入记录成功!");
27        }else {
28            System.out.println("插入记录失败!");
29        }
30        sql = "UPDATE student SET ssex = '女' WHERE sno = '202101001'";
31        i = stmt.executeUpdate(sql);
32        if(i == 1) {
33            System.out.println("修改记录成功!");
34        }else {
35            System.out.println("修改记录失败!");
36        }
37        sql = "DELETE from student WHERE sno = '202101001'";
38        i = stmt.executeUpdate(sql);
39        if(i == 1) {
40            System.out.println("修改记录成功!");
41        }else {
```

```
42              System.out.println("修改记录失败!");
43          }
44          conn.close();
45      }
46  }
```

12.3.4 用 PreparedStatement 实现带参数 SQL 语句编程

12-4 带参数 SQL 语句编程

【示例程序 11-2】 MySQL 数据库编程 PreparedStatement 测试（Prepared StatementTest. java）。

功能描述：本程序在利用 JDBC 访问数据库过程中，采用 PreparedStatement 对象向数据库发送 SQL 语句，并对返回结果进行处理。

```
01  public class PreparedStatementTest {
02      public static void main(String[] args) throws Exception {
03          Class.forName("com.mysql.jdbc.Driver");
04          String url = "jdbc:MySQL://localhost:3306/test";
05          Connection conn = DriverManager.getConnection(url,"root",
06  "721212");
07          String sql = "select count(*) from users where username = ? and
08  password = ?";
09          PreparedStatement ptmt = conn.prepareStatement(sql);
10          ptmt.setString(1,"zyj");
11          ptmt.setString(2,"123456");
12          ResultSet rs = ptmt.executeQuery();
13          int i = 0;
14          if (rs.next()) {
15              i = rs.getInt(1);
16          }
17          if (i == 1) {
18              System.out.println("登录成功!");
19          } else {
20              System.out.println("登录失败!");
21          }
22          // 关闭连接
23          ptmt.close();
24          conn.close();
25      }
26  }
```

12.4 综合实例：挑战答题系统编程，体会学习的乐趣

12.4.1 案例背景

"学习强国"学习平台是由中共中央宣传部主管，以习近平新时代中国特色社会主义思

想和党的十九大精神为主要内容,立足全体党员、面向全社会的优质平台。学习强国首次实现了"有组织、有管理、有指导、有服务"的学习,极大地满足了互联网条件下广大党员干部和人民群众多样化、自主化、便捷化的学习需求,于 2021 年 1 月成为千万级 App。

12.4.2　编程实践

(1) 从网络查找学习强国挑战答题,然后对下载数据进行数据清洗,将数据规范为题干、选项、答案,方便程序读取。用正则表达式(\\d{1,4}、)切分,得到题目。用正则表达式([A\\. B\\. C\\. D\\. E\\. @\\s])切分得到题干选项,最多支持 6 个。"@@"之后是答案。"学习强国挑战题库.txt"文件内容如图 12-18 所示。

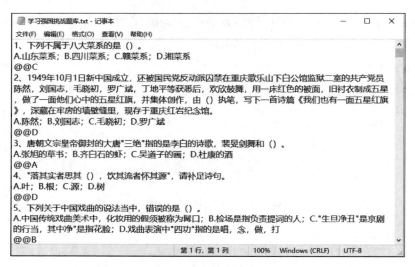

图 12-18　学习强国挑战题库.txt 文件内容

(2) 在 MySQL 图形客户端 HeidiSQL 中建立数据库 learningpower,在数据库中创建表 question,结构如图 12-19 所示。

#	名称	数据类型	长度/集合	无符号的	允许 N...	填零	默认	注释	校对规则
1	id	INT	10	☐	☐	☐	AUTO_INCREMENT		
2	stem	VARCHAR	1000	☐	☑	☐	NULL		utf8_bin
3	option1	VARCHAR	1000	☐	☑	☐	NULL		utf8_bin
4	option2	VARCHAR	1000	☐	☑	☐	NULL		utf8_bin
5	option3	VARCHAR	1000	☐	☑	☐	NULL		utf8_bin
6	option4	VARCHAR	1000	☐	☑	☐	NULL		utf8_bin
7	option5	VARCHAR	1000	☐	☑	☐	NULL		utf8_bin
8	option6	VARCHAR	1000	☐	☑	☐	NULL		utf8_bin
9	answer	VARCHAR	100	☐	☑	☐	NULL		utf8_bin
10	iscollection	VARCHAR	20	☐	☑	☐	NULL		utf8_bin
11	memo	VARCHAR	100	☐	☑	☐	NULL		utf8_bin

图 12-19　表 question 结构

【示例程序 12-3】　从文本文件读取数据写入数据库表(RTXTWDB.java)。

功能描述:读取"学习强国挑战题库.txt"文件,用正则表达式去切分,然后写入数据库 question 表中。写入数据后的 question 表如图 12-20 所示。

stem	option1	option2	option3	option4	option5	option6	answer	iscollection	memo
下列不属于八大菜系的是 ()．	山东菜系…	四川菜…	鳌菜系…	湘菜系	0	0	C	1	(NULL)
1949年10月1日新中国成立，…	陈然；	刘国志；	毛毓初…	罗广斌	0	0	D	1	(NULL)
唐朝文宗皇帝御封的大唐"三绝…	张旭的草…	齐白石…	吴道子…	杜康的酒	0	0	A	0	(NULL)
"落其实者思其 ()，饮其流者…	叶；	根；	源；	树	0	0	D	0	(NULL)
下列关于中国戏曲的说法当中…	中国传统…	检场是…	"生旦…	戏曲表…	0	0	B	0	(NULL)
许多人喜欢面食，制作馒头等…	氧化钠；	氢氧化…	碳酸氢…	碳酸钠	0	0	C	0	(NULL)
李清照的《如梦令》	昨夜雨疏…	牡丹；	芍药；	海棠；	月季	0	C	0	(NULL)
2014年2月17日，习近平总书…	管理体系…	法治体…	制度体…	治理体…	0	0	D	0	(NULL)
下列提问属于开放式提问的是…	"辞职是…	"你是辞…	"你辞…	"是什么…	0	0	D	0	(NULL)
"桂林山水"属于 () 地貌。	喀斯特；	冰川；	风蚀；	丹霞	0	0	A	0	(NULL)
国家实行 () 的就业政策，建…	城乡分割；	城乡统…	城市优…	农村优先	0	0	B	0	(NULL)
大夏国的首都是 ()	重庆；	成都；	泸州；	昆明	0	0	A	0	(NULL)
以下哪个城市被称为"中国银杏…	泰兴；	江阴；	溧阳；	溧水	0	0	A	0	(NULL)
2019年要巩固 () "成果，推…	精准扶贫…	房地产…	三去一…	0	0	0	C	0	(NULL)
波兰是欧洲的"十字路口"，也…	琥珀之路；	瓷器之…	和平之…	玛瑙之路	0	0	A	0	(NULL)
2016年2月19日，习近平总书…	一正一反…	有正面…	正面宣…	两者有…	0	0	D	0	(NULL)
对党组织的问责方式包括 ()．	检查，改…	检查，…	通报，…	检查，…	0	0	D	0	(NULL)

图 12-20　表 question 数据内容

```
01  public class RTXTWDB {
02      public static void main(String[] args) throws Exception {
03          Class.forName("com.mysql.cj.jdbc.Driver");
04          String url = "jdbc: MySQL://localhost: 3306/learningpower";
05          Connection conn = DriverManager.getConnection(url,"root",
06  "123456");
07          String sql = "insert into
08  question(stem,option1,option2,option3,option4,option5,option6,
09  answer,iscollection)values(?,?,?,?,?,?,?,?,?)";
10          PreparedStatement ptmt = conn.prepareStatement(sql);
11          File f = new File("学习强国挑战题库.txt");
12          System.out.println(f.length());
13          Scanner sc = new Scanner(f);
14          sc.useDelimiter("\\d{1,4}、");
15          int k = 0;
16          while(sc.hasNext()) {
17              String s = sc.next();
18              String key = s.charAt(s.indexOf("@@") + 2) + "";
19              //写入答案
20              String[] sa = s.split("[A\\.B\\.C\\.D\\.E\\.@\\s]");
21              int i = 0;
22              String[] oa = new String[8];
23              oa[7] = key;
24              for(String str: sa) {
25                  if((!str.trim().equals(""))&&(str!= null)) {
26                      System.out.println("oa[" + i + "]: " + str);
27                      oa[i] = str;
28                      i++;
29                  }
30              }
31              for(; i <= 6; i++) {
32                  oa[i] = "0";
33                  System.out.println("oa[" + i + "]: 0");
```

```
34              }
35              System.out.println("oa[7]: " + oa[7]);
36              System.out.println(i);
37              ptmt.setString(1,oa[0]);
38              ptmt.setString(2,oa[1]);
39              ptmt.setString(3,oa[2]);
40              ptmt.setString(4,oa[3]);
41              ptmt.setString(5,oa[4]);
42              ptmt.setString(6,oa[5]);
43              ptmt.setString(7,oa[6]);
44              ptmt.setString(8,oa[7]);
45              ptmt.setString(9,"0");
46              k = ptmt.executeUpdate() + k;
47          }
48          System.out.println(k);
49          // 关闭连接
50          ptmt.close();
51          conn.close();
52      }
53  }
```

【示例程序 12-4】 挑战答题学习系统(MainUI.java)。

功能描述:各按钮分别是"第一题""上一题""下一题""最后一题""加入/取消收藏""显示隐藏答案""切换模式"(浏览全部题目模式和浏览收藏题目模式),关闭窗口时弹出询问确定对话框。学习强国挑战答题学习系统主界面如图 12-21 所示。程序共 308 行,因篇幅原因,不再展示。

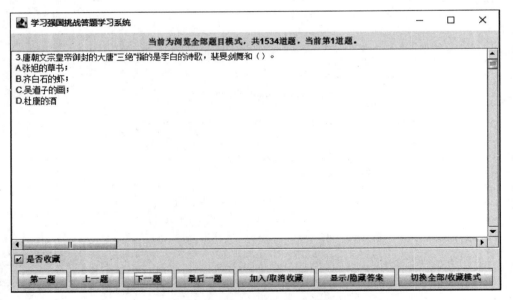

图 12-21　学习强国挑战答题学习系统主界面

12.5　本章小结

本章主要介绍 JDBC 编程技术,包括以下内容:数据库基本知识、常见关系数据库产品、MySQL 数据库的下载和安装、HeidiSQL 的使用、JDBC 编程技术、数据持久化技术等。

12.6　自测题

一、填空题

1. 常见的大型关系型数据库产品:甲骨文公司的＿＿＿＿＿＿,IBM 公司的＿＿＿＿＿＿,Microsoft 公司的＿＿＿＿＿＿和 Sybase 公司的 ASE 等。

2. JDK 中提供的 JDBC API 主要包含在＿＿＿＿＿＿包中。

3. 数据库 JDBC 驱动程序,一般以＿＿＿＿＿＿文件的形式提供。在 Eclipse/MyEclipse 下进行 JDBC 编程时,必须将第三方的驱动程序添加到 Java 项目的＿＿＿＿＿＿中。

4. 数据库 URL"jdbc:MySQL://localhost:3306/test"中 3306 代表＿＿＿＿＿＿,test 代表＿＿＿＿＿＿。

5. 在 JDBC 编程中,通过＿＿＿＿＿＿类的对象执行静态 SQL 语句,通过类的对象执行带参数(占位符)的 SQL 语句,通过＿＿＿＿＿＿类的对象调用存储过程。

6. 在 JDBC 编程中,通过设置 conn.＿＿＿＿＿＿(false);开始事务,事务执行完毕,执行 conn.＿＿＿＿＿＿()提交事务;否则执行 conn.＿＿＿＿＿＿()全部回滚或回滚到指定断点。

二、程序运行题

1. 在 HeidiSQL 中运行 SQL 文件。

编程要求:

(1) 在 HeidiSQL 中运行 sc.sql,自动建立学生选课数据库 sc 和 4 个表,并导入基础数据。

(2) 在 HeidiSQL 中运行 hr_mysql.sql,自动建立人力资源管理数据库 hr 和 7 个表,并导入基础数据。

(3) 在 HeidiSQL 中运行 test.sql,自动建立数据库 test 及其中的表,并导入基础数据。

2. 在示例程序 9-2 用户登录窗口的基础上,实现用户登录的数据库验证(LoginUI.java)。

编程要求:

(1) 使用 HeidiSQL 在数据库 test 建立 user 表,并输入测试数据。

(2) 用 PreparedStatement 对象实现,防止 SQL 注入。

(3) 用户名和密码均正确,显示登录成功,否则显示用户不存在或密码错误的信息。

第13章

课程设计：排队叫号模拟系统（上）

名家观点

　　希望广大青年用脚步丈量祖国大地，用眼睛发现中国精神，用耳朵倾听人民呼声，用内心感应时代脉搏，把对祖国血浓于水、与人民同呼吸共命运的情感贯穿学业全过程、融汇在事业追求中。

　　——习近平（习近平总书记在中国人民大学调研时的讲话）

　　知人者智，自知者明，胜人者有力，自胜者强。

　　——老子（李耳，摘自《道德经》）

　　大胆假设，小心求证，认真做事，严肃做人。

　　——胡适（中国现代思想家、文学家、哲学家）

　　优秀软件的作用是让复杂的东西看起来简单。

　　——格雷迪·布奇（Grady Booch，UML 创始人之一）

　　你若不想做，总能找到借口。你若想做，总会找到方法。

　　——阿拉伯谚语

本章学习目标

- 排队叫号系统的需求分析；
- 排队叫号系统的界面设计。

课程思政——科学伦理与工程伦理

　　科学技术的迅速发展为控制和改造自然、造福人类提供了巨大力量，同时也增加了人利用技术、自然力危害人类生存的可能性。科学伦理学在反省、评价人类对待自然的关系和态度的基础上，以调节、指导科学技术的发展和应用方向为目的。它主要研究科学技术中的伦理道德问题，包括科学技术的方向和界限，科学技术工作与伦理道德的关系，科学技术工作者在其职业活动中的行为规范以及造就具有高尚道德品质的科技工作者的规律。

　　现代工程呈现出科学性、社会性、实践性、创新性、复杂性等特征，要求现代工程师具有与此相适应的基本素质。不仅体现在"会不会做"（取决于学科基础知识与基本技能的掌握),还体现在"该不该做"(取决于道德品质和价值取向),"可不可做"取决于社会环境文化等外部约束,"值不值得做"(取决于经济与社会效益)以及"做不做得好"(取决于创新能力和适应变化的能力)。

科学技术的无限发展是一把双刃剑,对学生开展工程伦理教育已经越来越重要。

世界十大黑客指的是世界上最顶尖的电脑高手,包括凯文·米特尼克、丹尼斯·里奇、李纳斯、沃兹尼克、肯·汤普生、理查德、德拉浦、雷蒙德、卡普尔、莫里斯等。黑客一词来源于英文 hacker,原指醉心于计算机技术,水平高超的计算机专家,尤其是程序设计人员,这个词早期在美国的电脑界是带有褒义的。

当你有一天掌握高超的技术时,你会怎样约束自己的行为呢?

申艳光教授在《软件之美》中提出信息伦理原则:尊重知识产权、尊重隐私、公平参与、无害和道德性、行业组织规范和准则。论述了以道驭术——软件工程师的伦理与道德、软件工程师的责任、软件工程中的诚信与道德、慎独——软件工作者的自律原则等内容,值得我们每一个人注意和借鉴。

课程设计是工科专业实践教学的重要组成部分,是在教师指导下对学生进行的阶段性专业技术训练。课程设计是利用所学知识分析问题、解决问题的过程。课程设计在培养了学生动手能力、综合能力、实践能力与创新精神的同时,夯实了理论基础,完善了知识体系,加深了学生对技术的理解,为后续的毕业设计和就业打下了坚实的基础。

CDIO 工程教育是美国的麻省理工学院、瑞典的皇家工学院、查尔摩斯工学院和林雪平大学 4 所高校于 2001 年提出的工程人才创新模式。CDIO 是近年来国际工程教育改革的最新成果。CDIO 以工程项目从研发到运行的生命周期为载体,让学生以主动的、实践的、课程之间有机联系的方式学习工程。经过国内外工程教育多年来反复实践,证明 CDIO"做中学"的理念和方法是有效的,适合工科教育教学过程各个环节的改革。

理论和实践之间存在巨大差距。没有理论指导的实践是盲目的,没有在实践中应用的理论是苍白无力的。如何在教学过程中带领学生迅速消除书面理论知识和实践应用的差距,是每个高校教师必须考虑的事情。工科教学要求"学以致用,应用为王",不能让学生停留在苍白的理论世界中。

本书前 12 章以"学中做"为主要教学理念,课程设计以"做中学"为教学理念,形成一个螺旋式上升的学习过程,构成一个往返反复的回路。没有课程设计的理念学习,学生零散的知识不能形成完整的知识体系,不能融会贯通。

在基本掌握 Java 面向对象编程相关知识与技术后,利用所学知识,亲身体验一个项目开发的全部过程,是非常重要的。

"Java 程序设计"的课程设计采用以工程或项目的方式进行,以解决现实生活中的一个实际应用问题为主要目标。"Java 程序设计"课程设计对应 CDIO 教学模式的构思、设计、运行和实施 4 个阶段,结合软件工程生命周期和归档,分为以下几个阶段。

(1) 下达项目任务:解决做什么的问题。

(2) 系统设计:技术方案、界面设计、功能详细描述,解决怎么做的问题。

(3) 技术准备:有针对性讲解准备知识、算法。

(4) 项目学做:系统实现(做中学)。

（5）总结提高：对本次课程设计进行全面总结。

课程设计一般要求学生独立完成，基本要求如下。

（1）时间：1～2周。

（2）任务要求明确，知识准备针对性强，准备充分。

（3）工作量适中：以代码的行数为衡量标准。在招聘过程中，IT行业企业衡量软件工程类大学生的工作经验时，往往以10 000行左右代码量等价为一年的工作经验。

（4）综合性强：一个课程设计往往涉及相关章节的所有知识点，以便学生真正做到学以致用。

（5）选题新颖：创新性强，有一定的应用和推广价值。

"Java程序设计"课程设计在IT培训行业已经做得非常好。

根据界面区分，课程设计分为CUI版和GUI版。

根据是否包含网络功能，课程设计分为单机版和网络版。因为有后续课程"Java Web开发技术"，"Java程序设计"课程设计网络版主要关注C/S架构。

"Java程序设计"课程设计的题目列表如表13-1所示。

表13-1　"Java程序设计"课程设计

CUI	GUI 单机版	GUI 网络版 C/S	外　延
21点游戏	通信录 我的记事本 ATM 柜员机 银行排队叫号 坦克大战游戏	管理信息系统 飞鸽传书	B/S * Android *

13.1　需求分析

1. 总体目标
用Java GUI技术实现某业务大厅的排队叫号模拟系统。

2. 应用场景
某业务大厅配一台叫号机，设置6个服务窗口，每个服务窗口均可办理指定类型客户的业务。根据业务流量，1～4号窗口暂定为普通窗口，5号窗口暂定为特殊窗口，6号窗口暂定为VIP窗口。排队叫号模拟系统业务流程如图13-1所示。

3. 具体业务逻辑
某业务大厅内有6个服务窗口，1～4号窗口为普通窗口，5号窗口为理财窗口，6号窗口为VIP窗口。服务窗口叫号"请××号用户到第×窗口办理业务"（语音广播），给用户办理业务（用sleep方法模拟，随机生成1～10s），办理完毕后叫下一位用户。

客户类型包括3种：VIP客户、普通客户和理财客户。随机生成各种类型的客户，VIP客户、普通客户、理财客户的比例大约为1∶6∶3（随机生成）。客户进入业务大厅，根据业务类型在叫号机取号，然后到休息区等待叫号，到指定窗口办理业务，业务办理完毕结束。

数据归档要求：将每天办理的每笔业务的窗口编号、窗口名称、用户号码、接待时间等

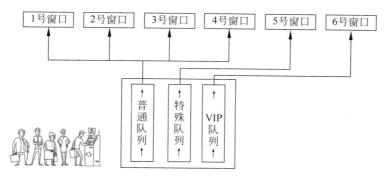

图 13-1　排队叫号模拟系统业务流程

信息保存到一个文本文件中。

13.2　系统设计

13.2.1　界面设计

根据业务流程，在 Excel 中设计主界面如 13-2 所示。

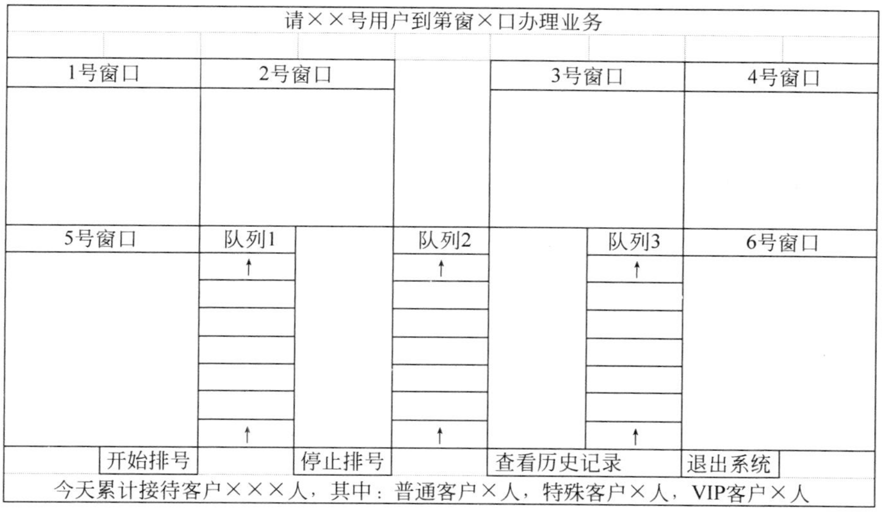

请××号用户到第窗×口办理业务						
1号窗口	2号窗口			3号窗口		4号窗口
5号窗口	队列1		队列2		队列3	6号窗口
	↑		↑		↑	
	↑		↑		↑	
	开始排号		停止排号		查看历史记录	退出系统
今天累计接待客户×××人，其中：普通客户×人，特殊客户×人，VIP客户×人						

图 13-2　排队叫号模拟系统界面设计

13.2.2　模块设计

本课程设计主要涉及以下 4 类。

（1）系统主界面类（MainUI）：如图 13-2 所示，主要包括用 JTextArea 动态显示的 4 个普通客户窗口、1 个理财客户窗口和 1 个 VIP 客户窗口，用 JList 动态显示的普通客户队列、理财客户队列、VIP 客户队列。

（2）叫号机类（CallingMachine）：一个业务大厅一个叫号机，因此设计成单例，定义了 3 个成员变量：普通客户队列、理财客户队列和 VIP 客户队列；生成号码方法。

（3）ServiceWindow 类（服务窗口类）：用线程实现的服务窗口，主要包含 4 个动作：指定队列叫号、开始服务（在主界面文本区输出消息模拟）、提供服务（用 sleep 方法模拟），结束服务（用文本区输出消息模拟），4 个动作循环进行，直到停止排号或队列为空。

（4）显示日志文件类（ViewDialog）：日志文件是由 Log4j 组件写入的文本文件。

13.3 知识准备

13.3.1 单例模式

单例模式（Singleton Pattern）是 Java 中最简单的设计模式之一。单例类负责实例化一个对象，确保这个对象是唯一的，必须为外界提供这一对象。

一个业务大厅只有一个叫号机，正好符合单例模式。代码实现如下：

```
01  //构造方法设置为 private,防止外界调用
02  private QueuingMachine(){
03  }
04  //利用静态语句块生成一个 QueuingMachine 实例
05  private static QueuingMachine machine = new QueuingMachine();
06  //对外提供一个取得 QueuingMachine 实例的方法
07  public static QueuingMachine getInstance(){
08      return machine;
09  }
```

13-1 Linked-Blocking-Queue 示例

13.3.2 LinkedBlockingQueue 队列

与堆栈（Stack）一样，队列（Queue）是一种操作受限的线性表，支持先进先出（FirstInFirstOut，FIFO），即只能在队尾插入元素，只能队首删除元素。队列插入删除数据如图 13-3 所示。

图 13-3　队列数据结构

用数组、ArrayList、LinkedList 可以模拟实现队列。这里选择 LinkedBlockingQueue 基于链表结构的阻塞队列，原因如下。

（1）由 JDK 类库提供，经过严格测试，经无数项目检验，稳定高效。

（2）LinkedBlockingQueue 是线程安全的。

（3）不要重复发明轮子。

查阅 JDK 文档，熟悉 LinkedBlockingQueue 以下常用的构造方法。

（1）public LinkedBlockingQueue()：创建一个容量为 Integer. MAX_VALUE 的队列。

（2）public LinkedBlockingQueue(int capacity)：创建一个容量为 capacity 的队列。

其他常用方法如下。

（1）public boolean offer(E e)：将指定元素插入到此队列的尾部，在成功时返回 true，如果此队列已满，则返回 false。

（2）public void put(E e)：将指定元素插入到此队列的尾部，如果队列已满，一直阻塞，直到队列不满了或者线程被中断。

（3）public E poll()：获取并移除此队列的头部元素，如果此队列为空，则返回 null。

（4）E take()：获取并移除此队列的头部元素，如果此队列为空，一直阻塞，直到有元素可取或被中断。

（5）public int size()：返回队列中的元素个数。

【示例程序 13-1】　LinkedBlockingQueue 应用示例程序（LinkedBlockingQueueTest.java）。

本程序利用 LinkedBlockingQueue 类实现了队列，并演示了如何定义队列、向队尾插入元素、从队首删除元素、显示队列全部元素等操作。

```
01  public class LinkedBlockingQueueTest {
02     public static void main(String[] args) {
03         //1. 定义一个队列
04         LinkedBlockingQueue < String > queue = new
05  LinkedBlockingQueue < String >();
06         //2. 向队列尾部中插入一个元素
07         queue.offer("1");
08         queue.offer("2");
09         queue.offer("3");
10         //3. 显示队列内容
11         System.out.println(queue.toString());
12         //4. 显示队列中元素个数
13         System.out.println(queue.size());
14         //5. 从队列头部删除一个元素
15         System.out.println(queue.poll());
16         System.out.println(queue.poll());
17         System.out.println(queue.poll());
18         queue.offer("4");
19         System.out.println(queue.poll());
20     }
21  }
```

13.3.3　可调度线程池

多个线程的创建、销毁非常耗费系统资源。线程池是预先创建线程的一种技术。线程池在任务还没有到来之前，创建并启动一定数量的线程，并使其进入睡眠状态，放入空闲队列中。当大量请求到来之后，线程池为每一次请求分配一个空闲线程，执行指定的线程。线程执行完毕并不销毁线程对象，而是直接放回线程池空闲队伍中。

线程池相关的类和接口主要集中在 java.util.concurrent 包中，从 JDK 1.5 开始提供。

13-2　可调度线程池

Executors 类提供了 Executor、ExecutorService、ScheduledExecutorService、ThreadFactory 和 Callable 类的工具方法。

ScheduledExecutorService 接口提供了可以在给定的延迟后运行或定期执行指定线程的方法。

```
ScheduledFuture <?> scheduleAtFixedRate(Runnable command, long initialDelay, long period,
TimeUnit unit)
```

【示例程序 13-2】 可调度线程池应用示例程序(ThreadPoolTest.java)。

本程序模拟普通客户、特殊客户、VIP 客户线程的比例大约为 6 : 3 : 1,每隔数秒启动一个相应类型的客户线程。

```
01    public class ThreadPoolTest {
02        public static void main(String[] args) {
03            //生成可调度线程池,提供可以在给定的延迟后运行或定期执行指定线程的方法
04            ScheduledExecutorService
05    pool = Executors.newScheduledThreadPool(1);
06            //ScheduledFuture <?> scheduleAtFixedRate(Runnable command,long
07    initialDelay,long period,TimeUnit unit)
08            //用调度线程池 1 秒后启动一个普通客户线程
09            pool.scheduleAtFixedRate(new Runnable(){
10                public void run(){
11                    System.out.println("普通客户");
12                }
13            },0,1,TimeUnit.SECONDS);
14            pool.scheduleAtFixedRate(new Runnable(){
15                public void run(){
16                    System.out.println("\t\t 特殊客户");
17                }
18            },0,3,TimeUnit.SECONDS);
19            pool.scheduleAtFixedRate(new Runnable(){
20                public void run(){
21                    System.out.println("\t\t\t\tVIP 客户");
22                }
23            },0,6,TimeUnit.SECONDS);
24        }
25    }
```

13.3.4 JList 应用示例

13-3 JList 应
用示例

JList 是一个遵循 MVC 模式设计和实现的列表组件。

JList 类的构造方法如下。

(1) JList():构造一个具有空的、只读模型的 JList。

(2) JList(Vector <? > listData):构造一个 JList,使其显示指定 Vector 中的元素。适用于选项数目变化不定的应用场合。

JList 常用方法如下：

```
(1) public void setListData(Vector <?> listData)
(2) public void setSelectedIndex(int index)
```

JList 应用示例程序如下：单击"加入元素"按钮向 JList 中添加一个元素到最后，单击"删除元素"按钮从 JList 中添加第一个元素。

必须将 JList 放入 JScrollPane 中，JList 才会根据选项自动出现垂直滚动条。应使用"jsp. setViewportView(jl)；"而不能使用 jsp. add(jl)。

【示例程序 13-3】 JList 应用示例程序（JListTest. java）。

功能描述：单击"加入元素"按钮，在 JList 在最下方加入，单击"删除元素"按钮，JList 在最上方删除元素，模拟队列的 FIFO 数据结构。界面如图 13-4 所示。

图 13-4　JList 应用界面

```
    public class JListTest extends JFrame implements ActionListener
01  {
02      private JScrollPane jsp = new JScrollPane();
03      private JPanel jp = new JPanel();
04      private JButton jb_add = new JButton("加入元素");
05      private JButton jb_del = new JButton("删除元素");
06      Vector < String > v = new Vector < String >();
07      private JList < String > jl = new JList < String >();
08      private int num = 0;
09      public JListTest() {
10          super("JList 测试");
11          setSize(360, 180);
12          setLocationRelativeTo(null);
13          setDefaultCloseOperation(EXIT_ON_CLOSE);
14          jl. setListData(v);
15          jsp. setViewportView(jl);
16          add(jsp, BorderLayout. CENTER);
17          jp. add(jb_add);
18          jp. add(jb_del);
19          add(jp, BorderLayout. SOUTH);
20          jb_add. addActionListener(this);
21          jb_del. addActionListener(this);
22          setVisible(true);
```

```
23        }
24     @Override
25     public void actionPerformed(ActionEvent e) {
26        StringBuilder result = new StringBuilder();
27        if(e.getSource() == jb_add){
28           num++;
29           System.out.println(num);
30           v.add("C" + num);
31           jl.setListData(v);
32        }
33        if(e.getSource() == jb_del){
34           if(v.size()>= 1) {
35              jl.setSelectedIndex(0);
36              v.remove(jl.getSelectedIndex());
37              jl.setListData(v);
38           }else {
39              JOptionPane.showMessageDialog(this, "没有元素了!");
40           }
41        }
42     }
43     public static void main(String args[]) {
44        JListTest win = new JListTest();
45     }
46  }
47
```

13.3.5　数据归档的实现——Log4j 组件

13-4　Log4j 应用示例

要将数据归档到文本文件,可以简单地使用 PrintStream 实现这个功能,但本书推荐使用更为专业的日志组件 Log4j。

Log4j 是 Apache 的一个开源项目。Log4j 可以控制日志信息输送的目的地;可以控制每一条日志的输出格式;可以根据日志信息的优先级,来更加细致地控制日志的生成过程。

Log4j 由 3 个重要的组件构成:日志信息的优先级、日志信息的输出目的地和日志信息的输出格式。

日志信息的优先级用来指定日志信息的重要程度,从高到低依次为:OFF、FATAL、ERROR、WARN 、INFO、DEBUG、ALL。但 Log4j 建议只使用 4 个级别:ERROR、WARN 、INFO、DEBUG。

日志信息的输出目的地包括控制台(org. apache. log4j. ConsoleAppender)、文件(FileAppender)、每天产生的日志文件(DailyRollingFileAppender)、文件大小到达指定尺寸时产生的一个新的文件(RollingFileAppender)、将日志信息以流格式发送到指定的任意地方(WriterAppender)等。

日志信息的输出格式可以设置日志信息的显示内容。

(1) %c 输出所属的类名(class)。

(2) %d 输出当前的日期(date)。

（3）%p 输出日志当前的优先级（priority）。

（4）%l 输出产生这个日志所在代码的行号（line）。

（5）%m 输出日志消息（message）。

（6）%n 输出一个回车换行符（new line）。

在 Java Project 中应用 log4j 的步骤如下。

（1）从以下地址下载 log4j-1.2.9 组件：

```
https://archive.apache.org/dist/logging/log4j/1.2.9/logging-log4j-1.2.9.zip
```

（2）将 log4j-1.2.9.jar 复制到项目文件夹中并添加到 BuildPath。

（3）在项目文件夹 src 中建立 log4j.properties，文件内容如下：

```
01   ###将 debug 级别以上的信息输入到 stdout,D###
02   log4j.rootLogger = debug,stdout,D
03   ###输出 DEBUG 级别以上的日志到控制台 D###
04   log4j.appender.stdout = org.apache.log4j.ConsoleAppender
05   log4j.appender.stdout.Target = System.out
06   log4j.appender.stdout.layout = org.apache.log4j.PatternLayout
07   log4j.appender.stdout.layout.ConversionPattern =
08   [%-5p] %d{yyyy-MM-dd HH:mm:ss} method: %l%n%m%n
09   ###输出 DEBUG 级别以上的日志到 D://logs/log.txt###
10   log4j.appender.D = org.apache.log4j.DailyRollingFileAppender
11   log4j.appender.D.File = D://logs//log.txt
12   log4j.appender.D.Append = true
13   log4j.appender.D.Threshold = DEBUG
14   log4j.appender.D.layout = org.apache.log4j.PatternLayout
15    log4j.appender.D.layout.ConversionPattern = [%-5p] %-d{yyyy-MM-dd
16   HH:mm:ss} %m%n
```

【示例程序 13-4】　Log4j 应用示例程序（JLog4jTest.java）。

本程序演示了如何在 JavaProject 中应用 Log4j 组件，以实现数据的归档。

```
01   public class Log4jTest {
02       private static Logger log = Logger.getLogger(Log4jTest.class);
03       public static void main(String[] args) {
04           //Log4j 建议只使用 4 个级别,优先级从高到低分别是 ERROR、WARN、INFO、
05   DEBUG
06           log.debug("这是一个 debug 信息!");
07           log.info("这是一个 info 信息!");
08           log.error("这是一个 error 信息!");
09       }
10   }
```

【拓展知识 13-1】　阿里云漏洞事件。

2021 年 9 月 1 日,为了落实网络产品安全漏洞管理规定,由工业和信息化部（以下简称

工信部)网络安全管理局组织建设的工信部网络威胁和漏洞信息共享平台正式上线运行。管理规定明确规定,各企业在发现网络安全和漏洞后应当在两日内向工信部网络威胁和漏洞信息共享平台上报送相关的漏洞信息。

　　Apache Log4j2 组件是基于 Java 语言的开源日志框架,被广泛用于业务系统开发。2021 年 11 月 24 日,阿里云计算有限公司发现 Apache Log4j2 组件存在严重安全漏洞,该漏洞可能导致设备被远程控制,进而引发敏感信息被窃取、设备服务中断等严重危害,属于高危漏洞。阿里云及时将该漏洞报告给了 Apache,而没有向我国电信主管部门报告。12 月 8 日,奥地利和新西兰计算机小组对全世界就这一漏洞发出预警,我国政府部门才得知这个漏洞。12 月 9 日,我国工信部立即组织有关网络安全专业机构开展漏洞风险分析,召集阿里云、网络安全企业、网络安全专业机构等开展研判,通报督促 Apache 软件基金会及时修补该漏洞,向行业单位进行风险预警,并暂停阿里云公司工信部网络威胁和漏洞信息共享平台合作单位 6 个月。

13.4　本章小结

　　根据瀑布软件生命周期模型,本章主要进行了排队叫号系统的需求分析和界面设计。对本项目用到的知识和技术进行补充,为后期的系统编码实现、测试、部署运行打下坚实的基础。

第14章

课程设计：排队叫号
模拟系统（下）

名家观点

广大青年要做社会主义核心价值观的坚定信仰者、积极传播者、模范践行者，向英雄学习、向前辈学习、向榜样学习，争做堪当民族复兴重任的时代新人，在实现中华民族伟大复兴的时代洪流中踔厉奋发、勇毅前进。

——习近平（习近平总书记2022年4月在中国人民大学考察时的讲话）

这辈子没法做太多的事情，所以每一件都要做到精彩绝伦！

——史蒂夫·乔布斯（美国发明家、企业家，苹果公司联合创始人）

最纯粹、最抽象的设计难题就是设计桥梁——面对的问题是：如何用最少的材料，跨越给定的距离。

——保罗·格雷汉姆（顶级黑客，硅谷创业教父）

好的程序代码本身就是最好的文档。

——Steve McConnell（《快速软件开发》《代码大全》作者）

本章学习目标

- 课程设计开发前的准备工作。
- 系统主界面（MainUI.java）的实现。
- 叫号机类（QueuingMachine.java）的编程实践。
- 业务窗口类（ServiceWindow.java）的编程实践。
- MainUI类事件处理代码的编程实践。

课程思政——软件工程师的素质要求

计算机类专业学生的就业方向是软件工程师（程序员）、软件系统运维人员、软件测试员、售前售后服务人员等。在这些岗位上，要发挥工匠精神，精益求精地将需求分析、系统设计、程序开发、程序测试、系统运维、技术问题处理等工作内容完成好，保证软件系统运行时正确、稳定，保证客户的需求被精确采集和纳入软件开发计划，保证软件运行时遇到问题能被及时解决。

根据买购网网络投票"招聘网站十大品牌榜中榜（2020—2021）"，前程无忧、智联招聘、58同城、猎聘、BOSS直聘等招聘网站位列投票榜前列。

招聘 Java 软件开发工程师时,除院校、学历、专业、工作经验、知识技术储备等要求外,企业更为关注职业素养、职业精神和职业规范。职业素养是人类在社会活动中需要遵守的行为规范。职业道德、职业思想、职业行为习惯是职业素养中最根本的部分。职业素养是一个职业人的立身之本。树立正确的技能观,努力提高自己的职业技能,为社会和人民造福,绝不能利用自己的技能去做违法犯罪的事情。用人单位一般有如下要求。

- 心理健康,性格开朗,有一定的抗压能力。
- 有一定的沟通能力,书面和口头表达能力强。
- 有团队协作,合作共赢精神。
- 有责任担当、会感恩、有上进心和进取心。
- 具备良好的编码习惯,有一定的文档交付能力。
- 学习能力强,对技术敏感,有一定的发现问题、分析问题、解决问题、研究的能力。
- 有一定的英文读写能力,一般要求 CET4 以上。

14.1 技术方案

(1) 操作系统:Windows 10 64 位。
(2) JDK 版本:JDK 16。
(3) IDE 环境:Eclipse 2021-06 (4.20.0)。
(4) GUI 组件:swing、WindowBuilder 1.9.2。
(5) 日志组件:Log4j 2.13.2。
(6) 语音播放组件:jacob 1.18。
(7) 白盒测试:JUnit4.0。

14.2 系统编程实现

14-1 准备
工作

14.2.1 课程设计开发前的准备工作

(1) 检查 Java 开发环境:确保 JDK 16、Eclipse 2021-06(4.20.0)、WindowBuilder 1.9.2 已经安装和设置好。
(2) 提前下载好 Log4j 2.13.2 和 jacob 1.18 等组件。
(3) 建立一个 Java Project 工程,名称:QueuingSystem。
(4) 建立 lib 文件夹,用来存放本工程用到的 JAR。将 Log4j 2.13.2 和 jacob 1.18 的 JAR 文件复制过来并加入 buildpath。
(5) 建立文件夹 resource 用来存放图片、音乐等资源。
(6) 建立包 util 用来存放工具类。将 Text2SPEECH 类复制过来。
(7) 配置 Log4j,主要是 log4j.properties。
(8) Java Project 文件夹结构如图 14-1 所示。

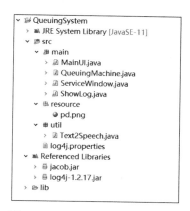

图 14-1　Java Project 文件夹结构

14.2.2　编写系统主界面（MainUI.java）

在 Eclipse 中，新建 WindowBuilder 的 JFrame 窗口，界面如图 14-2 所示。

14-2　主界面
的实现

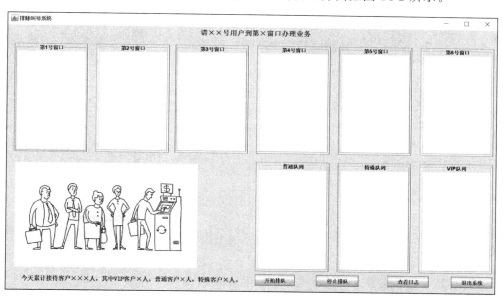

图 14-2　排队叫号模拟系统主界面

（1）新建 JFrame，并设置其属性：通过拖拽设置窗口大小 1024 ∗ X，以后可调整；标题栏：排队叫号系统，resizable 属性设置为 false。

（2）设置内容面板（contentPane）：Layout 属性设置为 GroupLayout。GroupLayout 是 swing 功能最强大的布局管理器。

（3）WindowBuilder 应用注意事项：变量命名规则：组件首字母缩写＋下画线＋标识符。先选中操作目标对象，再进行相关操作。基本组件默认局部变量，如果编程中要反复要调用就要设置为私有属性（可在全类内访问）。

（4）建立叫号信息（JLabel）：Variable 属性：jl_msg；text 属性：请××号用户到第×

号窗口办理业务；horizontalAlignment 属性设置为 Center；Convert local to field：将局部变量设置为私有属性。

（5）建立 9 个带滚动条的中间容器（JScrollPane）：用来存放 JList 或 JTextArea，可以自动出现垂直和水平滚动条。插入一个调整好大小和属性的 JScrollPane：Variable 属性设置为 jsp_w1，viewportBorder 属性设置为 TitledBorder，第 1 号窗口。其他 8 个 JScrollPane 通过 Ctrl＋C 复制、Ctrl＋V 粘贴，可修改相关属性（jsp_w2，jsp_w3，jsp_w4，jsp_w5，jsp_w6，jsp_qc，jsp_qs，jsp_qv，设置 ＊ 号窗口或 ＊＊ 队列）。

（6）建立 6 个多行文本框（JTextArea）：用来动态显示某个窗口业务办理信息。插入一个到 JScrollPane 的 CENTER 区，调整属性 jta_w1，Convert local to field：将局部变量设置为私有属性。通过 Ctrl＋C 复制、Ctrl＋V 粘贴，修改相关属性（jta_w2，jta_w3，jta_w4，jta_w5，jta_w6）。

（7）建立 3 个列表（JList）：用来动态显示某个队列信息。插入一个 JList 到 JScrollPane 的 CENTER 区，调整属性 jl_qc，Convert local to field：将局部变量设置为私有属性。通过 Ctrl＋C 复制、Ctrl＋V 粘贴，修改相关属性（jl_qc，jl_qs，jl_qv）。

（8）建立 2 个标签（JLabel）：一个用来显示图片（icon 属性），另外一个用来显示业务办理信息：Variable 属性：jl_info；text 属性：今天累计接待客户×××人，其中 VIP 客户×人，普通客户×人，特殊客户×人。Convert local to field：将局部变量设置为私有属性。

（9）建立四个命令按钮（JButton）：Variable：jb_begin；text 属性：开始排号，jb_stop 停止排号，jb_log 查看历史记录，jb_exit 退出系统。Convert local to field：将局部变量设置为私有属性。依次点击命令 Add event handler→action→actionPerformed：为按钮增加事件处理器以提供事件处理行为。

（10）在代码视图中修改、编写和优化代码：

- 将 setBounds(100，100，1109，736)；改为 setSize(1109，736)；以便设置窗口自动居中：setLocationRelativeTo(null)。
- 将 WindowBuilder 生成的 GUI 代码独立成一个方法 init()。
- 为方便阅读和修改程序，调整方法的默认顺序，原则：自动生成、不能改动或改动量小的代码放到最后，如 main() 方法移动到类的最后。
- 为将事件处理代码和生成界面的代码分开，增加程序可阅读性，建议将事件处理代码由匿名内部类方式改为本类作监听器方式。

（11）为退出按钮编程。

```
01  if (e.getSource() == jb_exit) {
02      int n = JOptionPane.showConfirmDialog(this,"确认要退出吗?");
03      if(n == 0) {
04          System.exit(0);
05      }
06  }
```

14.2.3　编写叫号机类（QueuingMachine.java）

14-3　叫号机类

（1）一个业务大厅只有一个叫号机，因此设计成单例，构造方法设置为 private，用静态语句块构造一个实例。

```
01   private QueuingMachine() {
02   }
03   static QueuingMachine machine = new QueuingMachine();
04   public static QueuingMachine getInstance() {
05       return machine;
06   }
```

（2）一个叫号机中有 3 个队列：普通客户队列、理财客户队列和 VIP 客户队列。客户取号实际上就是将叫号信息"客户类型＋本队列序号"排入相应的队列。利用 JDK 提供的 LinkedBlockingQueue 类，编写生成号码方法。

```
01   LinkedBlockingQueue < String > common = new
02   LinkedBlockingQueue < String >();
03       LinkedBlockingQueue < String > special = new
04   LinkedBlockingQueue < String >();
05       LinkedBlockingQueue < String > vip = new
06   LinkedBlockingQueue < String >();
07       private int cc = 0;              //普通队列计数器
08       private int sc = 0;              //特殊队列计数器
09       private int vc = 0;              //VIP 队列计数器
10   // 编写取号方法
11   public synchronized String generateNumber(String type) {
12       String s = "";
13       switch (type) {
14       case "C":
15           cc++;
16           s = "C" + cc;
17           common.offer(s);
18           break;
19       case "S":
20           sc++;
21           s = "S" + sc;
22           special.offer(s);
23           break;
24       case "V":
25           vc++;
26           s = "V" + vc;
27           vip.offer(s);
28           break;
29       default:
30           break;
31       }
32       return s;
33   }
```

14.2.4　编写业务窗口类(ServiceWindow.java)

ServiceWindow 类模拟业务服务窗口线程类(用继承 Thread 类实现)。因为要修改 MainUI 中的 JList 和 JTextArea,所以构造方法中要将 MainUI 作为参数输入。

线程主要包含 4 个动作:从指定队列取号(从指定队列中删除,刷新队列 JList)、开始服务(在业务窗口 JTextArea 输出消息模拟)、提供服务(用 sleep 方法模拟),结束服务(用文本区输出消息模拟),4 个动作循环进行,直到停止排号或队列为空。

部分代码示例如下:

14-4　业务窗口类

```
01    public class ServiceWindow extends Thread{
02        private static Logger log =
03    Logger.getLogger(ServiceWindow.class);
04        private int id = 0;                        // 窗口编号1~6
05        private String type;                       // "C","S","V"
06        private MainUI mainUI;
07        public ServiceWindow(String type, int id, MainUI mainUI) {
08            this.type = type;
09            this.id = id;
10            this.mainUI = mainUI;
11        }
12        @Override
13        public void run() {
14            try {
15                String w = type + id;
16                String serviceNumber = null;
17                int serviceTime = 0;
18                while (true) {
19                    switch (type) {
20                    //从指定队列取号(删除指定队列,刷新JList)
21                    case "C":
22                        serviceNumber =
23    QueuingMachine.getInstance().common.poll();
24                        if (serviceNumber!= null) {
25                            if(mainUI.v_common.size()> 0) {
26                                mainUI.v_common.remove(0);
27                    mainUI.jl_qc.setListData(mainUI.v_common);
28                                mainUI.cnum++;
29                            }
30                        }else {
31                            sleep(1000);
32                        }
33                        break;
34                    case "S":
35                        … //
36                    case "V":
37                        …
38                        break;
```

```
39                        }
40                        mainUI.jl_info.setText("请" + serviceNumber + "号到
41  第" + id + "窗口办理业务!");
42                        //Text2Speech.speak("请" + serviceNumber + "号到
43  第" + id + "窗口办理业务!");
44                        Thread.currentThread().sleep(1000);
45                        //在指定业务窗口C1~C4,S5,V6 JTextArea输出消息来模拟
46                        if(serviceNumber!= null) {
47                            switch (w) {
48                            case "C1":
49                                mainUI.jta_w1.append("开始为" +
50  serviceNumber + "号客户服务\n");
51                                serviceTime = (int)(Math.random() * 6000)
52  + 1000;
53      Thread.currentThread().sleep(serviceTime);
54                                mainUI.jta_w1.append("耗时" + serviceTime /
55  1000 + "秒\n");
56                                mainUI.jta_w1.append("完成为" +
57  serviceNumber + "号客户服务\n");
58                                log.info(type + id + "窗口:为客户" +
59  serviceNumber + "号客户服务,耗时" + serviceTime / 1000 + "秒!");
60                                break;
61                            case "C2":
62                                …
63                                break;
64                            case "C3":
65                                …
66                                break;
67                            case "C4":
68                                …
69                                break;
70                            case "S5":
71                                …
72                                break;
73                            case "V6":
74                                …
75                                break;
76                            }
77                        }
78                    mainUI.jl_count.setText("今天累计接待客户: " +
79  (mainUI.cnum + mainUI.snum + mainUI.vnum) + "人!其中普通客户"
80                        + mainUI.cnum + "人,特殊客户" + mainUI.snum
81  + "人,VIP客户" + mainUI.vnum + "人.");
82                    }
83                } catch (Exception e) {
84                    e.printStackTrace();
85                }
86            }
87        }
```

14.2.5　编写 MainUI 类事件处理代码

14-5　开始和停止事件处理编程

"开始排号"命令按钮事件处理代码,利用线程池技术定义 3 个线程池,利用匿名内部类模拟定时产生各个类型客户的动作:每隔 1s 产生一个普通客户,隔 2s 产生一个特殊客户,隔 6s 产生一个 VIP 客户线程。每个线程的动作:取号,放入指定队列,更新该队列 JList 界面。

"停止排号"命令按钮事件处理代码比较简单,将 3 个线程池关闭即可。

```
01    if(e.getSource() == jb_begin) {
02            //普通客户拿号
03            pool1.scheduleAtFixedRate(new Runnable(){
04                public void run(){
05                    String serviceNumber =
06    QueuingMachine.getInstance().generateNumber("C");
07                    System.out.println(serviceNumber);
08                    v_common.add(serviceNumber);
09                    jl_qc.setListData(v_common);
10                }
11            },0,1,TimeUnit.SECONDS);
12            //快速客户拿号
13            pool2.scheduleAtFixedRate(new Runnable(){
14                public void run(){
15                    String serviceNumber =
16    QueuingMachine.getInstance().generateNumber("S");
17                    v_special.add(serviceNumber);
18                    jl_qs.setListData(v_special);
19                }
20            },0,2,TimeUnit.SECONDS);
21            //VIP 客户拿号
22            pool3.scheduleAtFixedRate(new Runnable(){
23                public void run(){
24                    String serviceNumber =
25    QueuingMachine.getInstance().generateNumber("V");
26                    v_vip.add(serviceNumber);
27                    jl_qv.setListData(v_vip);
28                }
29            },0,6,TimeUnit.SECONDS);
30            new ServiceWindow("C",1,this).start();
31            new ServiceWindow("C",2,this).start();
32            new ServiceWindow("C",3,this).start();
33            new ServiceWindow("C",4,this).start();
34            new ServiceWindow("S",5,this).start();
35            new ServiceWindow("V",6,this).start();
36        }
37            if(e.getSource().equals(jb_stop)){
38            pool1.shutdown();
39            pool2.shutdown();
40            pool3.shutdown();
41        }
```

14.2.6　编写查看日志类（ShowLog.java）

利用 WindowBuilder 组件新建一个 JDialog 类，在设计视图中加入 JLabel、JCombox、
JScrollPane、JTextArea、JButton 等组件，并将编程中反复访问的 JCombox、JTextArea、
JButton 组件利用 Convert local to field：将局部变量设置为私有属性，设计界面如图 14-3
所示。

14-6　显示日
志文件

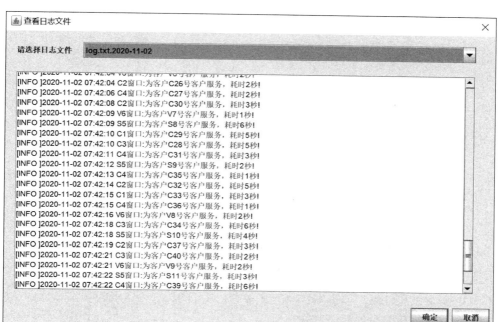

图 14-3　查看日志文件界面

在代码视图中修改代码。

（1）初始化界面：JComBox 和 JTextArea，日志文件夹在 D:\\logs 下。

```
01   //将 D:\\logs 文件夹下所有日志文件名初始化到下拉式列表中
02   File f = new File("d:\\logs");
03   File[] fa = f.listFiles();
04   String[] sa = new String[fa.length];
05   for(int i = 0; i < fa.length; i++) {
06       sa[i] = fa[i].getName();
07   }
08   jcb_list = new JComboBox(sa);
09   jcb_list.addItemListener(this);
10   //默认将 d:\\logs\\log.txt 读入到 JTextArea 中
11   try {
12       Scanner sc = new Scanner(new File("d:\\logs\\log.txt"));
13       while(sc.hasNext()) {
14           jta_log.append(sc.nextLine() + "\n");
15       }
```

```
16   } catch (Exception e) {
17      e.printStackTrace();
18   }
```

（2）用户选择日志文件后，将文件内容读入到 JTextArea 中。JComBox 增加 ItemChange 事件并监听处理。

```
01  @Override
02  public void itemStateChanged(ItemEvent e) {
03     try {
04        String s = (String)jcb_list.getSelectedItem();
05        Scanner sc = new Scanner(new File("d:\\logs\\" + s));
06        while(sc.hasNext()) {
07           jta_log.append(sc.next() + "\n");
08        }
09     } catch (Exception e2) {
10        e2.printStackTrace();
11     }
12  }
```

14.2.7　排队叫号系统的进一步优化

本课程设计可以进一步优化如下。

（1）JFrame 默认是用户单击"关闭窗口"按钮时直接退出，可以通过覆盖 windowClosing 方法，实现先询问，后退出的效果。

```
01
02  setDefaultCloseOperation(JFrame.DO_NOTHING_ON_CLOSE);
03  addWindowListener(new WindowAdapter() {
04  @Override
05  public void windowClosing(WindowEvent e) {
06     exit();
07  }
08  public void exit() {
09     int n = JOptionPane.showConfirmDialog(this, "确认退出系统?");
10     if (n == 0) {
11        System.exit(0);
12     }
13  }
```

（2）添加背景音乐。

Java Sound API 是一个小巧的低层 API，支持数字音频和 MIDI 数据的记录/回放，例如 *.midi、*.wav 等。也可以使用第三方解决方案（jl1.0.jar）来播放 mp3 文件。

（3）实现语音播报叫号信息。

可以使用文本转语音组件 jacob，详见 7.3.3 节。

（4）设置系统参数。

可以新建一个集中存放系统参数的类（如 Globle.java）。用户通过 GUI 界面进行修改，编程时所有涉及系统参数的地方都要引用系统参数。

（5）业务办理信息用数据库来存储，增加查询、统计功能。

14.3 系统测试和运行

系统测试是保证系统质量和可靠性的最后关口，是对整个系统开发过程包括系统分析、系统设计和系统实现的最终审查。系统测试的方法包括人工测试和机器测试。前者包括个人复查、走查、会审；后者包括黑盒测试和白盒测试。

14.3.1 黑盒测试

黑盒测试，即为功能测试，从用户的角度，把程序当作一个黑盒子，不考虑内部情况，只考虑外部结构，从输入数据和输出数据的对应关系进行测试，来检测系统界面和功能是否满足要求。黑盒测试的测试用例设计方法包括：等价类划分法、边界值分析法、错误推测法、因果图法、判定表、功能图法等。常见的测试用例表如表 14-1 所示。

表 14-1　测试用例表

序号	测试用例描述	操作过程及数据	预期结果	验证结果

14.3.2 白盒测试

白盒测试也称为结构测试或逻辑驱动测试，是针对被测单元内部是如何进行工作的测试。它根据程序的控制结构设计测试用例，主要用于软件或程序验证。

JUnit 是一个 Java 语言的单元测试框架。多数 Java 的开发环境都已经集成了 JUnit 作为单元测试的工具。JUnit 继承于 TestCase 类，可以用来进行自动测试。JUnit 测试代码应与项目代码分离。在 Eclispe 下生成 JUnit 测试套件的软件向导如图 14-4 所示。

JUnit 测试套件设置如图 14-5 所示。

【示例程序 14-1】 算术运算方法（MathDemo.java）。

功能描述：给定两个操作数和操作符（＋、－、＊、／），给出计算结果。

```
1  public class MathDemo {
2      public static double operate(double a,double b,char oper){
3          double n = 0;
4          switch (oper) {
5              case '+': {
6                  n = a + b; break;
7              }
```

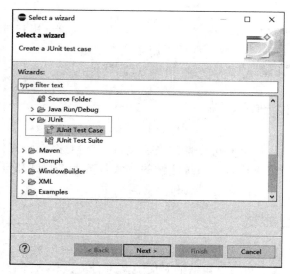

图 14-4   选择生成一个 JUnit 测试套件向导

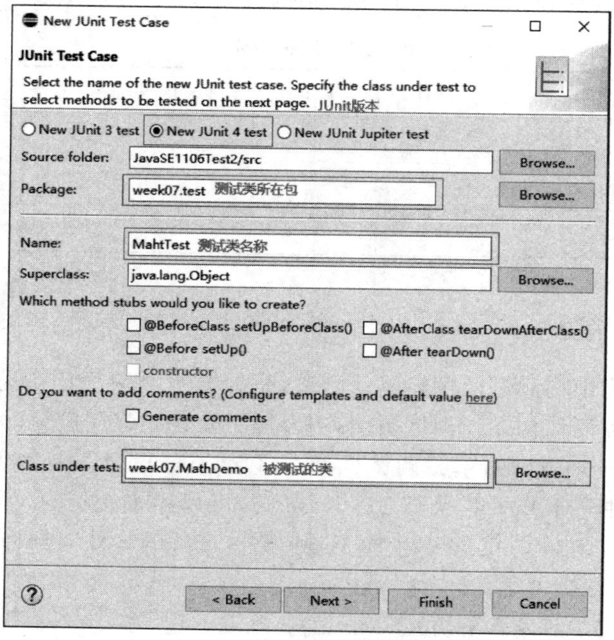

图 14-5   JUnit 测试套件设置

```
8          case '-': {
9            n = a - b; break;
10         }
11         case '*': {
12           n = a * b; break;
13         }
```

```
14              case '/': {
15                  n = a/b; break;
16              }
17              default:
18                  throw new IllegalArgumentException("操作符错误!
19  " + oper);
20          }
21      return n;
22      }
23      public static void main(String[] args) {
24          System.out.println(operate(10,20,'+'));
25      }
26  }
```

【**示例程序 14-2**】 JUnit 测试程序（RegexTest.java）。

功能描述：本程序用 JUnit 测试 MathDemo 类中的 operate 方法，通过测试用例和预期结果来对比实现自动测试。

```
01  public class MahtTest {
02      @Test
03      public void testOperateA() {
04      TestCase.assertEquals(MathDemo.operate(10,20,'+'),30,0.001);
05      }
06      @Test
07      public void testOperateS() {
08      TestCase.assertEquals(MathDemo.operate(10,20,'-'),-10,0.001);
09      }
10      @Test
11      public void testOperateM() {
12      TestCase.assertEquals(MathDemo.operate(10,20,'*'),200,0.001);
13      }
14      @Test
15      public void testOperateD() {
16      TestCase.assertEquals(MathDemo.operate(10,20,'/'),0.5,0.001);
17      }
18  }
```

14.3.3 系统部署和运行

软件交付给用户叫部署。为方便用户部署和运行，可以将 Java Project 打包成 JAR 文件。用户只要在电脑上安装 JVM 或 JDK，双击 JAR 文件即可运行。

将本课程设计导出为 JAR 文件，选中要导出的 Java Project，选择 File→Export 选项，按以下 3 个步骤可以方便地导出可运行的 JAR 文件。

（1）在向导对话框中选择导出类型，这里选择 JAR file，如图 14-6 所示。

（2）在向导对话框中选择要导出的 Project 并设置 JAR 文件的所在路径和名称，如图 14-7 所示。

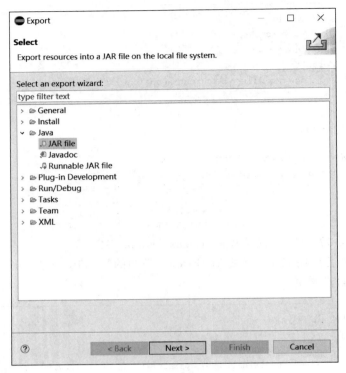

图 14-6　选择导出类型

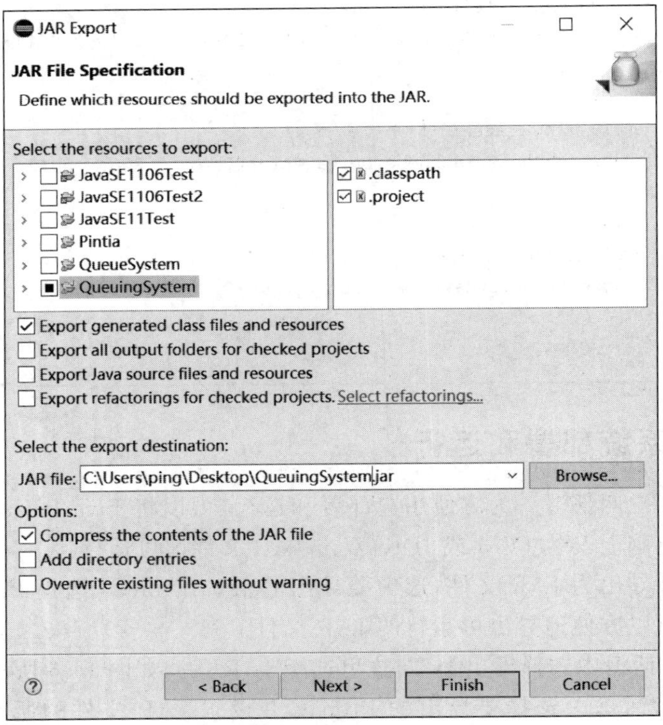

图 14-7　选择要导出的 Project 和目标路径

（3）设置生成清单文件和设置主类，如图 14-8 所示。

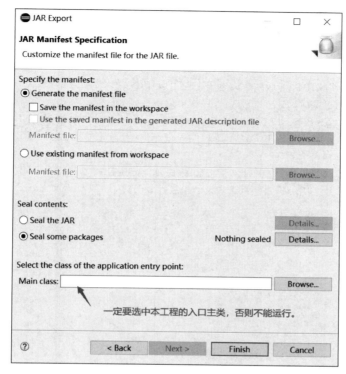

图 14-8　生成清单文件和设置主类

14.4　本章小结

本章主要介绍排队叫号系统的技术方案，系统编程实现、系统测试和部署运行，最终完成了排队叫号系统的设计和实现。

参 考 文 献

[1] 传智播客高教产品研发部.Java 基础入门[M].北京:清华大学出版社,2014.

[2] 周绍斌,王红,等.Java 语言程序设计教程[M].大连:东软电子出版社,2012.

[3] 李刚.疯狂 Java 讲义[M].2 版.北京:电子工业出版社,2012.

[4] 吴超.从 Java 走向 Java EE[M].北京:人民邮电出版社,2009.

[5] SIERRA K,BATES B. SCJP 考试指南[M].张思宇,宋宁哲,等译.北京:电子工业出版社,2009.

[6] GOSLING J,JOY B,STEELE G,等.Java 编程规范[M].陈宗斌,沈金河,译.北京:中国电力出版社,2006.

[7] SNEEZRY.了不起的程序员 2021[M].北京:人民邮电出版社,2021.

[8] 申艳光,申思.软件之美[M].北京:清华大学出版社,2018.

参 考 网 站

[1] Oracle 官方网站. www. oracle. com/cn/index. html.

[2] JDK16 API Specification. https://docs. oracle. com/en/java/javase/16/docs/api/index. html.

[3] The Java Language Specification. https://docs. oracle. com/javase/specs/jls/se16/jls16. pdf.

[4] Eclipse 官方网站. http://www. eclipse. org/.

[5] MySQL 官方网站. https://www. mysql. com/.

[6] Maven 仓库网站 1. http://search. maven. org/.

[7] Maven 仓库网站 2. https://mvnrepository. com/.

[8] Github 官方网站. https://github. com/.

[9] Apache 官方网站. https://apache. org/.

[10] Gitee 官方网站. https://gitee. com/.

[11] 极客学院官方网站. http://www. jikexueyuan. com/path/java.

[12] 科塔学术官方网站. https://www. sciping. com/.

[13] 喜马拉雅电台官方网站. https://www. ximalaya. com/.

[14] 前瞻产业研究院官方网站. https://bg. qianzhan. com/.

[15] CSDN 官方网站. https://www. csdn. net/.

[16] JetBrains 官方网站. https://www. jetbrains. com.

[17] HeidiSQL 官方网站. https://www. heidisql. com/.

[18] Zxing 官方网站. https://github. com/zxing.

[19] 成都冰蓝科技有限公司官方网站. https://www. e-iceblue. cn.

[20] W3School 官方网站. https://www. w3school. com. cn.

[21] Hutool 官方网站. https://www. hutool. cn/.

附录A

各章课程思政主题列表

章	课程思政主题	综合实例
第 1 章	计算思维训练	构建 Java 开发环境,"扣"好编程的"第一粒扣子"
第 2 章	榜样的力量	关注环境空气质量,建设绿色中国
第 3 章	工匠精神	计算两点间距离,了解北斗卫星导航系统
第 4 章	做人与做事	阅读俄罗斯方块源代码,理解面向对象语法现象
第 5 章	科学思维	编写平面图形程序,理解抽象类和接口
第 6 章	Java 生态系统	编写洗牌和发牌程序,从台前走向幕后
第 7 章	社会化编程	文本分析编程,为祖国自豪
第 8 章	索取和奉献,家国情怀	WPS 文档加密编程,国产软件之光
第 9 章	设计美学	二维码应用编程,体验新冠疫情防控信息化
第 10 章	时间管理	倒计时牌编程,致敬北京冬奥
第 11 章	5G 时代与互联网 3.0	爬取豆瓣数据,欣赏高分影片
第 12 章	关键核心技术	挑战答题系统编程,体会学习的乐趣
第 13 章	科学伦理与工程伦理	—
第 14 章	软件工程师的素质要求	—

附录B 各章教学视频列表

续表

序号	视频内容说明	视频二维码位置	所在页码
34	6-5 身份信息提取	第6章编程实践3	143
35	7-1 Collection 接口及其实现类	7.1节	145
36	7-2 Map 接口及其子类	7.2节	149
37	7-3 Java 计算生态	7.3节	150
38	7-4 文本转语音	7.3.3节	153
39	7-5 集合的并、交、差集运算	第7章编程实践1	164
40	7-6 用 LinkedList 实现栈 Stack	第7章编程实践2	164
41	7-7 用 LinkedList 实现队列 Queue	第7章编程实践3	165
42	7-8 邮资组合程序	第7章编程实践4	165
43	7-9 字符统计	第7章编程实践5	165
44	8-1 Java I/O 技术	8.1节	167
45	8-2 常见 I/O 应用一	8.2节	168
46	8-3 常见 I/O 应用二	8.3节	172
47	8-4 单词统计	第8章编程实践4	181
48	9-1 Java GUI 编程技术简介	9.1节	183
49	9-2 Java GUI 相关类和接口	9.2节	184
50	9-3 颜色调整器	9.2.4节	192
51	9-4 利用 WindowBuilder 进行 GUI 应用开发	9.3节	199
52	9-5 扫雷游戏的 Java 实现	第9章编程实践4	212
53	9-6 排队叫号系统界面实现	第9章编程实践7	214
54	10-1 程序、进程和线程	10.1节	216
55	10-2 如何实现线程	10.2节	217
56	10-3 线程的互斥与同步	10.3节	220
57	10-4 倒计时牌编程	10.4节	225
58	10-5 停车场管理	第10章编程实践3	228
59	11-1 单线程 Socket 编程	11.2.1节	234
60	11-2 服务器和客户端 Socket 通信编程	11.2.3节	238
61	12-1 MySQL 压缩版的下载、安装和配置	12.2.2节	258
62	12-2 HeidiSQL 的安装和使用	12.2.3节	260
63	12-3 静态 SQL 语句编程	12.3.3节	265
64	12-4 带参数 SQL 语句编程	12.3.4节	267
65	13-1 LinkedBlockingQueue 示例	13.3.2节	276
66	13-2 可调度线程池	13.3.3节	277
67	13-3 JList 应用示例	13.3.4节	278
68	13-4 Log4j 应用示例	13.3.5节	280
69	14-1 准备工作	14.2.1节	284
70	14-2 主界面的实现	14.2.2节	285
71	14-3 叫号机类	14.2.3节	286
72	14-4 业务窗口类	14.2.4节	288
73	14-5 开始和停止事件处理编程	14.2.5节	290
74	14-6 显示日志文件	14.2.6节	291

图 书 资 源 支 持

感谢您一直以来对清华版图书的支持和爱护。为了配合本书的使用,本书提供配套的资源,有需求的读者请扫描下方的"书圈"微信公众号二维码,在图书专区下载,也可以拨打电话或发送电子邮件咨询。

如果您在使用本书的过程中遇到了什么问题,或者有相关图书出版计划,也请您发邮件告诉我们,以便我们更好地为您服务。

我们的联系方式:

地　　址:北京市海淀区双清路学研大厦 A 座 714

邮　　编:100084

电　　话:010-83470236　 010-83470237

客服邮箱:2301891038@qq.com

QQ:2301891038(请写明您的单位和姓名)

资源下载:关注公众号"书圈"下载配套资源。

资源下载、样书申请

书 圈

图书案例

清华计算机学堂

观看课程直播